bsv

Mathematik 12

Unterrichtswerk für das G 8

Brigitte Distel
Rainer Feuerlein

Bayerischer Schulbuch Verlag · München

Inhalt

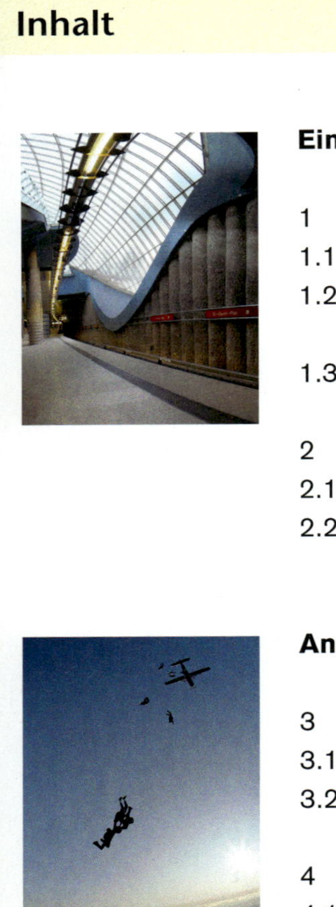

Einführung in die Integralrechnung

1 Bestimmtes Integral und Integralfunktion
1.1 Das bestimmte Integral ... 6
1.2 Die Integralfunktion – Der Hauptsatz der Differenzial- und Integralrechnung ... 14
1.3 Das unbestimmte Integral – Integrationsformeln ... 23

2 Weitere Eigenschaften von Funktionen
2.1 Charakteristische Punkte des Graphen ... 30
2.2 Die Graphen von Funktion und Integralfunktion ... 37

Anwendungen der Differenzial- und Integralrechnung

3 Anwendungen des Integrals
3.1 Flächen zwischen Graphen ... 46
3.2 Mit Integralen von der lokalen Änderungsrate zum Bestand 52

4 Modellieren und Optimieren
4.1 Extremwertprobleme ... 58
4.2 Modelle von Wachstumsprozessen ... 65
4.3* Trainingsaufgaben für das Abitur ... 71

Die Binomialverteilung

5 Zufallsgrößen
5.1 Zufallsgrößen und ihre Wahrscheinlichkeitsverteilungen ... 80
5.2 Erwartungswert und Varianz ... 83
5.3 Ziehen ohne Zurücklegen ... 89

6 Bernoulli-Kette und Binomialverteilung
6.1 Die Bernoullikette ... 97
6.2 Die Binomialverteilung ... 104

7 Anwendungen der Binomialverteilung
7.1 Der Signifikanztest ... 113
7.2* Trainingsaufgaben für das Abitur ... 121

Geraden und Ebenen im Raum

8 Geraden im Raum
8.1 Parameterform der Geradengleichung 128
8.2 Gegenseitige Lage von Geraden 133

9 Ebenengleichungen
9.1 Parameterform der Ebenengleichung 138
9.2 Normalenform der Ebenengleichung 143
9.3 Gegenseitige Lage von Gerade und Ebene 147
9.4 Gegenseitige Lage von Ebenen 152
9.5 Abstände 156

10 Anwendungen der Geometrie im Raum
10.1 Modelle realer Situationen 162
10.2 Untersuchung von Körpern 171
10.3* Trainingsaufgaben für das Abitur 174

Ergebnisse der Aufgaben zum Grundwissen, zum Training der Grundkenntnisse und grundlegender Trainingsaufgaben für das Abitur 180

Grundwissen 189

Stichwortverzeichnis 198

Die mit einem Smiley gekennzeichneten Aufgaben, auf die im Lehrtext hingewiesen wird, ermöglichen das selbstständige Erarbeiten von Teilergebnissen durch die Schüler. Diese Aufgaben können in einen fragend-entwickelnden Unterricht integriert werden.

Mit * gekennzeichnete Aufgaben bringen interessante Anwendungen, die den Lehrplan übersteigen.

Mit * gekennzeichnete Kapitel sind ein zusätzliches Angebot für Schüler zur eigenverantwortlichen Vorbereitung auf das Abitur.

Zu diesem Buch

Lehrer und Bücher geben Denkanstöße.
Notwendig ist aber, dass einer lernt, selbst zu denken.
William J. Mayo

Ein zeitgemäßer Mathematikunterricht rückt die Anschaulichkeit der Begriffe und ihren Bezug zum Alltag in den Vordergrund. Die Behandlung vieler anwendungsorientierter Aufgaben ist notwendig, damit Schüler befähigt werden, mit wechselnden Einkleidungen auch in Abituraufgaben selbst zurecht zu kommen. Das kostet viel Zeit. Wir zeigen einen Weg, wie man das Zeitproblem in den Griff bekommen kann:

- Wir empfehlen, pro Woche zunächst zwei Stunden Analysis und zwei Stunden Stochastik zu unterrichten. Beginnen Sie sofort mit dem aktuellen Lehrstoff. Die Wiederholung der erforderlichen Grundkenntnisse haben wir integriert und mit diesem vernetzt. Nach der Behandlung des Signifikanztests sollte die Stochastik durch die Raumgeometrie ersetzt werden.
- Zur Analysis: Mit Kapitel 3.1 sind alle Grundlagen zum Lösen der Analysis-Aufgaben vorhanden. Das folgende Teilkapitel 3.2 bringt dazu vielfältige Anwendungen. Im letzten Kapitel werden die Kenntnisse über das Lösen von Extremwertproblem und Wachstumsfragen wieder aufgefrischt und ausgebaut. Aus diesen drei Unterkapiteln sollten im Hinblick auf die knapp bemessene Zeit Aufgaben ausgewählt werden. Gründlichkeit hat dabei Vorrang vor Vollständigkeit.
- Zur Geometrie: Mit den Kapiteln „Geraden im Raum" und „Ebenengleichungen" sind die Grundsteine zum Lösen der Geometrie-Aufgaben gelegt. In den Anwendungen werden im letzten Kapitel viele interessante Probleme vorgestellt. Auch diese können nicht alle bearbeitet werden.
- Die Behandlung jedes Stoffgebiets schließt mit den „Trainingsaufgaben für das Abitur". Diese sind systematisch aufgebaut. Nach einem Test der Grundlagen folgen Aufgaben, in denen diese kurz und bündig wiederholt werden. In komplexeren Aufgaben werden dann die Grundkenntnisse verkettet. Diese Unterkapitel sollten von den Schülern in der Zeit vor dem Abitur möglichst selbständig erarbeitet werden.
- Beim Einsatz des Computers wurde im Buch die dynamische Mathematik-Freeware GeoGebra benutzt, die kostenlos von der Homepage www.geogebra.org heruntergeladen werden kann. Die Aufgaben lassen sich aber auch mit diversen anderen Computer-Programmen bearbeiten.
- Die Ergebnisse der Aufgaben zur Wiederholung des Grundwissens, zum Training der Grundkenntnisse und vieler Trainingsaufgaben für das Abitur sowie eine kompakte Zusammenstellung des Grundwissens sind am Ende des Buchs zu finden.
- Eine das Buch begleitende CD enthält ausführliche Lösungen der Aufgaben des Lehrbuchs und zusätzliche Aufgaben.

Viel Erfolg beim Arbeiten mit diesem Buch wünschen
Brigitte Distel und Rainer Feuerlein

Einführung in die Integralrechnung

1 Bestimmtes Integral und Integralfunktion

In der Unter- und Mittelstufe haben wir Formeln für den Flächeninhalt des Rechtecks, des Parallelogramms, des Dreiecks und des Trapezes entwickelt. In der 10. Klasse wurde die Formel für den Flächeninhalt einer krummlinig berandeten Figur – des Kreises – hergeleitet. Jetzt gehen wir einen Schritt weiter: Wir entwickeln ein Verfahren, mit dem man den Inhalt der Fläche zwischen dem Graphen einer Funktion und der x-Achse berechnen kann.

1.1 Das bestimmte Integral

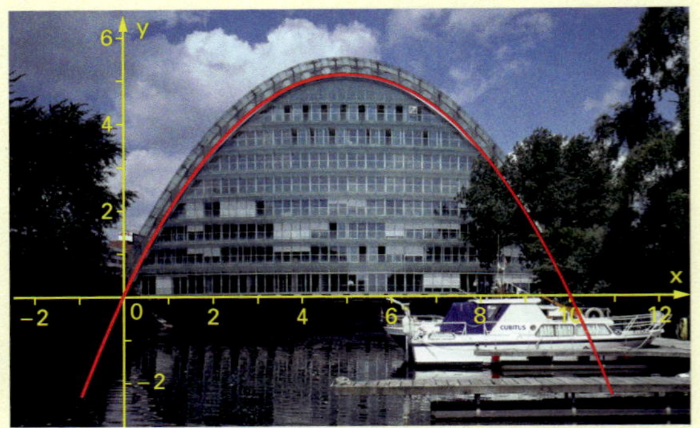

Berechnen von Flächeninhalten mit der Streifenmethode

Das Bürohaus „Berliner Bogen" in Hamburg ist ein auffälliges, modernes Gebäude. Es ist 70 m breit und 35 m hoch. Sein Dach wird von parabelförmigen Stahlbögen getragen.

Wir interessieren uns für den Flächeninhalt der Glasfront. Ein Stahlbogen begrenzt sie. Zur Vereinfachung betrachten wir diesen im Maßstab 1 : 700 im oben dargestellten Koordinatensystem. Die Stahlparabel hat dann die einfachen Nullstellen 0 und 10. Sie lässt sich also durch einen Term der Form $f(x) = ax(x-10)$ beschreiben. Den Wert des Parameters a liefert uns ihr Scheitel $S(5|5)$:

$$5 = a \cdot 5 \cdot (-5) \quad \Rightarrow \quad a = -\tfrac{1}{5} = -0{,}2$$
$$\Rightarrow \quad f(x) = -0{,}2x(x-10)$$

Da die Parabel zur Achse $x = 5$ symmetrisch ist, genügt es, den Flächeninhalt A von 0 bis 5 unter der Parabel zu bestimmen und diesen dann zu verdoppeln.
Zum Abschätzen dieses Flächeninhalts A zerlegen wir die Fläche in n gleich breite, rechteckige Streifen. Zunächst nehmen wir $n = 5$ Streifen der Breite 1. Mit einer einbeschriebenen Treppe aus Rechtecken schätzen wir den Flächeninhalt A nach unten, mit einer umbeschriebenen Treppe nach oben ab:

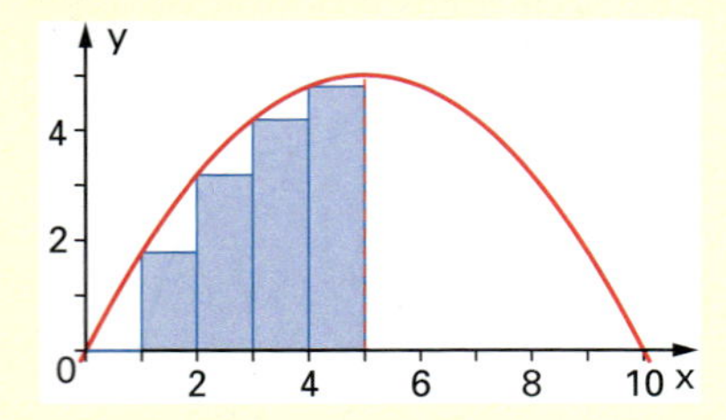

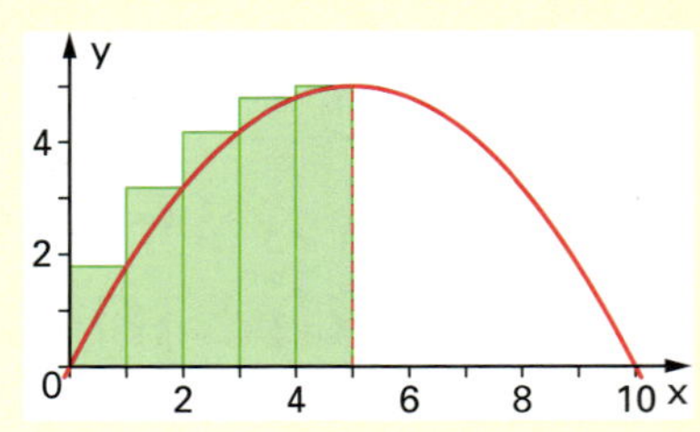

Die Summe der Inhalte der 5 einbeschriebenen Rechtecke nennt man **Untersumme** s_5, die der 5 umbeschriebenen Rechtecke **Obersumme** S_5.

Da die Höhen der Rechtecke Funktionswerte sind, legen wir für die Berechnung der beiden Summen eine Wertetabelle an:

x	0	1	2	3	4	5
f(x)	0	1,8	3,2	4,2	4,8	5

Damit erhalten wir: $s_5 = 0 \cdot 1 + 1{,}8 \cdot 1 + 3{,}2 \cdot 1 + 4{,}2 \cdot 1 + 4{,}8 \cdot 1 = 14$

$S_5 = 1{,}8 \cdot 1 + 3{,}2 \cdot 1 + 4{,}2 \cdot 1 + 4{,}8 \cdot 1 + 5 \cdot 1 = 19$

Der gesuchte Flächeninhalt A liegt zwischen s_5 und S_5: $14 < A < 19$
s_5 und S_5 unterscheiden sich um den Inhalt des letzten Rechtecks der Obersumme. Die Abschätzung ist noch sehr grob. Zur Verbesserung der Genauigkeit erhöhen wir die Anzahl n der Streifen. Für die doppelte Streifenzahl $n = 10$ erhalten wir:

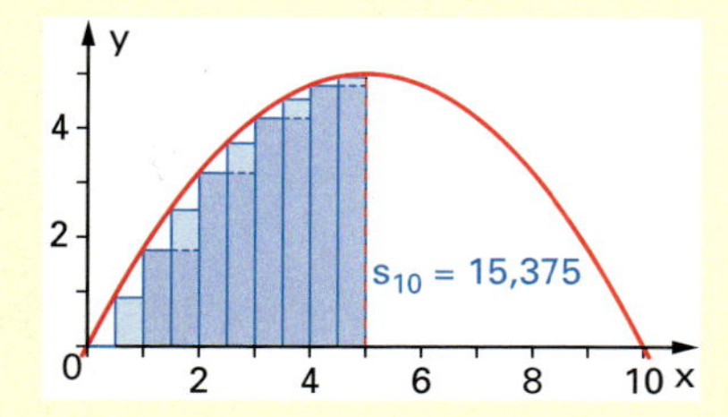

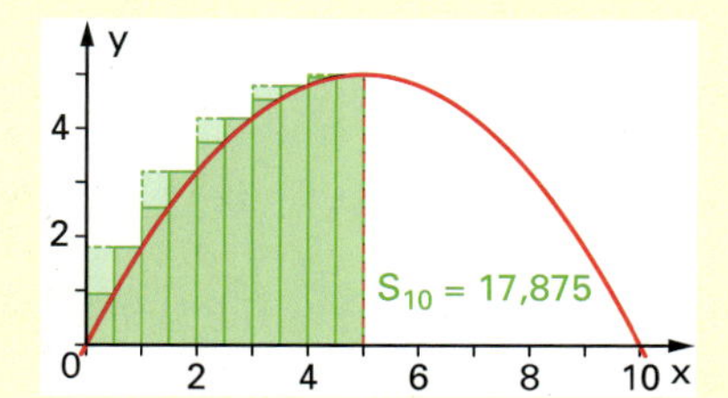

Wir sehen: $s_5 < s_{10}$ und $S_5 > S_{10}$. Der gesuchte Flächeninhalt A kann somit genauer abgeschätzt werden: $15{,}375 < A < 17{,}875$.
Das Berechnen der Untersumme s_n und der Obersumme S_n übertragen wir einem Funktionsplotter (Aufgabe 1): Mit wachsendem n nehmen die Untersummen s_n zu, die Obersummen S_n ab. Die Intervalle $[s_n; S_n]$ sind also ineinander geschachtelt. S_n und s_n unterscheiden sich um den Inhalt des letzten Rechecks der Obersumme. Dieses ist $f(5) = 5$ hoch und $\frac{5}{n}$ breit. $S_n - s_n = 5 \cdot \frac{5}{n}$ strebt für $n \to \infty$ gegen null. D. h., die Länge der Intervalle $[s_n; S_n]$ strebt für $n \to \infty$ gegen null. Die **Intervallschachtelung** schrumpft also auf eine einzige Zahl zusammen. Dieser gemeinsame Grenzwert von Unter- und Obersumme ist der Inhalt der Fläche unter der Parabel $y = -0{,}2x(x - 10)$ im Intervall $[0; 5]$.
Zurück zur Frage nach dem Flächeninhalt der Glasfront des „Berliner Bogens"!
Aus s_{500} und S_{500} entnehmen wir den Näherungswert $A \approx 16{,}67$ (Aufgabe 1). Da in Wirklichkeit alle Rechtecke 700-mal so breit und 700-mal so hoch sind, müssen wir diesen Wert mit 700^2 multiplizieren. Außerdem müssen wir ihn verdoppeln:

$$A_{\text{Glasfront}} \approx 16{,}67\,\text{cm}^2 \cdot 700^2 \cdot 2 \approx 16300000\,\text{cm}^2 = 1630\,\text{m}^2$$

Verallgemeinerung

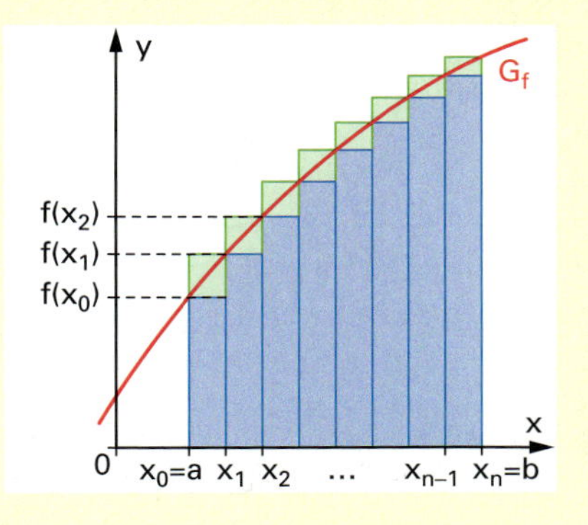

Wir interessieren uns für den Flächeninhalt A zwischen dem Graphen einer positiven Funktion f und der x-Achse im Intervall $[a; b]$. Zunächst setzen wir voraus, dass der Graph G_f im Intervall $[a; b]$ monoton steigt.
Das Intervall $[a; b]$ wird in n gleich breite Teile zerlegt. Ein Teil hat dann die Breite $\Delta x = \frac{b-a}{n}$.
Die Teilpunkte $x_0 = a, x_1, x_2, \ldots, x_{n-1}, x_n = b$ werden bestimmt und die zugehörigen Funktionswerte $f(x_0), f(x_1), f(x_2), \ldots f(x_{n-1}), f(x_n)$ berechnet.

Da G_f monoton steigt, nimmt f in jedem Teilintervall am linken Rand den kleinsten und am rechten Rand den größten Funktionswert an. Die Inhalte der Rechtecke der Untersumme s_n erhalten wir, indem wir den Funktionswert am linken Rand mit der Rechtecksbreite Δx multiplizieren und addieren. Bei S_n müssen wir die Funktionswerte am rechten Rand verwenden:

$$s_n = f(x_0) \cdot \Delta x + f(x_1) \cdot \Delta x + f(x_2) \cdot \Delta x + \ldots + f(x_{n-1}) \cdot \Delta x$$

$$S_n = f(x_1) \cdot \Delta x + f(x_2) \cdot \Delta x + \ldots + f(x_{n-1}) \cdot \Delta x + f(x_n) \cdot \Delta x$$

Für die elegante Schreibweise solcher systematisch aufgebauter Summen benutzt man den griechischen Buchstaben Sigma Σ. Die Summanden der Unter- und Obersumme haben die Form $f(x_k) \cdot \Delta x$. Für „*Summe* $f(x_k) \cdot \Delta x$ *von* $k = 0$ *bis* $k = n - 1$" schreibt man kurz:

$$s_n = \sum_{k=0}^{n-1} f(x_k) \cdot \Delta x \qquad \text{Analog:} \qquad S_n = \sum_{k=1}^{n} f(x_k) \cdot \Delta x$$

Mit wachsendem n nimmt die Untersumme s_n zu, die Obersumme S_n ab. Der Unterschied ist

$$S_n - s_n = f(x_n) \cdot \Delta x - f(x_0) \cdot \Delta x$$
$$= (f(b) - f(a)) \cdot \Delta x$$
$$= (f(b) - f(a)) \cdot \frac{b-a}{n}$$

Diesen Zusammenhang können wir veranschaulichen, indem wir die kleinen Rechtecke, um die sich die Unter- und Obersumme unterscheiden, nach rechts schieben.
Für $n \to \infty$ strebt somit $S_n - s_n$ gegen 0. Die beiden Grenzwerte $\lim\limits_{n \to \infty} s_n$ und $\lim\limits_{n \to \infty} S_n$ sind also gleich.

Diese Überlegung lässt sich auf monoton fallende Funktionen übertragen:
Beim Berechnen von s_n müssen wir dann die Funktionswerte $f(x_1), \ldots, f(x_n)$ verwenden, beim Berechnen von S_n die Funktionswerte $f(x_0), \ldots, f(x_{n-1})$.

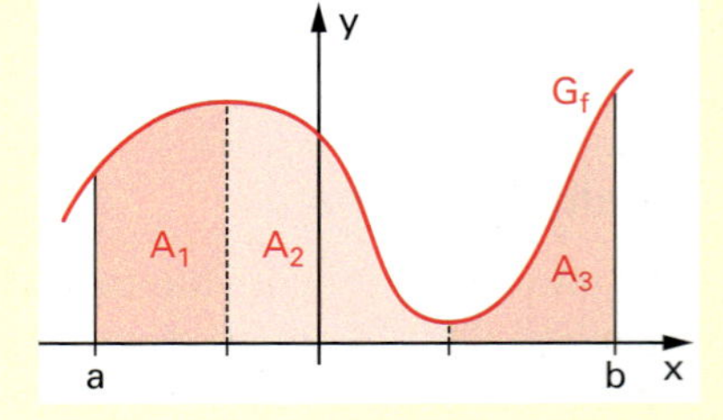

Wir befassen uns nur mit Funktionen, die sich in monoton steigende und monoton fallende Abschnitte zerlegen lassen. Bei diesen sind also die Grenzwerte $\lim\limits_{n \to \infty} s_n$ und $\lim\limits_{n \to \infty} S_n$ gleich.

Die Funktion f sei im Intervall [a; b] definiert, abschnittsweise monoton und positiv. Dann haben die Untersummen s_n und die Obersummen S_n den gleichen Grenzwert. Dieser ist der Inhalt A der Fläche zwischen G_f und der x-Achse von a bis b:

$$A = \lim_{n \to \infty} s_n = \lim_{n \to \infty} S_n$$

Definition des bestimmten Integrals

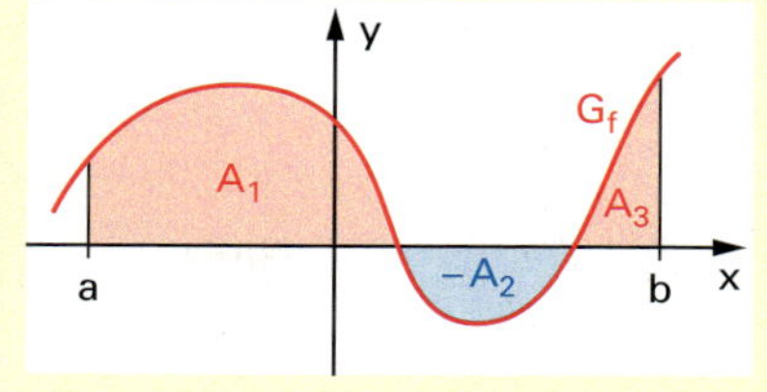

Bisher haben wir Unter- und Obersummen nur von Funktionen berechnet, deren Graphen G_f oberhalb der x-Achse verlaufen. Nimmt eine Funktion im Intervall [a; b] nur negative Funktionswerte f(x) an, sind die Produkte $f(x_k) \cdot \Delta x$ negativ und damit auch s_n und S_n. Ihr gemeinsamer Grenzwert ist auch negativ. D. h., der Flächeninhalt einer unter der x-Achse liegenden Fläche wird mit einem negativen Vorzeichen versehen (Aufgabe 7).

Liegen im Intervall [a; b] Flächenstücke
- über der x-Achse, werden diese positiv gezählt,
- unter der x-Achse, werden diese negativ gezählt.

Der Grenzwert ist dann die Flächenbilanz. Insbesondere bedeutet der Grenzwert 0, dass die über und unter der x-Achse liegenden Flächenstücke den gleichen Flächeninhalt haben.

Die Funktion f sei im Intervall [a; b] definiert. Der gemeinsame Grenzwert der Unter- und der Obersummen von f im Intervall [a; b] heißt **bestimmtes Integral** von a bis b von f:

$$\int_a^b f(x)\,dx = \lim_{n \to \infty} s_n = \lim_{n \to \infty} S_n$$ gelesen: „Integral von a bis b f(x) dx“

f heißt **Integrand** oder **Integrandenfunktion**, a **untere Grenze** und b **obere Grenze** des bestimmten Integrals.

Gottfried Wilhelm Leibniz (1646 – 1716) hat die Integralschreibweise aus der Summenschreibweise entwickelt: Das griechische Sigma Σ hat er durch ein stilisiertes S ersetzt und das Differenzzeichen Δx durch dx.

Beispiel: Für unser erstes Beispiel schreiben wir also: $\int_0^5 -0{,}2x(x-10)\,dx \approx 16{,}67$

Das bestimmte Integral $\int_a^b f(x)dx$ liefert die **Flächenbilanz** der Flächenstücke, die im Intervall [a; b] zwischen G_f und der x-Achse liegen.
Flächenstücke oberhalb der x-Achse werden positiv, Flächenstücke unterhalb der x-Achse werden negativ gezählt.

Beispiel: Für die Sinusfunktion gilt:
$\int_0^{2\pi} \sin x\,dx = 0$, da aufgrund der Symmetrie das über und das unter der x-Achse liegende Flächenstück den gleichen Inhalt haben.

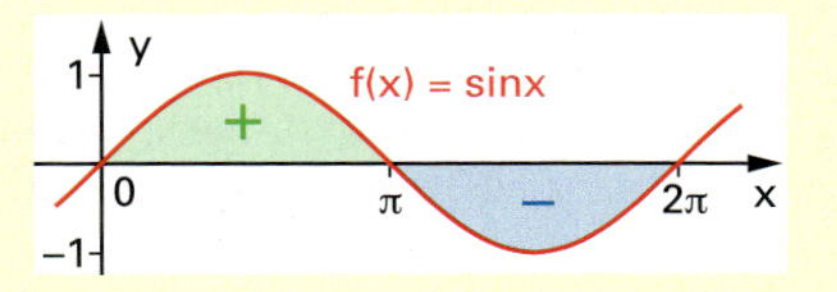

Integrationsregeln für das bestimmte Integral

- Wir haben schon mehrfach eine Fläche aus Teilflächen aufgebaut. Setzt man z. B. eine Fläche von a bis c aus zwei Teilflächen von a bis b und von b bis c zusammen, lautet dafür die Integralschreibweise:

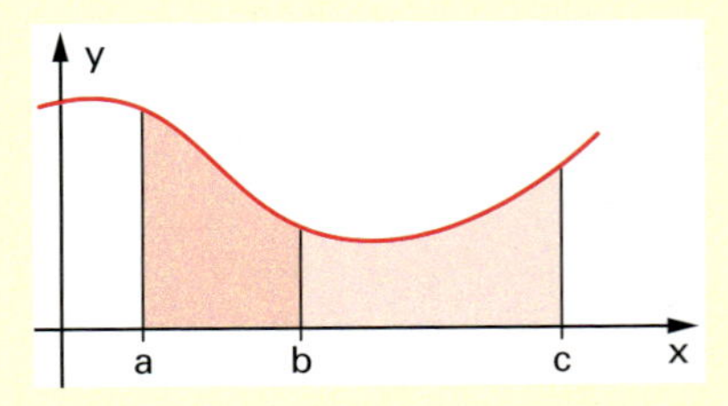

$$\int_a^b f(x)\,dx + \int_b^c f(x)\,dx = \int_a^c f(x)\,dx$$

- Bisher war die obere Grenze b stets größer als die untere Grenze. Man sagt dazu: Wir haben in Richtung wachsender x-Werte integriert. Es wird sich als sinnvoll erweisen, dass die obere Grenze eines Integrals auch links von der unteren liegen darf. Beim Übergang von der Breite $\Delta x = \frac{b-a}{n}$ der Rechtecke zu $\Delta x = \frac{a-b}{n}$ wird Δx negativ. Dadurch wechseln s_n und S_n ihr Vorzeichen. Beim Integrieren in Richtung abnehmender x-Werte wechselt das Integral das Vorzeichen.
- Im Sonderfall $b = a$ ergibt sich $\Delta x = 0$ und damit $s_n = 0$ und $S_n = 0$. Anschaulich bedeutet das, dass der Inhalt der Fläche unter dem Graphen von f von a bis a null ist.

Wir halten fest:

Integrationsregeln

- Abschnittsweise Integration: Das Integrationsintervall darf aus Teilintervallen zusammengesetzt bzw. in Teilintervalle zerlegt werden:

$$\int_a^b f(x)\,dx + \int_b^c f(x)\,dx = \int_a^c f(x)\,dx$$

- Vertauscht man die Integrationsgrenzen, so ändert sich das Vorzeichen des Integrals:

$$\int_b^a f(x)\,dx = -\int_a^b f(x)\,dx$$

- Sind obere und untere Grenze gleich, so ist der Wert des Integrals 0:

$$\int_a^a f(x)\,dx = 0$$

Aufgaben

Glasfront des Berliner Bogens

Die stählerne Parabel, die die Glasfront des Berliner Bogens begrenzt, lässt sich im Maßstab 1 : 700 durch die Funktion f mit der Gleichung
$f(x) = -0{,}2x(x-10) = -0{,}2x^2 + 2x$ modellieren.
Wir wollen beobachten, wie sich die Werte der Ober- bzw. Untersumme verhalten, wenn wir die Anzahl der Streifen n vergrößern. Starte dazu einen Funktionsplotter

und lass dir den Graphen der Funktion f anzeigen. Definiere einen Schieberegler n von 0 bis 500 mit der Schrittweite 1 und definiere die Ober- und Untersumme mithilfe dieses Schiebereglers: Eingabe: Sn=Obersumme[f,0,5,n] bzw. Eingabe: sn=Untersumme[f,0,5,n]

a) Verändere nun den Schieberegler und beobachte, wie sich die Werte von S_n bzw. s_n verhalten. Lass dir dazu ausreichend viele Nachkommastellen anzeigen. Um wie viel unterscheiden sich S_{10} und s_{10}, um wie viel S_{500} und s_{500}?

b) Gib einen Näherungswert für die gesuchte Glasfläche des Berliner Bogens an.

2 Flächenabschätzung mit dem Computer

Wir betrachten den Graphen der Funktion f mit $f(x) = 0{,}5x^2$ und wollen den Inhalt A der Fläche, die zwischen dem Graphen der Funktion und der x-Achse im Intervall [0; 4] liegt, möglichst genau bestimmen.

a) Zeichne die Parabel G_f im Intervall [0; 4]. Zerlege das Intervall in vier gleich breite Streifen. Trage mit einer Farbe die einbeschriebene Treppe aus Rechtecken und mit einer anderen Farbe die umbeschriebene Treppe aus Rechtecken ein. Berechne dazu die Untersumme s_4 sowie die Obersumme S_4. Um wie viel unterscheiden sich S_4 und s_4? Welchen Flächeninhalt stellt die Differenz $S_4 - s_4$ dar?

b) Wir wollen nun die Berechnung an den Computer übertragen. Starte dazu einen Funktionsplotter und zeichne den Graphen von f. Definiere einen Schieberegler n von 0 bis 500 mit der Schrittweite 1. Definiere die Ober- und Untersumme mithilfe dieses Schiebereglers: Eingabe: Sn=Obersumme[f,0,4,n] . Vergleiche die für n = 4 angezeigten Werte für s_4 und S_4 mit den von dir berechneten Werten.

c) Wie verhalten sich die Werte der Untersumme s_n, wie die Werte der Obersumme S_n, wenn wir die Anzahl n der Streifen vergrößern? Verändere dazu den Schieberegler und beobachte die Werte von s_n und von S_n. Wie hängt der Unterschied $S_n - s_n$ von n ab? Gib einen möglichst genauen Wert für die gesuchte Fläche an.

3 Das Summenzeichen

Berechne:

a) $\sum_{k=0}^{5} k^2$ b) $\sum_{k=1}^{3} \frac{1}{k}$ c) $\sum_{k=0}^{4} (2k-1)$ d) $\sum_{k=1}^{100} (-1)^k$ e) $\sum_{k=1}^{100} (-1)^{2k-1}$

Schreibe mit dem Summenzeichen:

f) $1 + \frac{1}{2} + \frac{1}{4} + \frac{1}{8} + \frac{1}{16} + \frac{1}{32} + \frac{1}{64}$ g) $\frac{1}{1\cdot 2} + \frac{1}{2\cdot 3} + \frac{1}{3\cdot 4} + \frac{1}{4\cdot 5} + \frac{1}{5\cdot 6} + \frac{1}{6\cdot 7}$

4 Test der Streifenmethode

Wir testen die Streifenmethode an Flächen, die wir auch mit den bereits bekannten Formeln elementar berechnen können.
Gegeben sind das Intervall [0;4] und die lineare Funktion f durch

I) $f(x) = x$ II) $f(x) = x + 1$ III) $f(x) = \frac{1}{2}x + 2$ IV) $f(x) = 4 - x$.

a) Zeichne die Treppenfigur zu s_2 und S_2. Berechne Unter- und Obersumme sowie deren Unterschied.

b) Bearbeite Aufgabe a) für s_4 und S_4 und schließlich für s_8 und S_8.

c) Berechne den genauen Wert A der Fläche, die angenähert wird, mithilfe einer elementaren Formel. Um wie viel Prozent weicht S_8 vom genauen Wert ab?

5 Gestürzte Parabel

Wir wollen den Inhalt A der Fläche, die die abgebildete Parabel mit der x-Achse einschließt, abschätzen.

a) Stelle die Gleichung der Parabel auf und nähere A durch
I. ein Dreieck, II. Trapeze und Dreiecke, III. den Mittelwert aus S_8 und s_8.

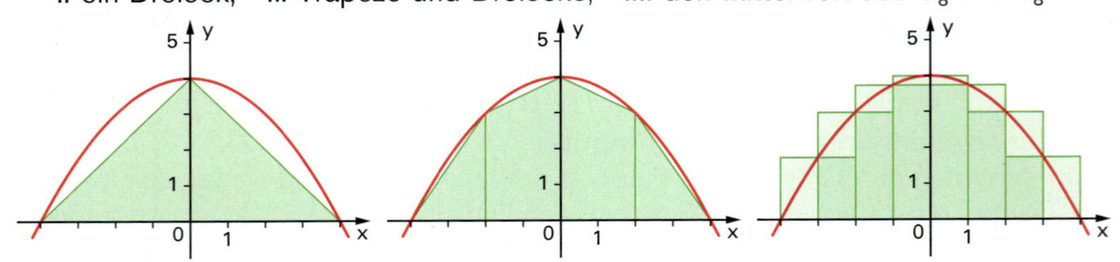

b) Bestimme S_{1000} und s_{1000} mit dem Computer und damit einen Näherungswert für den gesuchten Flächeninhalt. Wie genau ist dieser?
Um wie viel Prozent weichen die Näherungswerte von Teilaufgabe a) von diesem Näherungswert ab?

6 Streifenmethode mit Tabellenkalkulation

Wir wollen den Inhalt der Fläche nähern, die zwischen dem Graphen der Funktion f mit $f(x) = \sqrt{x}$ und der x-Achse im Intervall [0; 8] liegt.

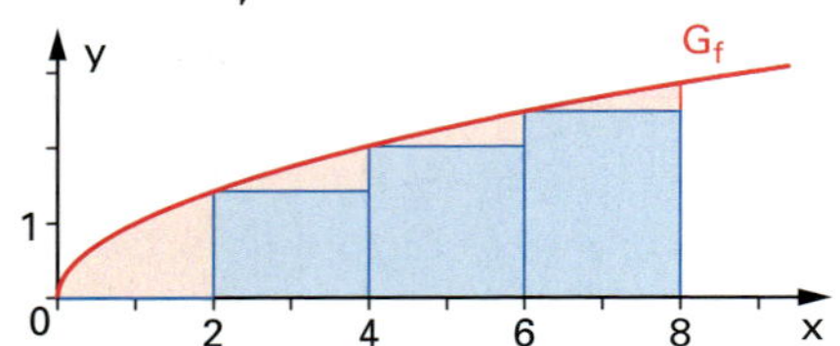

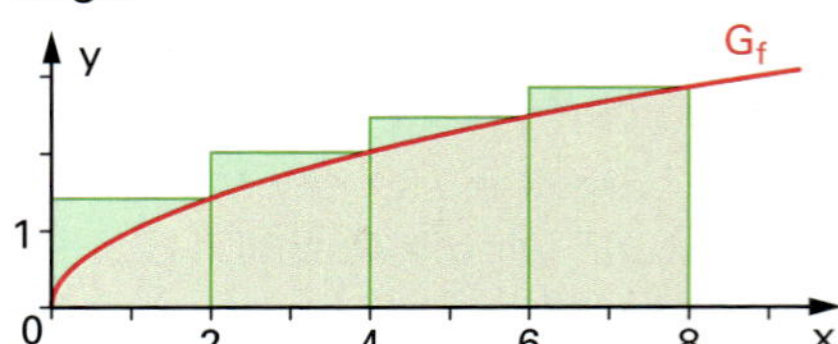

a) Berechne mithilfe einer Tabellenkalkulation zunächst die Untersumme s_4 und die Obersumme S_4.

	A	B	C	D	E	F	G	H
1	Streifenzahl n	Streifenbreite	Berechnung der Untersumme:					
2	4	2		x	0	2	4	6
3				f(x)	0	1,41421356	2	2,44948974
4			Rechtecksfläche:		0	2,82842712	4	4,89897949
5			Untersumme s4:		11,7274066			

b) Berechne s_8 und S_8 sowie s_{16} und S_{16}. Schätze den gesuchten Flächeninhalt mit dem Mittelwert aus s_{16} und S_{16} ab.

7 Flächenbilanz

Rechts ist der Graph der Potenzfunktion $f: x \mapsto x^3$ abgebildet. Für das Flächenstück zwischen G_f und der x-Achse von 0 bis 1 liefern s_{1000} und S_{1000} auf Hundertstel genau den Wert $A_1 = 0{,}25$ und für das Flächenstück von 1 bis 2 den Wert $A_2 = 3{,}75$. Welche Werte werden s_{1000} und S_{1000} für das Flächenstück von

a) 0 bis 2, b) −1 bis 0, c) −2 bis −1,
d) −2 bis 0, e) −2 bis 2, f) −2 bis 1 liefern?

Überprüfe deine Vorhersagen mit einem Funktionsplotter.

8 Integrationsregeln

Rechts ist der Graph der in $\mathbb{R}$ definierten Funktion f mit $f(x) = 4x - x^3$ abgebildet. Mithilfe von s_{1000} und S_{1000} wurden folgende Werte auf Hundertstel genau ermittelt:

$\int_0^1 (4x - x^3)\,dx \approx 1{,}75$ und $\int_1^2 (4x - x^3)\,dx \approx 2{,}25$

Gib die Werte folgender Integrale an und begründe deine Antwort:

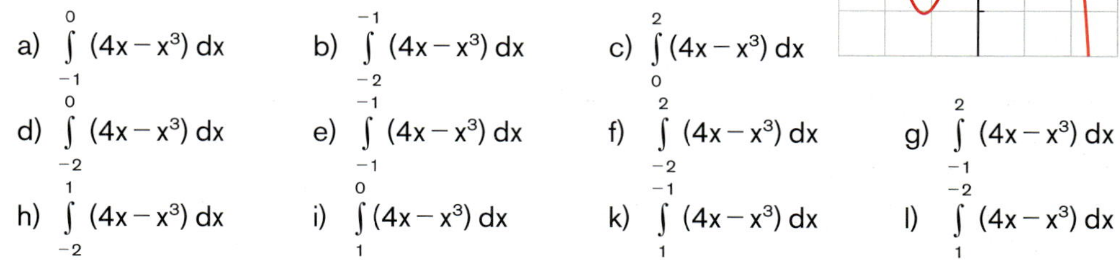

a) $\int_{-1}^{0} (4x - x^3)\,dx$ b) $\int_{-2}^{-1} (4x - x^3)\,dx$ c) $\int_{0}^{2} (4x - x^3)\,dx$

d) $\int_{-2}^{0} (4x - x^3)\,dx$ e) $\int_{-1}^{-1} (4x - x^3)\,dx$ f) $\int_{-2}^{2} (4x - x^3)\,dx$ g) $\int_{-1}^{2} (4x - x^3)\,dx$

h) $\int_{-2}^{1} (4x - x^3)\,dx$ i) $\int_{1}^{0} (4x - x^3)\,dx$ k) $\int_{1}^{-1} (4x - x^3)\,dx$ l) $\int_{1}^{-2} (4x - x^3)\,dx$

9 Wahr oder falsch?

Stelle in einem Koordinatensystem zum Integral $I = \int_0^3 (x^2 - 2x)\,dx$ die zugehörigen Flächenstücke dar. Welche der folgenden Aussagen ist richtig? Begründung!

a) $I = \int_0^2 (x^2 - 2x)\,dx + \int_3^2 (x^2 - 2x)\,dx$ b) $I = 2 \cdot \int_0^1 (x^2 - 2x)\,dx + \int_2^3 (x^2 - 2x)\,dx$

10 Grundwissen: Ableiten

Leite ab:

a) $f(x) = x^3 - 3x^2$ b) $f(x) = (3x)^3 - 2^2$ c) $f(x) = x - \frac{1}{x}$ d) $f(x) = \frac{1}{2x^2} - \frac{1}{3x^3}$

e) $f(x) = x^2 - a$ f) $f(x) = x^3 - a^3$ g) $f(x) = (ax)^3 - a^3x$ h) $A(r) = \pi r^2$

i) $f(x) = 2x + 1$ k) $f(x) = (3x + 2)^2$ l) $f(x) = (4x + 3)^3$ m) $f(x) = \frac{1}{(5x+4)^4}$

n) $f(x) = \sqrt{x}$ o) $f(x) = \sqrt{2x - 1}$ p) $f(x) = \sqrt{9 - x^2}$ q) $f(x) = \frac{1}{\sqrt{a^2 - x^2}}$

r) $f(x) = \sin x$ s) $f(x) = 2\cos 3x$ t) $f(x) = \sin(\frac{\pi}{2} - x)$ u) $f(x) = x \cdot \sin x$

v) $f(x) = x^2 \cos\sqrt{x}$ w) $f(x) = (\sin x)^2$ x) $f(x) = x\sqrt{x}$ y) $f(x) = x\sqrt{4 - x^2}$

11 Grundwissen: „Aufleiten"

Bestimme zu f eine Stammfunktion F, d. h. eine Funktion, deren Ableitung f(x) ist.

a) $f(x) = x^3 - 3x^2$ b) $f(x) = 7x^7 - 7$ c) $f(x) = x^2 - a^2$ d) $f(r) = 4\pi r^2$

e) $f(x) = \frac{1}{x^2}$ f) $f(x) = \frac{1}{x^3} - \frac{1}{x^4}$ g) $f(x) = 2x + \frac{1}{2x^2}$ h) $f(x) = \frac{1}{(x+2)^2}$

i) $f(x) = (x + \sqrt{2})^3$ k) $f(x) = (2x + 3)^4$ l) $f(x) = (3x - 4)^5$ m) $f(x) = \frac{1}{(2x+1)^3}$

n) $f(x) = \sqrt{x}$ o) $f(x) = \frac{1}{\sqrt{x}}$ p) $f(x) = \sqrt{x - 3}$ q) $f(x) = \sqrt{2x - 3}$

r) $f(x) = \sin x$ s) $f(x) = \cos(x + 2)$ t) $f(x) = \sin 2x$ u) $f(x) = \cos(\frac{\pi}{2} - x)$

1.2 Die Integralfunktion – Der Hauptsatz der Differenzial- und Integralrechnung

Ein bestimmtes Integral $\int_a^b f(x)\,dx$ ist eine Zahl. Das Annähern an diesen Wert durch Unter- und Obersummen mithilfe eines Funktionsplotters ist mühsam und unbefriedigend. Wir suchen deshalb ein besseres Berechnungsverfahren.

Die Integralfunktion als Flächenfunktion

Der Wert eines Integrals hängt von der Integrandenfunktion f, der unteren Grenze a und der oberen Grenze b ab. Durch systematisches Variieren der oberen Grenze hoffen wir, einen Zusammenhang zu entdecken, der uns weiterhilft. Wir bezeichnen die veränderliche obere Grenze mit x. Für die Variable der Funktion f müssen wir dann einen anderen Buchstaben nehmen, z. B. t.

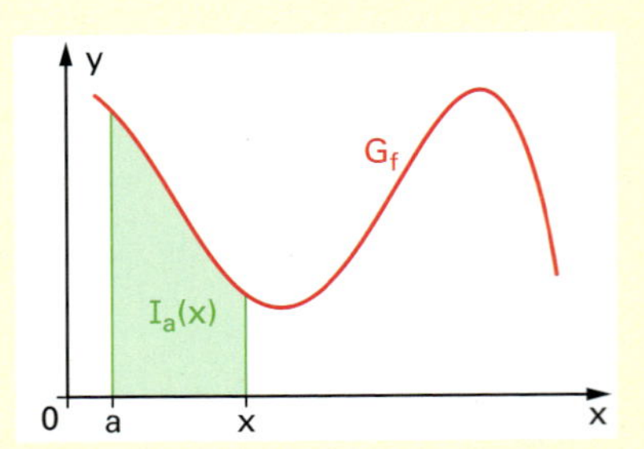

> Die Funktion I_a mit $I_a(x) = \int_a^x f(t)\,dt$ heißt **Integralfunktion** von f.

Die Integralfunktion I_a beschreibt die Bilanz der Fläche zwischen G_f und der x-Achse in Abhängigkeit von der oberen Grenze x.

Von einigen Funktionen kann man die Terme der Integralfunktionen mithilfe der Flächenformeln aufstellen. Lässt sich damit eine Vermutung über einen allgemeinen Zusammenhang gewinnen?

Beispiel: Integralfunktionen der linearen Funktion f mit $f(x) = x$

- *Zur unteren Grenze a = 0:* $I_0(x) = \int_0^x t\,dt$

  Die Fläche unter G_f von 0 bis x ist ein rechtwinkliges Dreieck mit der Grundlinie g = x und der Höhe h = f(x). Sein Flächeninhalt ist $\frac{1}{2}x \cdot f(x) = \frac{1}{2}x^2$. Also:

  $$I_0(x) = \int_0^x t\,dt = \frac{1}{2}x^2$$

  Für negative x-Werte liegt das Dreieck unterhalb der x-Achse. Sein Flächeninhalt wird negativ gezählt. Da aber von 0 bis x in Richtung abnehmender x-Werte integriert wird, ist das Vorzeichen umzukehren. Deshalb sind die Werte der Integralfunktion I_0 auch für $x < 0$ positiv.

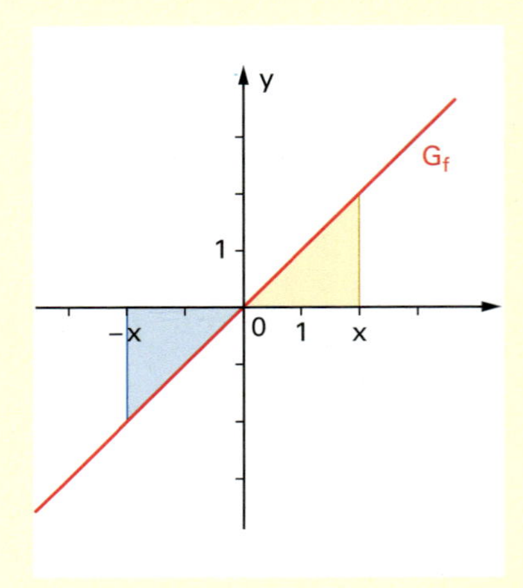

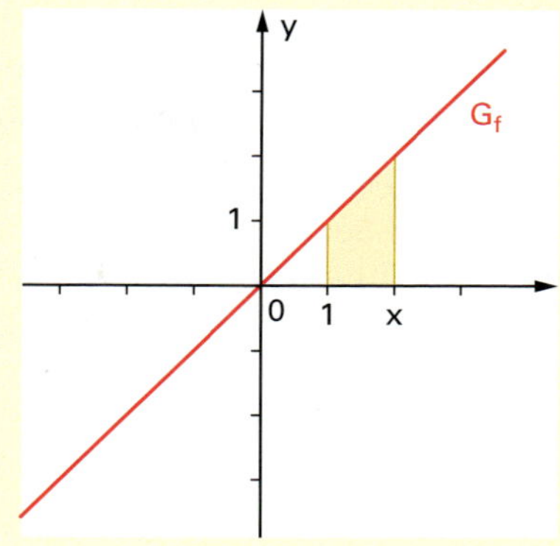

- *Zur unteren Grenze a = 1:* $I_1(x) = \int_1^x t\,dt$

  Vom Flächeninhalt des Dreiecks von 0 bis x ist der Flächeninhalt des Dreiecks von 0 bis 1 zu subtrahieren; in Integralschreibweise:

$$I_1(x) = \int_0^x t\,dt - \int_0^1 t\,dt = \tfrac{1}{2}x^2 - \tfrac{1}{2}$$

- *Allgemein zur unteren Grenze a:* $I_a(x) = \int_a^x t\,dt$

$$I_a(x) = \int_0^x t\,dt - \int_0^a t\,dt = \tfrac{1}{2}x^2 - \tfrac{1}{2}a^2$$

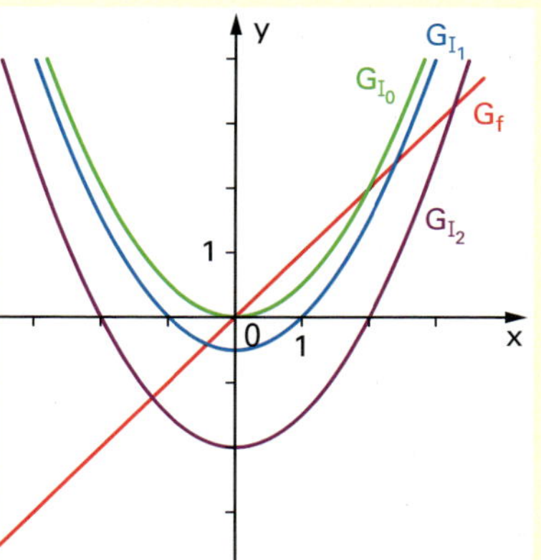

Aus unserem Beispiel und Aufgabe 1 entnehmen wir:

> Jede Integralfunktion I_a hat an der unteren Grenze x = a eine Nullstelle: $I_a(a) = 0$

Das ist allgemein der Fall, da jedes Integral mit gleicher unterer und oberer Grenze den Wert 0 hat.

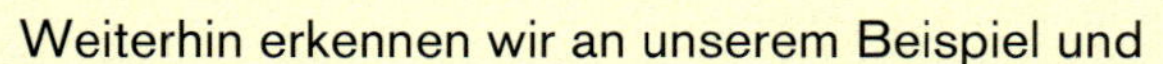

Weiterhin erkennen wir an unserem Beispiel und Aufgabe 1, dass die Graphen aller Integralfunktionen I_a der Funktion f durch eine Verschiebung in y-Richtung auseinander hervorgehen. Sie haben also alle die gleiche Ableitung – und diese ist gleich f.
Anders ausgedrückt: Jede Integralfunktion ist eine Stammfunktion von f. Wenn das allgemein der Fall ist, wäre das eine wichtige Eigenschaft, die uns bei der Berechnung bestimmter Integrale weiterhilft.

Der Hauptsatz der Differenzial- und Integralrechnung

Vermutung: $I'_a(x) = f(x)$

Beweis: Die Ableitung der Integralfunktion I_a ist nach Definition der Grenzwert des Differenzenquotienten:

$$I'_a = \lim_{h \to 0} \frac{I_a(x+h) - I_a(x)}{h}$$

Den Zähler des Bruchs formen wir um:

$$I_a(x+h) - I_a(x) = \int_a^{x+h} f(t)\,dt - \int_a^x f(t)\,dt = \left(\int_a^x f(t)\,dt + \int_x^{x+h} f(t)\,dt\right) - \int_a^x f(t)\,dt$$
$$= \int_x^{x+h} f(t)\,dt$$

Für unsere weiteren Überlegungen setzen wir voraus, dass der Graph G_f keine Sprungstellen besitzt, sondern durchgehend ist. Funktionen, die einen durchgehenden Graphen haben, sind **stetig** (Aufgabe 2).

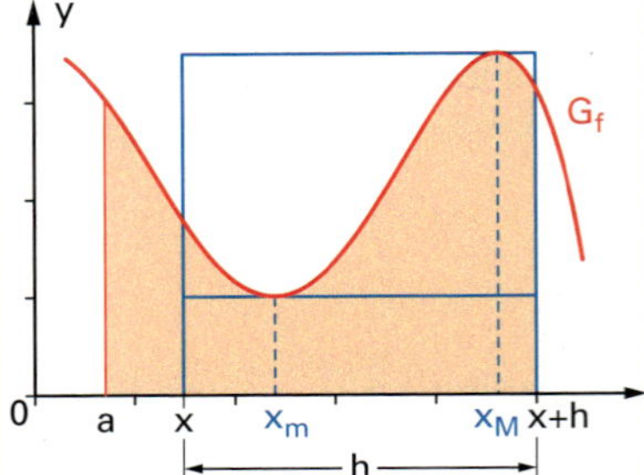

Das letzte Integral schätzen wir durch ein ein- und ein umbeschriebenes Rechteck ab: Im Intervall $[x; x+h]$ sei x_m die Stelle, an der $f(x)$ den kleinsten Wert annimmt, und x_M die Stelle, an der $f(x)$ den größten Wert annimmt. Also ist

$$f(x_m) \cdot h \leq \int_x^{x+h} f(t)\,dt \leq f(x_M) \cdot h$$

Dividieren wir die Ungleichung durch die positive Zahl h, folgt:

$$f(x_m) \leq \frac{\int_x^{x+h} f(t) \cdot dt}{h} \leq f(x_M)$$

Nun lassen wir h gegen 0 streben. Dann gehen x_m und x_M gegen x. Da G_f keine Sprungstelle hat, streben $f(x_m)$ und $f(x_M)$ gegen $f(x)$:

$$f(x) \leq \lim_{h \to 0+0} \frac{\int_x^{x+h} f(t) \cdot dt}{h} \leq f(x)$$

Für negatives h verläuft der Nachweis analog. Also ist $I'_a(x) = f(x)$.

Hauptsatz der Differenzial- und Integralrechnung
Ist die Funktion f stetig, dann ist die Ableitung der Integralfunktion I_a gleich der Integrandenfunktion f:

$$I_a(x) = \int_a^x f(t)\,dt \quad \Rightarrow \quad I'_a(x) = f(x)$$

Jede Integralfunktion einer stetigen Funktion f ist eine Stammfunktion von f.

Insbesondere folgt: Die Integralfunktion einer stetigen Funktion ist differenzierbar. Ihr Graph hat also keinen Knick.

Aufgrund seiner großen Bedeutung hat man diesen Satz Hauptsatz genannt. Er besagt, dass die Differenziation die Integration aufhebt:

Die Integration ist die Umkehrung der Differenziation.

Berechnen von Integralen mithilfe einer Stammfunktion

Wie kann man einen Term der Integralfunktion $I_a(x) = \int_a^x f(t)\,dt$ bestimmen, wenn irgendeine Stammfunktion F von f bekannt ist?

Zu einer Funktion f gibt es beliebig viele Stammfunktionen. Ihre Graphen gehen durch eine Verschiebung in y-Richtung auseinander hervor. Ihr Term ist also von der Form $F(x) + c$.

Die Integralfunktion $I_a(x) = \int_a^x f(t)\,dt$ ist eine Stammfunktion von f. Aber welche?

Wir setzen an $\int_a^x f(t)\,dt = F(x) + c_a$ und suchen c_a.

Da die Integralfunktion I_a an ihrer unteren Grenze $x = a$ eine Nullstelle hat, müssen wir aus den Stammfunktionen diejenige auswählen, die diese Bedingung erfüllt:

$$0 = \int_a^a f(t)\,dt = F(a) + c_a \quad \Rightarrow \quad c_a = -F(a) \quad \Rightarrow \quad \int_a^x f(t)\,dt = F(x) - F(a)$$

Ersetzen wir in $\int_a^x f(t)\,dt = F(x) - F(a)$ die Variable x durch b und dann t durch x, erhalten wir für das bestimmte Integral in der gewohnten Schreibweise:

$$\int_a^b f(x)\,dx = F(b) - F(a)$$

Für $F(b) - F(a)$ führt man eine Abkürzung ein: $[F(x)]_a^b = F(b) - F(a)$

Ist F irgendeine Stammfunktion der Funktion f, dann ist das bestimmte Integral von a bis b gleich der Änderung $F(b) - F(a)$ von F im Intervall $[a; b]$:

$$\int_a^b f(x)\,dx = [F(x)]_a^b = F(b) - F(a)$$

Beachte: Berechnet man das Integral mit verschiedenen Stammfunktionen, muss sich der gleiche Wert ergeben. Da sich zwei Stammfunktionen nur um eine Konstante c unterscheiden, ist ihre Änderung im Intervall von a bis b die gleiche: $(F(b) + c) - (F(a) + c) = F(b) - F(a)$.

Flächenberechnungen

Die Berechnung des Inhalts von Flächen ist nun einfach, wenn es uns gelingt, zur Funktion f eine Stammfunktion F zu finden.

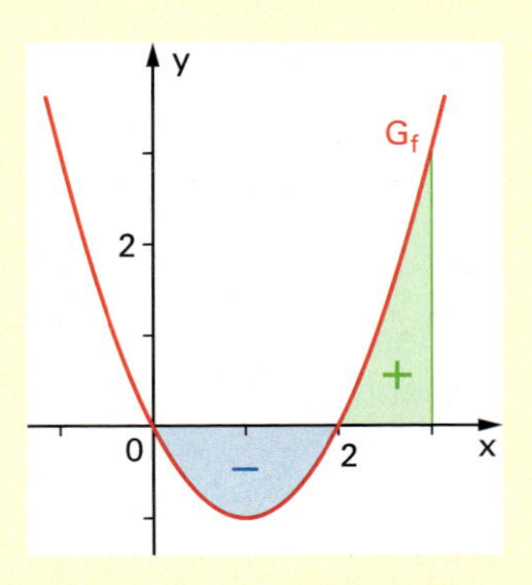

Beispiel: Wir suchen den Inhalt A der gesamten Fläche, die im Bereich $[0; 3]$ zwischen der Parabel G_f mit $f(x) = x^2 - 2x$ und der x-Achse liegt.
Von $x = 0$ bis $x = 2$ verläuft G_f unterhalb der x-Achse, von $x = 2$ bis $x = 3$ oberhalb.
Bei der Flächenbilanz, die das Integral von 0 bis 3 liefert, wird das erste Flächenstück negativ gezählt. Für die Gesamtfläche müssen wir davon den Betrag nehmen:

$$A = \left|\int_0^2 (x^2 - 2x)\,dx\right| + \int_2^3 (x^2 - 2x)\,dx = \left|[\tfrac{1}{3}x^3 - x^2]_0^2\right| + [\tfrac{1}{3}x^3 - x^2]_2^3$$
$$= |[\tfrac{8}{3} - 4] - 0| + [9 - 9] - [\tfrac{8}{3} - 4] = |-\tfrac{4}{3}| + \tfrac{4}{3} = \tfrac{8}{3} = 2\tfrac{2}{3}$$

Nach dieser Berechnung sind das blaue und das grüne Flächenstück gleich groß. Das Integral von 0 bis 3 müsste also gleich 0 sein:

$$\int_0^3 (x^2 - 2x)\,dx = [\tfrac{1}{3}x^3 - x^2]_0^3 = [9 - 9] - 0 = 0$$

Besteht eine Fläche zwischen G_f und der x-Achse aus Flächenstücken die ober- und unterhalb der x-Achse liegen, ist beim Berechnen ihres Flächeninhalts das Integral in entsprechende Teile zu zerlegen. Da die Integrale zu den Flächenstücken unter der x-Achse negative Werte liefern, nimmt man davon den Betrag.

Integral- und Stammfunktion

Jede Integralfunktion I_a einer Funktion f ist auch eine Stammfunktion von f. Ist umgekehrt jede Stammfunktion F von f auch eine Integralfunktion (Aufgabe 13)? Lässt sich also zu jeder Stammfunktion eine untere Grenze a so finden, dass man sie als Integralfunktion I_a schreiben kann? Das ist nur möglich, wenn die Stammfunktion eine Nullstelle hat, die als untere Grenze a gewählt werden kann.

Jede Integralfunktion I_a einer Funktion f ist eine Stammfunktion.
Jede Stammfunktion F von f, die
- *keine* Nullstelle hat, ist *keine* Integralfunktion,
- *eine* Nullstelle hat, ist *eine* Integralfunktion.

1 Integralfunktionen einer linearen Funktion

Gegeben ist die lineare Funktion f mit $f(x) = \frac{1}{2}x + 1$. Wir interessieren uns für die Integralfunktion I_0 mit

$$I_0(x) = \int_0^x (\tfrac{1}{2}t + 1)\,dt.$$

y
$I_0(x)$
0
x

a) Berechne $I_0(2)$, $I_0(4)$, $I_0(-2)$ und $I_0(-4)$. Stelle den Term $I_0(x)$ mithilfe der Flächenformel für das Trapez auf. Überprüfe diesen anhand der berechneten Werte. Zeichne den Graphen von I_0.

b) Stelle den Term der Integralfunktion I_a mit $I_a(x) = \int_a^x (\frac{1}{2}t + 1)\,dt$ auf. Wie gehen die Graphen der Integralfunktionen auseinander hervor? Skizziere die Graphen von I_1 und I_2 in das Koordinatensystem von Aufgabe a).

2 Präzisierung des Begriffs „Stetigkeit"

Eine Funktion f heißt an der Stelle x_0 stetig, wenn beim Annähern von links und von rechts an die Stelle x_0 die Funktionswerte f(x) gegen $f(x_0)$ streben. Andernfalls heißt f an der Stelle x_0 unstetig.

a) Zeichne den Graphen der Heaviside-Funktion H mit
$$H(x) = \begin{cases} 0 & \text{für} \quad x \leq 0 \\ 1 & \text{für} \quad x > 0 \end{cases}.$$
Warum ist H an der Stelle x = 0 unstetig?

b) Ist die Betragsfunktion $x \mapsto |x|$ an der Stelle x = 0 stetig? Ist sie an der Stelle x = 0 differenzierbar?

Eine Funktion heißt stetig, wenn sie an jeder Stelle ihres Definitionsbereichs D stetig ist.

c) Zeichne den Graphen der Funktion f mit $f(x) = x \cdot H(x)$. Ist f stetig? Ist f an allen Stellen von D differenzierbar?

3 Antipoden gleicher Temperatur

Zwei Punkte P und P* auf der Erdoberfläche sind Antipoden, wenn ihre Verbindungsstrecke durch den Erdmittelpunkt verläuft. Wir behaupten: In jedem Augenblick gibt es auf der Erde Antipoden P und P*, an denen die gleiche Temperatur herrscht.
Für den Beweis betrachten wir zu einem festen Zeitpunkt einen beliebigen Längenkreis und auf diesem einen Punkt P und seinen Antipoden P*. Die jeweiligen Temperaturen seien T und T*. D = T − T* ist die Temperaturdifferenz. Nun laufe P auf dem Längenkreis von seinem ursprünglichen Ort zum Ort seines Antipoden. Vergleiche den Wert von D am Ende mit dem Wert am Start. Wie folgt daraus die Behauptung? Welche Eigenschaft der Temperatur benötigt man dabei?

4 Integralfunktion einer unstetigen Funktion

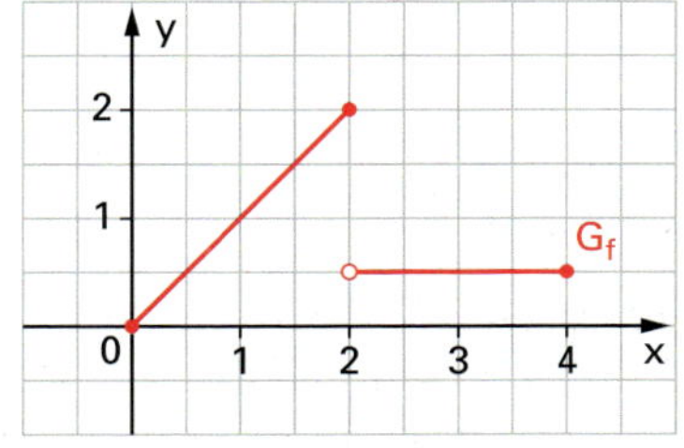

Der Graph der Funktion f mit
$$f(x) = \begin{cases} x & \text{für} \quad 0 \leq x \leq 2 \\ 0{,}5 & \text{für} \quad 2 < x \leq 4 \end{cases}$$
ist rechts abgebildet.

a) Warum ist f an der Stelle x = 2 unstetig?

b) Zeichne den Graphen G_{I_0} der Integralfunktion I_0 in ein Koordinatensystem. Welche Besonderheit hat G_{I_0} an der Stelle x = 2?

5 Berechne:

a) $\int_0^{\sqrt{3}} x^3 dx$ b) $\int_2^4 \frac{4}{x^2} dx$ c) $\int_9^{10} (\frac{1}{4}x^2 + \frac{1}{2}x) dx$

d) $\int_1^3 x^{-3} dx$ e) $\int_1^2 \frac{1 - x^3}{x^6} dx$ f) $\int_1^2 \frac{x^3 + x^2 + 2}{x^2} dx$

g) $\int_{-\frac{\pi}{2}}^{\frac{\pi}{2}} \sin x \, dx$ h) $\int_{-\frac{\pi}{4}}^{\frac{\pi}{4}} \cos x \, dx$ i) $\int_0^{\frac{\pi}{2}} (\sin x + \cos x) dx$

6 Flächenberechnung I

Rechts ist der Graph G_f der quadratischen Funktion f mit $f(x) = -x^2 + x + 2$ abgebildet.

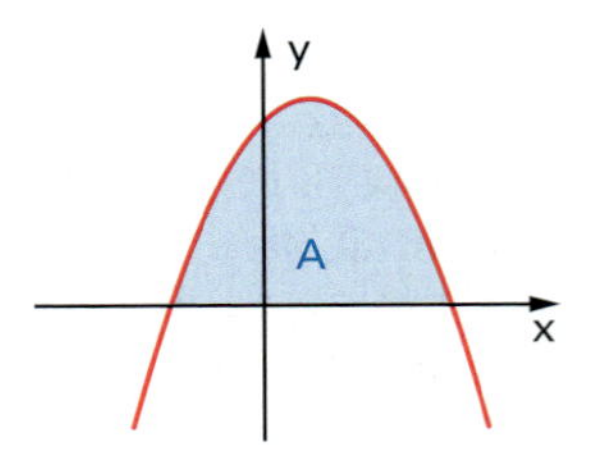

a) Berechne die Nullstellen von f.

b) Berechne den Inhalt A der blau getönten Fläche, die G_f mit der x-Achse einschließt.

7 Flächenberechnung II

Skizziere mithilfe der Nullstellen, ihrer Vielfachheit und des Verhaltens für $x \to \pm\infty$ den Graphen G_f der Funktion f. Berechne den Inhalt A der Fläche, die G_f mit der x-Achse einschließt.

a) $f(x) = x - x^2$ b) $f(x) = 2 - x - x^2$ c) $f(x) = -(x+1)(x-3)$

d) $f(x) = x(x-4)$ e) $f(x) = \frac{1}{2}(x^2 - 4)$ f) $f(x) = x^2 \cdot (x+2)$

g) $f(x) = x^3 - 3x^2$ h) $f(x) = x^3 - \frac{1}{4}x^4$ i) $f(x) = x^2 \cdot (x-3)^2$

8 Lärmschutzwall

Entlang einer Autobahn soll auf 100 m Länge ein Lärmschutzwall aufgeschüttet werden, dessen Profil durch die Funktion f mit $f(x) = \frac{1}{8}(x^3 - 6x^2 + 32)$ zwischen den Nullstellen von f modelliert werden kann.

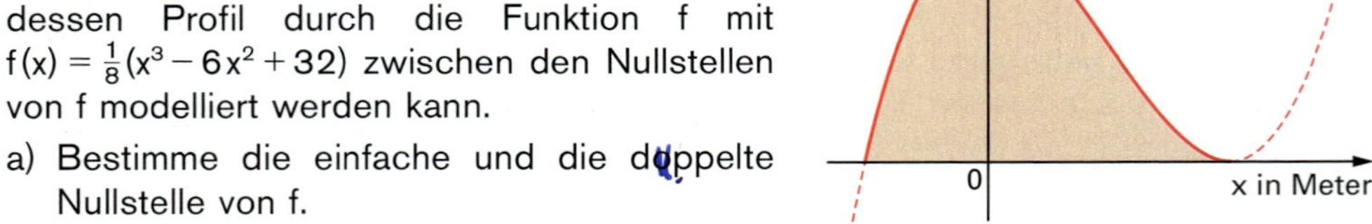

a) Bestimme die einfache und die doppelte Nullstelle von f.

b) Wie groß ist die maximale Höhe des Schutzwalls?

c) Wie viele Kubikmeter Erde müssen herangeschafft werden, um den Wall zu bauen?
(Tipp: Wie lautet die Formel für das Volumen V eines Prismas mit der Grundfläche G und der Höhe h? Wie lässt sich diese auf die Berechnung des Erdvolumens übertragen?)

9 Flächen stückeln

Skizziere mithilfe der Nullstellen und ihrer Vielfachheit den Graphen G_f. Berechne den Inhalt A der gesamten Fläche, die im Intervall $[-1; 2]$ zwischen G_f und der x-Achse liegt. Gib das bestimmte Integral $\int_{-1}^{2} f(x)\,dx$ an und deute seinen Wert.

a) $f(x) = x^3$ b) $f(x) = x^2 - 1$ c) $f(x) = x^3 - x$

10 Eingeschlossene Fläche

Wir betrachten die Funktion f mit $f(x) = 1 - \cos x$ im Intervall $[0; 2\pi]$.

a) Wie geht der Graph G_f aus der Kosinuskurve hervor? Skizziere G_f.

b) Berechne mithilfe eines Integrals den Inhalt der Fläche, die G_f mit der x-Achse einschließt. Durch welche elementargeometrische Überlegung kommt man auch zu diesem Ergebnis?

11 **Firmenlogo** (nach Abitur 2005)
Im Eingangsbereich eines Unternehmens soll das Firmenlogo im Boden eingelassen werden. Die Abbildung zeigt den Entwurf des Architekten:
Im Quadrat ABCD schneiden vier kongruente parabelförmige Bögen die blau getönte Figur aus. Die untere Parabel wird durch die quadratische Funktion f beschrieben, ihr Graph G_f schneidet die x-Achse in den Punkten $A(-3|0)$ und $B(3|0)$. Die Diagonalen des Quadrats sind zugleich Tangenten an die Parabeln in den Punkten A und C bzw. B und D.

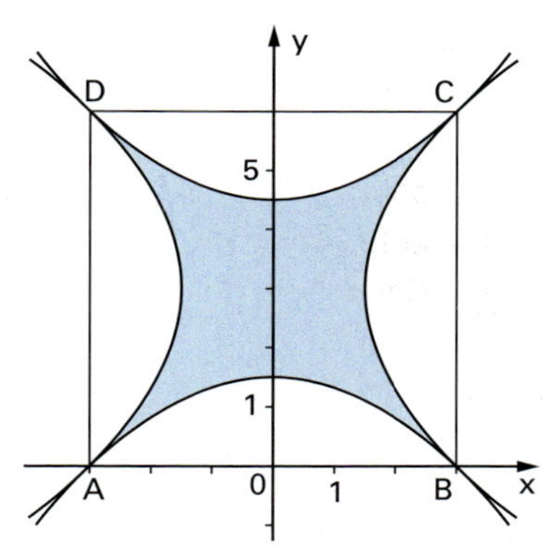

a) Zeige, dass $f(x) = -\frac{1}{6}(x^2 - 9)$ ein Term der Funktion f ist.

b) Berechne den Flächeninhalt der blau getönten Figur, wenn die Seitenlänge des Quadrats ABCD in der Eingangshalle 6 m beträgt.

Die Graphen der linken, rechten und oberen Parabel in obiger Abbildung gehen aus G_f durch Spiegelung und Verschiebung hervor.

c) Wie entsteht die obere Parabel aus G_f? Bestimme damit ihren Funktionsterm.

12 **Obere Grenze gesucht!**
Bestimme die zugehörige obere Grenze b und deute die Aufgabenstellung am Graphen der Funktion f.

a) $\int_0^b x\,dx = 1$ b) $\int_{-1}^b x\,dx = \frac{3}{2}$ c) $\int_0^b (x+1)\,dx = 4$ d) $\int_0^b (x-2)\,dx = -1$

e) $\int_0^b x^2\,dx = 9$ f) $\int_0^b x^3\,dx = \frac{81}{64}$ g) $\int_0^b (x^2+1)\,dx = -\frac{4}{3}$ h) $\int_0^b (x^3 - x)\,dx = 0$

13 **Integral- und Stammfunktion**
Wir betrachten die beiden Funktionen f und h mit $f(x) = x$ und $h(x) = x^2$ und ihre Stammfunktionen $F(x) = \frac{1}{2}x^2 + c$ und $H(x) = \frac{1}{3}x^3 + d$.

a) Skizziere G_f und die Graphen der Stammfunktionen F mit $c = 0$, $c = 2$ und $c = -2$ in einem Koordinatensystem.

b) Skizziere G_h und die Graphen der Stammfunktionen H mit $d = 0$, $d = 2$ und $d = -2$ in einem zweiten Koordinatensystem.

c) Bestimme den Term für die Integralfunktion $I_a(x) = \int_a^x f(t)\,dt$ und den Term für die Integralfunktion $J_a(x) = \int_a^x h(t)\,dt$.

d) Untersuche, ob sich die Stammfunktionen von Aufgabe a) und b) als Integralfunktionen schreiben lassen, d. h., ob es jeweils eine untere Grenze a gibt. Beantworte allgemein: Für welche Parameterwerte c bzw. d ist das jeweils möglich?

e) Ist jede Integralfunktion auch eine Stammfunktion?
Ist jede Stammfunktion auch eine Integralfunktion?

14 Grundwissen: Graphen von Grundfunktionen

Suche zu jedem Graphen den Term der zugehörigen Funktion f. Begründe deine Wahl. Erläutere anhand von f'(x) das Steigen und Fallen von G_f.

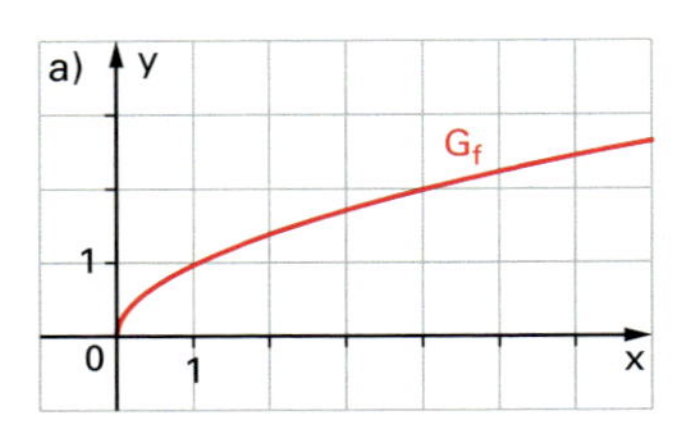

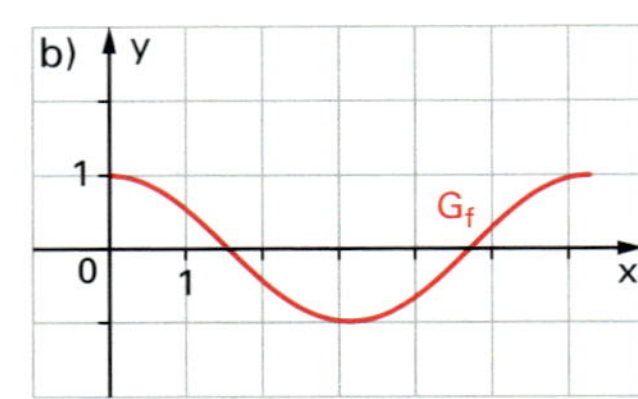

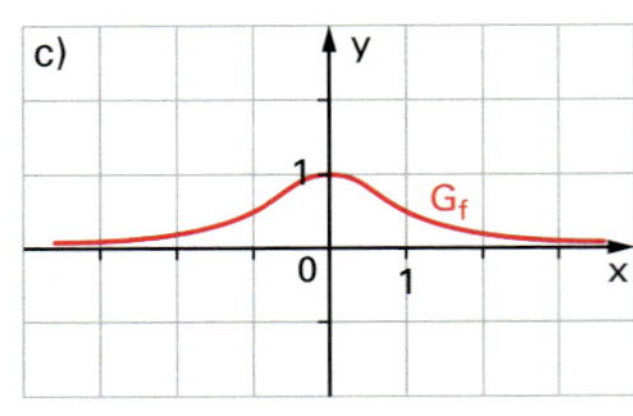

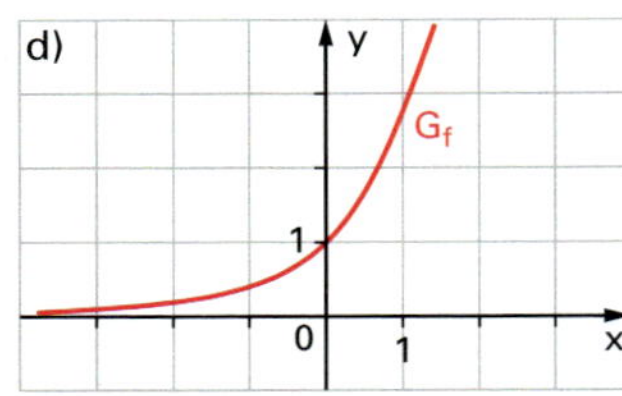

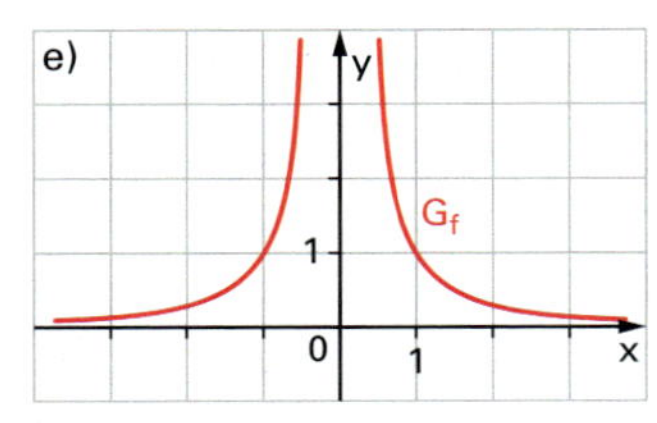

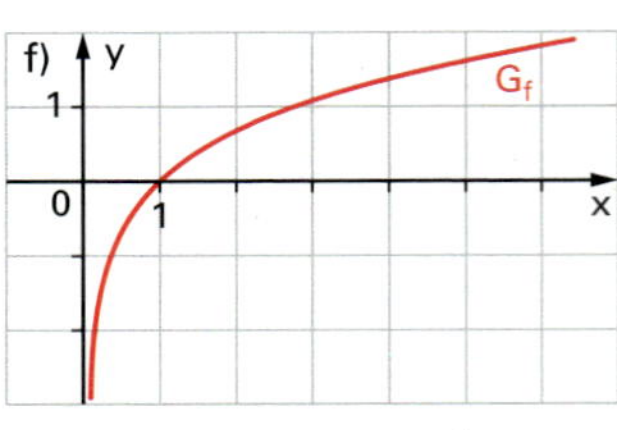

A) $f(x) = x$ B) $f(x) = x^2$ C) $f(x) = x^3$ D) $f(x) = \frac{1}{x}$

E) $f(x) = \frac{1}{x^2}$ F) $f(x) = \frac{1}{x^2+1}$ G) $f(x) = \sqrt{x}$ H) $f(x) = \sqrt{1-x^2}$

I) $f(x) = \sin x$ K) $f(x) = \cos x$ L) $f(x) = e^x$ M) $f(x) = \ln x$

15 Grundwissen: Lineare Transformationen von Grundfunktionen

Skizziere den Graphen der Grundfunktion f. Beschreibe, wie der Graph G_g der Funktion g aus dem Graphen G_f hervorgeht. Skizziere G_g.

a) $f(x) = x^2$

A) $g(x) = x^2 - 2$ B) $g(x) = (x-2)^2$ C) $g(x) = 2x^2$ D) $g(x) = -x^2$

E) $g(x) = -\frac{1}{2}x^2$ F) $g(x) = (2x)^2$ G) $g(x) = 2 - x^2$ H) $g(x) = 2 - (x+1)^2$

b) $f(x) = e^x$

I) $g(x) = e^{-x}$ K) $g(x) = -e^{-x}$ L) $g(x) = e^x - 1$ M) $g(x) = e^{x-1}$

N) $g(x) = 2e^x$ O) $g(x) = e^{2x}$ P) $g(x) = 1 - e^{-x}$ Q) $g(x) = 1 + e^{1-x}$

c) $f(x) = \frac{1}{x}$

R) $g(x) = -\frac{1}{x}$ S) $g(x) = \frac{1}{x+2}$ T) $g(x) = 2 - \frac{1}{x}$ U) $g(x) = 1 + \frac{1}{x-2}$

16 Grundwissen: Differenzieren

Leite ab:

a) $f(x) = \frac{x^3}{x^2-1}$ b) $f(x) = \frac{x^4+x^2+1}{x^2+1}$ c) $f(x) = \frac{ax^2-1}{x^2-a}$ d) $f(x) = \frac{x}{x+a} - \frac{x}{x-a}$

e) $f(x) = e^x$ f) $f(x) = 2xe^{3x}$ g) $f(x) = e^{-\frac{1}{2}x^2}$ h) $f(x) = (1 - e^{\sqrt{x}})^2$

i) $f(x) = \ln x$ k) $f(x) = \ln(-x)$ l) $f(x) = \ln \frac{x}{2}$ m) $f(x) = \ln \frac{1}{x}$

n) $f(x) = x \cdot \ln x$ o) $f(x) = \frac{\ln x}{x}$ p) $f(x) = \ln(x^2+1)$ q) $f(x) = \frac{e^x - e^{-x}}{e^x + e^{-x}}$

r) $f(x) = \ln(e^x + e^{-x})$ s) $f(t) = e^{-kt}\sin\omega t$ t) $f(x) = \sqrt{\ln x - \ln\sqrt{x}}$

1.3 Das unbestimmte Integral – Integrationsformeln

Mithilfe einer Stammfunktion F lassen sich bestimmte Integrale einer Funktion f einfach berechnen. Wie findet man zu einer Funktion eine Stammfunktion? Für das Ableiten kennen wir Regeln, nach denen wir jede elementare Funktion differenzieren können. Es wird sich aber herausstellen, dass wir nicht zu jeder elementaren Funktion eine Stammfunktion berechnen können. Welche Funktionen können wir überhaupt „aufleiten"? Damit werden wir uns in diesem Kapitel beschäftigen.

Das unbestimmte Integral

Das Bestimmen einer Stammfunktion haben wir „Aufleiten" genannt. Da man mit einer Stammfunktion bestimmte Integrale berechnen kann, verwendet man in der Mathematik dafür den Fachbegriff „integrieren". Für das Integrieren einer Funktion f hat man eine Bezeichnung eingeführt:

> Die *Menge aller Stammfunktionen* von f heißt **unbestimmtes Integral**. Man schreibt dafür
>
> $\int f(x)\,dx$ (gelesen: „Integral f(x) dx").

Ist F eine spezielle Stammfunktion von f, dann erhält man jede weitere Stammfunktion durch Addition einer Konstanten c. Das drückt man vereinfacht durch die Schreibweise $\int f(x)\,dx = F(x) + c$ aus.

Beispiel: $\int x^2\,dx = \frac{1}{3}x^3 + c$

Grundintegrale

Wir interessieren uns für die Integrale der Grundfunktionen. Kehren wir ihre Differenziationsregeln um, erhalten wir einige Integrale – aber nicht alle (Aufgabe 1).

Integration der Kehrwertfunktion $x \mapsto \frac{1}{x}$

Für $x > 0$ ist $\int \frac{1}{x}\,dx = \ln x + c$.

Die Kehrwertfunktion ist auch für $x < 0$ definiert, die ln-Funktion aber nur für $x > 0$. Spiegeln wir ihren Graphen $G_{\ln}$ an der y-Achse, erhalten wir den Graphen der Funktion $x \mapsto \ln(-x)$, die für $x < 0$ definiert ist. Nach der Kettenregel ist ihre Ableitung

$$(\ln(-x))' = \frac{1}{-x} \cdot (-1) = \frac{1}{x}.$$

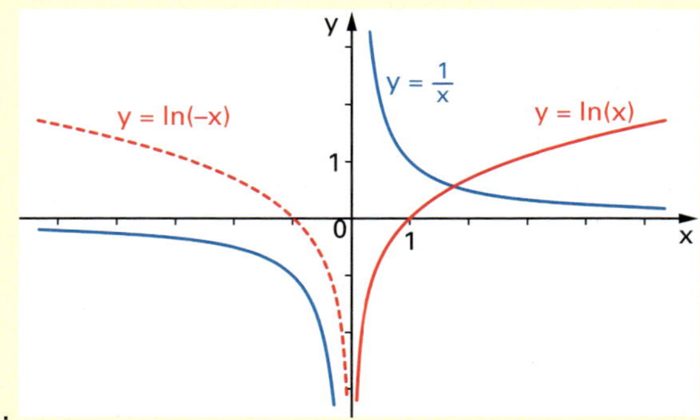

Das ist schon das gewünschte Ergebnis. Also:

$$\text{Für } x > 0 \text{ ist } \int \frac{1}{x}\,dx = \ln x + c \quad \text{und} \quad \text{für } x < 0 \text{ ist } \int \frac{1}{x}\,dx = \ln(-x) + c.$$

Beide Fälle fassen wir zusammen: $\int \frac{1}{x}\,dx = \ln|x| + c$

Integration der natürlichen Logarithmusfunktion $x \mapsto \ln x$

Wir suchen eine Funktion, deren Ableitung $\ln x$ ist. Da nach der Produktregel jeweils ein Faktor abgeleitet und der andere beibehalten wird, setzen wir an:

$$(x \cdot \ln x)' = 1 \cdot \ln x + x \cdot \tfrac{1}{x} = \ln x + 1$$
$$\Rightarrow (x \cdot \ln x)' - 1 = \ln x$$
$$\Rightarrow (x \cdot \ln x - x)' = \ln x$$

Also: $$\int \ln x\,dx = x \cdot \ln x - x + c$$

Wir halten fest:

Grundintegrale

$\int x^r\,dx = \frac{1}{r+1}x^{r+1} + c \quad (r \neq -1)$ | $\int \frac{1}{x}dx = \ln|x| + c$

$\int \sin x\,dx = -\cos x + c$ | $\int \cos x\,dx = \sin x + c$

$\int e^x dx = e^x + c$ | $\int \ln x\,dx = x \cdot \ln x - x + c$

Faktor- und Summenregel für Integrale

Die Differenziation ganzrationaler Funktionen wie $x \mapsto x^3 - 2x + 3$ haben wir mithilfe der Faktor- und der Summenregel auf die Differenziation der Grundfunktionen $x \mapsto 1$, $x \mapsto x$, $x \mapsto x^2$, $x \mapsto x^3, \ldots$ zurückgeführt.

Aus den Differenziationsregeln lassen sich Integrationsregeln gewinnen:

$$(k \cdot F(x))' = k \cdot F'(x)$$

F sei eine Stammfunktion von f, d. h. $F'(x) = f(x)$. Dann ist die Ableitung des k-fachen von $F(x)$ gleich dem k-fachen der Ableitung von $F(x)$.

$$(F(x) + G(x))' = F'(x) + G'(x)$$

F sei eine Stammfunktion von f und G eine Stammfunktion von g, d. h. $F'(x) = f(x)$ und $G'(x) = g(x)$. Dann ist $F + G$ eine Stammfunktion von $f + g$.

Faktorregel
Einen konstanten Faktor darf man vor das Integral ziehen.
$$\int k \cdot f(x)\,dx = k \cdot \int f(x)\,dx$$

Summenregel
Eine Summe darf man gliedweise integrieren.
$$\int (f(x) + g(x))\,dx = \int f(x)\,dx + \int g(x)\,dx$$

Mithilfe der beiden Regeln führen wir Integrale auf Grundintegrale zurück.

Beispiele: a) $\int \frac{1}{2x}dx = \frac{1}{2} \cdot \int \frac{1}{x}dx = \frac{1}{2} \cdot \ln|x| + c$

b) $\int \frac{2+3x}{x^2}dx = \int \left(\frac{2}{x^2} + \frac{3}{x}\right)dx = 2 \cdot \int x^{-2}dx + 3 \cdot \int \frac{1}{x}dx = -\frac{2}{x} + 3\ln|x| + c$

Lineare Transformationen der Grundfunktionen

Wir unterwerfen nun Funktionen linearen Transformationen (Aufgabe 4).
Es sei F eine Stammfunktion von f, d. h. $F'(x) = f(x)$.

- Der Graph G_g der Funktion g mit $g(x) = f(x-c)$ geht durch eine Verschiebung um c in Richtung der x-Achse aus G_f hervor. Durch die Verschiebung bleibt der Inhalt der Flächenstücke, die zwischen G_f und der x-Achse liegen, erhalten. Folglich kann man ihren Inhalt mit der transformierten Stammfunktion $G(x) = F(x-c)$ und den verschobenen Grenzen berechnen:
  $F'(x-c) = f(x-c)$.

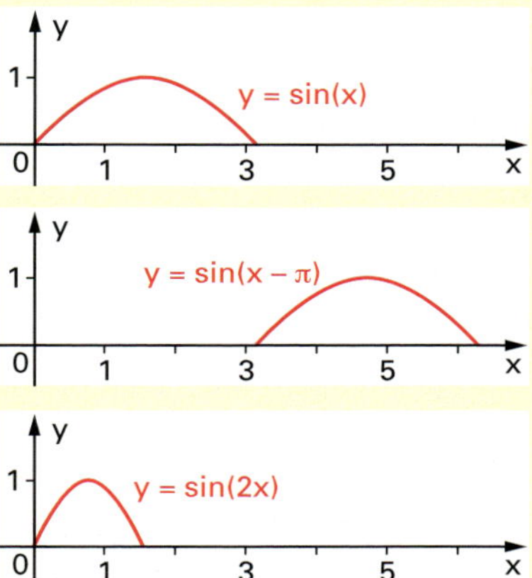

- Den Graphen G_h von h mit $h(x) = f(ax)$ mit $a > 0$ erhalten wir, indem wir G_f in Richtung der x-Achse mit dem Faktor $\frac{1}{a}$ stauchen bzw. strecken. Dadurch wird die Breite der Flächenstücke zwischen G_f und der x-Achse mit $\frac{1}{a}$ gestaucht bzw. gestreckt. Ihre Höhe bleibt aber erhalten. Ihr Flächeninhalt ändert sich mit dem Faktor $\frac{1}{a}$. Deshalb gilt für die Stammfunktion $H(x) = \frac{1}{a} \cdot F(ax)$.
  Für $a < 0$ wird zusätzlich an der y-Achse gespiegelt.
- Wir betrachten den allgemeinen Fall. Es sei F eine Stammfunktion von f und $a \neq 0$. Dann behaupten wir, dass $\frac{1}{a}F(ax+b)$ eine Stammfunktion von $f(ax+b)$ ist. Zum rechnerischen Nachweis benutzen wir die Kettenregel und beachten dabei, dass das Nachdifferenzieren des linearen Terms $ax+b$ den Faktor a liefert (Aufgabe 5):

$$\left[\tfrac{1}{a} \cdot F(ax+b)\right]' = \tfrac{1}{a} \cdot F'(ax+b) = \tfrac{1}{a} \cdot f(ax+b) \cdot a = f(ax+b)$$

> Es sei F eine Stammfunktion von f und $a \neq 0$. Dann gilt:
>
> $$\int f(ax+b)dx = \tfrac{1}{a}F(ax+b) + c$$

Beispiele: a) $\int (3x+4)^5\,dx = \frac{1}{3} \cdot \frac{1}{6}(3x+4)^6 + c = \frac{1}{18}(3x+4)^6 + c$

b) $\int \frac{dx}{2x-1} = \frac{1}{2} \cdot \ln|2x-1| + c$

Mit der Kettenregel zu Sonderfällen

Bisher können wir gebrochen rationale Funktionen nur dann integrieren, wenn der Nenner ein linearer Term ist. Wir erweitern unsere Kenntnisse auf Bruchterme, bei denen der Zähler die Ableitung des Nenners ist (Aufgabe 7):

Es sei f eine differenzierbare Funktion mit $f(x) \neq 0$. Dann gilt nach der Kettenregel

für $f(x) > 0$: $[\ln f(x)]' = \frac{f'(x)}{f(x)}$ und für $f(x) < 0$: $[\ln(-f(x))]' = \frac{-f'(x)}{-f(x)} = \frac{f'(x)}{f(x)}$.

Beide Fälle fassen wir zur Integrationsregel $\int \frac{f'(x)}{f(x)}\,dx = \ln|f(x)| + c$ zusammen.

Beispiele: a) $\int \frac{e^x}{e^x + 1}\,dx = \ln|e^x + 1| + c$

b) $\int \frac{x}{x^2+1}\,dx = \int \frac{1}{2} \cdot \frac{2x}{x^2+1}\,dx = \frac{1}{2} \cdot \int \frac{2x}{x^2+1}\,dx = \frac{1}{2}\ln|x^2+1| + c$

Die meisten mit der e-Funktion verknüpften Funktionen sind mit unseren Mitteln nicht integrierbar. Einen Sonderfall liefert uns aber die Kettenregel (Aufgabe 10).

Es sei f eine differenzierbare Funktion. Dann gilt nach der Kettenregel:

$$[e^{f(x)}]' = f'(x) \cdot e^{f(x)}$$

Daraus ergibt sich die Integrationsformel $\int f'(x) \cdot e^{f(x)}\,dx = e^{f(x)} + c$.

Beispiel: $\int x \cdot e^{-x^2}\,dx = \int (-\frac{1}{2}) \cdot (-2x) \cdot e^{-x^2}\,dx = (-\frac{1}{2}) \cdot \int (-2x) \cdot e^{-x^2}\,dx = -\frac{1}{2}e^{-x^2} + c$

$$\int \frac{f'(x)}{f(x)}\,dx = \ln|f(x)| + c \qquad \int f'(x) \cdot e^{f(x)}\,dx = e^{f(x)} + c$$

Aufgaben

1 Unbestimmte Integrale der Grundfunktionen

Wir suchen zu jeder Grundfunktion das unbestimmte Integral, d.h. eine beliebige Stammfunktion, deren Ableitung gleich der Grundfunktion ist.
In den meisten Fällen hilft uns dabei die Umkehrung einer Differenziationsregel.

a) Wie leitet man die Funktion f mit $f(x) = x^r$ ab? Wir kehren die Fragestellung um: Wie findet man den Term der Funktion F, die als Ableitung $f(x) = x^r$ hat? Gib $\int x^r\,dx$ an. Warum ist das Ergebnis für $r = -1$ nicht definiert?

b) Welche Funktion F hat für $x > 0$ die Ableitung $f(x) = x^{-1} = \frac{1}{x}$? Gib $\int \frac{1}{x}\,dx$ für $x > 0$ an.

c) Was ist die Ableitung der Sinusfunktion, was ist die Ableitung der Kosinusfunktion? Gib $\int \cos x\,dx$ und $\int \sin x\,dx$ an.

d) Welche Besonderheit hat die Ableitungsfunktion der e-Funktion? Gib $\int e^x\,dx$ an.

2 Anwendungen der Grundintegrale

Berechne das bestimmte Integral. Deute das Ergebnis am Graphen von f.

a) $\int_{-2}^{2} x^4\,dx$ b) $\int_{-2}^{2} 6x^5\,dx$ c) $\int_{-3}^{4} dx$ d) $\int_{-3}^{4} 4\sqrt{2}\,dx$ e) $\int_{-3}^{4} 0\,dx$

f) $\int_{1}^{2} \frac{1}{x^2}\,dx$ g) $\int_{-2}^{-1} \frac{1}{x^2}\,dx$ h) $\int_{1}^{2} \frac{1}{x}\,dx$ i) $\int_{0,5}^{1} \frac{1}{x}\,dx$ k) $\int_{-2}^{-1} \frac{1}{x}\,dx$

l) $\int_{0}^{9} \sqrt{x}\,dx$ m) $\int_{1}^{9} \frac{1}{\sqrt{x}}\,dx$ n) $\int_{0}^{9} x\sqrt{x}\,dx$ o) $\int_{0}^{\pi/2} \sin x\,dx$ p) $\int_{0}^{\pi/2} \cos x\,dx$

q) $\int_{1}^{2} \ln x\,dx$ r) $\int_{0,5}^{1} \ln x\,dx$ s) $\int_{0,5}^{2} \ln x\,dx$ t) $\int_{-1}^{0} e^x\,dx$ u) $\int_{-1000}^{0} e^x\,dx$

3 Integrieren mit der Faktor- und der Summenregel

Bestimme:

a) $\int (4x + 3)\,dx$ b) $\int (x^2 + 3x - 2)\,dx$ c) $\int (x-3)^2\,dx$

d) $\int (6x^2 + 4x)\,dx$ e) $\int 5 \cdot (\frac{1}{x^2} + x)\,dx$ f) $\int \frac{1+x^4}{x^2}\,dx$

g) $\int \frac{1-x}{x^3}\,dx$ h) $\int \frac{x^2+2x+3}{2x}\,dx$ i) $\int \frac{(x+2)^2}{x^2}\,dx$

k) $\int \frac{(x-1)^2+3x}{3x}\,dx$ l) $\int \frac{2t - \sqrt{6t}}{\sqrt{2t}}\,dt$ m) $\int \left(\frac{\sqrt{2}}{\sqrt{x}} - \frac{\sqrt{x}}{\sqrt{2}}\right) dx$

n) $\int 2 \sin t\,dt$ o) $\int (\sqrt{x} + \cos x)\,dx$ p) $\int \frac{1}{2}(1 - \cos x)\,dx$

q) $\int (z + e^z)\,dz$ r) $\int \left(\frac{1}{\sqrt{x}} - e^x\right) dx$ s) $\int \frac{x e^x - 1}{x}\,dx$

t) $\int (e^x + e)\,dx$ u) $\int 3 \cdot \ln x\,dx$ v) $\int \ln x^3\,dx$

4 Lineare Transformation von Funktion und Stammfunktion

Wir untersuchen, wie sich lineare Transformationen der Sinusfunktion $f: x \mapsto \sin x$ auf eine Stammfunktion F auswirken.

a) Skizziere G_f im Intervall $[0; \pi]$. Gib eine Stammfunktion F an. Berechne damit den Inhalt der Fläche, die G_f im Intervall $[0; \pi]$ mit der x-Achse einschließt.

b) Wie geht der Graph G_g der Funktion g mit $g(x) = \sin(x - \pi)$ aus G_f hervor? Skizziere das Flächenstück, das aus dem Flächenstück von a) hervorgeht. Was kann man über seinen Inhalt aussagen? Wie erhält man aus F eine Stammfunktion G von g? Berechne damit den Inhalt des verschobenen Flächenstücks. (Beachte dabei die Grenzen des Integrals.)

c) Wie geht der Graph G_h der Funktion h mit $h(x) = \sin(2x)$ aus G_f hervor? Skizziere das Flächenstück, das aus dem Flächenstück von a) hervorgeht. Was kann man über seinen Inhalt aussagen? Begründe deine Antwort anschaulich. Wie erhält man aus F eine Stammfunktion H von h? Berechne damit den Inhalt des gestauchten Flächenstücks.
Überprüfe dein Ergebnis mit einem Funktionsplotter. Benutze dazu den Befehl Eingabe: **Integral[h, 0, π/2]**.

5 Ableitung und Stammfunktion einer linear transformierten Funktion

Leite ab:

a) $f(x) = e^{4x}$ b) $f(x) = e^{4x+1}$ c) $f(x) = e^{4x-5}$

d) $f(x) = \cos(x - 1)$ e) $f(x) = \cos(2x - 3)$ f) $f(x) = \cos(2x + 4)$

Bestimme eine Stammfunktion:

g) $f(x) = 4e^{4x}$ h) $f(x) = e^{x-3}$ i) $f(x) = e^{5x}$

k) $f(x) = e^{2x+3}$ l) $f(x) = 3e^{7x}$ m) $f(x) = 4\cos(2x - \pi)$

n) Wie leitet man eine mit der linearen Funktion $x \mapsto ax + b$ transformierte Grundfunktion ab, wie integriert man sie?

6 Integration linear transformierter Grundfunktionen

Bestimme:

a) $\int 5 \cdot (x-3)^4\,dx$ b) $\int (3x+4)^5\,dx$ c) $\int (\frac{1}{2}x - \frac{1}{3})^3\,dx$

d) $\int 6 \cdot (4-3x)^5\,dx$ e) $\int \frac{1}{(2x-3)^2}\,dx$ f) $\int \frac{1}{(3-2x)^3}\,dx$

g) $\int \frac{1}{2x+1}\,dx$ h) $\int \frac{8}{3-4x}\,dx$ i) $\int \sqrt{2x+3}\,dx$

k) $\int (\sqrt{2}x + \sqrt{3})\,dx$ l) $\int \frac{3}{\sqrt{3x-4}}\,dx$ m) $\int \frac{3}{\sqrt{3x-4}}\,dx$

n) $\int 2 \cdot \sin(-t)\,dt$ o) $\int 2 \cdot \cos(\pi - 2t)\,dt$ p) $\int \sqrt{2} \cdot \cos(-\frac{1}{2}t)\,dt$

q) $\int e^{-2x}\,dx$ r) $\int e^{\frac{1}{2}x-1}\,dx$ s) $\int \frac{e^x + e^{-x}}{2}\,dx$

t) $\int (e^x + e^{-x})^2\,dx$ u) $\int \ln(2x)\,dx$ v) $\int \ln(2-x)\,dx$

7 Kettenregel vorwärts und rückwärts (I)

a) Warum ist die Funktion g mit $g(x) = \ln f(x)$ für die folgenden Funktionen in ganz $\mathbb{R}$ definiert? Bilde jeweils die Ableitung $g'(x)$ und beschreibe in Worten, wie sie aufgebaut ist.

I) $f(x) = x^2 + 1$ II) $f(x) = x^2 - 2x + 2$ III) $f(x) = 2x^2 + 4x + 6$

b) Betrachte bei folgenden Funktionen den Nenner und den Zähler. Wie lautet vermutlich eine Stammfunktion von f? Überprüfe deine Vermutung durch Ableiten.

I) $f(x) = \dfrac{2x-4}{x^2-4x+5}$ II) $f(x) = \dfrac{4x+4}{2x^2+4x+7}$

8 Logarithmische Integration

Bestimme:

a) $\int \frac{2x}{x^2+2}\,dx$ b) $\int \frac{2x+1}{x^2+x+1}\,dx$ c) $\int \frac{x^2}{x^3-2}\,dx$

d) $\int \frac{1}{5x+4}\,dx$ e) $\int \frac{3x-1}{3x^2-2x+4}\,dx$ f) $\int \frac{e^x+1}{e^x+x}\,dx$

g) $\int \frac{e^{2x}}{e^{2x}+e}\,dx$ h) $\int \frac{e^x - e^{-x}}{e^x + e^{-x}}\,dx$ i) $\int \frac{\sin x}{\cos x}\,dx$

9 Kettenregel vorwärts und rückwärts (II)

a) Leite die Funktion g ab und beschreibe in Worten, wie man dabei vorgeht:

I) $g(x) = e^{x^2+1}$ II) $g(x) = e^{x^2-2x+2}$ III) $g(x) = e^{\sin x}$

b) Wie lautet eine Stammfunktion der Funktion g?

I) $g(x) = 2x \cdot e^{x^2-1}$ II) $g(x) = (2x+5) \cdot e^{x^2+5x+2}$ III) $g(x) = \dfrac{1}{2\sqrt{x+1}} e^{\sqrt{x+1}}$

10 Ableitung des Exponenten gesucht!

Bestimme:

a) $\int 4 \cdot e^{2x}\,dx$ b) $\int 4x \cdot e^{x^2}\,dx$ c) $\int e^{1-4x}\,dx$

d) $\int x \cdot e^{1-4x^2}\,dx$ e) $\int \dfrac{e^{1+2\ln x}}{x}\,dx$ f) $\int \dfrac{e^{\sqrt{x}}}{\sqrt{x}}\,dx$

Training der Grundkenntnisse

11 Grundwissen: Umformen von Logarithmen

Vereinfache ohne TR so weit wie möglich:

a) $\ln e^3$ b) $e^{\ln 3}$ c) $\ln e^x$ d) $e^{\ln x}$ e) $\ln\sqrt{e}$

f) $\ln\frac{1}{e}$ g) $\ln\frac{1}{\sqrt{e}}$ h) $e^{-\ln 2}$ i) $e^{\frac{1}{2}\cdot\ln 9}$ k) $e^{\ln 6-\ln 2}$

l) $\ln x^3$ m) $\ln\sqrt{x}$ n) $\ln\frac{1}{x}$ o) $\ln\frac{1}{x^2}$ p) $\ln(x^2+1)$

12 Grundwissen: Logarithmische Rechenregeln

Vereinfache mithilfe der Rechenregeln:

a) $\ln 4+\ln 16$ b) $\ln 33-\ln 66$ c) $\ln 8+\ln 125-\ln 100$

d) $2\cdot\ln 3+\ln 24$ e) $\frac{1}{2}\cdot\ln 63-\frac{1}{2}\cdot\ln 7$ f) $\frac{1}{3}\cdot\ln 18-\frac{1}{3}\cdot\ln 16-\frac{1}{3}\cdot\ln\frac{1}{3}$

g) $\ln x^2-\ln x$ h) $\ln x-\ln e$ i) $2\cdot\ln x+\ln x^3$

k) $\ln(e^2+e)-\ln e$ l) $\ln x+\ln\frac{1}{x}$ m) $2\cdot\ln x-\ln\frac{1}{x^2}$

n) $\ln(x-1)-2\cdot\ln x$ o) $\ln(a^2+2ab+b^2)$ p) $\ln(x^2+2x+1)+\ln\frac{1}{1+x}$

13 Flächenanteil

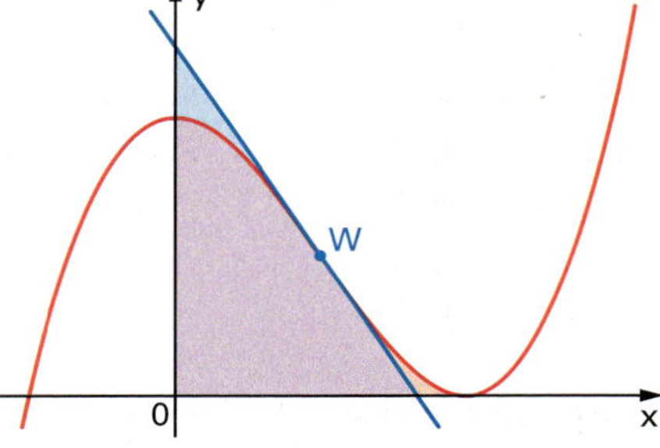

Die Abbildung zeigt den Graphen G_f der ganzrationalen Funktion f mit

$$f(x)=\frac{1}{18}(x^3-9x^2+108).$$

a) Bestimme Art und Lage der Extrema von f.

b) Ermittle den Wendepunkt W und die Wendetangente w.

c) Bestimme alle Nullstellen von f.

d) Die Wendetangente schließt mit den Koordinatenachsen ein Dreieck ein. Berechne den Flächeninhalt dieses Dreiecks.

e) G_f schließt mit den Koordinatenachsen im I. Quadranten ein Flächenstück ein. Bestimme den Inhalt dieser Fläche. Wie viel Prozent der Dreiecksfläche sind das?

14 Eine knifflige indische Aufgabe

Die lokale indische Zeitung „Navhind Times“ bringt täglich auf einer ganzen Seite Trainingsaufgaben für den höheren Schulabschluss. Jeder Wochentag ist einem anderen Fach gewidmet.

Rechts ist die Aufgabe Nr. 196 des Jahres 2009 abgebildet, die sich mit dem bestimmten Integral $\int_0^1 x(1-x)^{99}\,dx$ befasst.

196) The value of $\int_0^1 x(1-x)^{99}\,dx$ is equal to

a) $\frac{1}{10100}$

b) $\frac{11}{10100}$

c) $\frac{1}{10010}$

d) $\frac{11}{11100}$

a) Warum können wir das unveränderte Integral nicht lösen?

b) Wie muss man den Graphen G_f der Integrandenfunktion f verschieben, damit das Integral lösbar wird? Unterwerfe f und die Grenzen des Integrals dieser linearen Transformation. Löse die indische Aufgabe.

2 Weitere Eigenschaften von Funktionen

2.1 Charakteristische Punkte des Graphen

Stetigkeit und Differenzierbarkeit

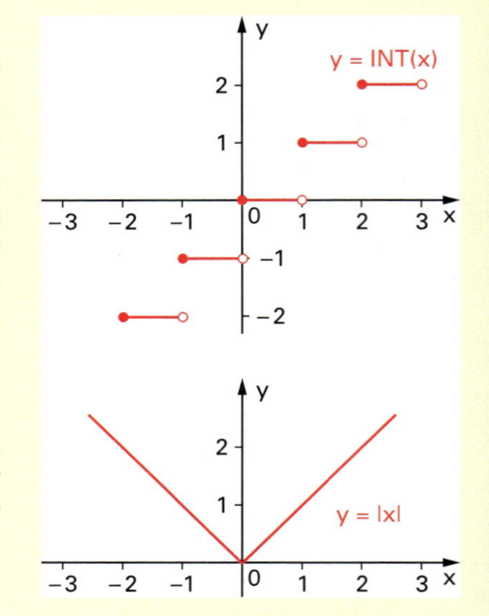

Die „Integer-Funktion“ INT rundet jede reelle Zahl auf die nächst kleinere ganze Zahl ab. Sie springt an den ganzzahligen x-Werten. An diesen Stellen ist sie **unstetig** und auch **nicht differenzierbar**. Dagegen hat die Betragsfunktion $x \mapsto |x|$ einen durchgehenden Graphen. Sie ist **stetig**. An der Stelle $x = 0$ hat ihr Graph aber einen Knick. Dort ist sie **nicht differenzierbar**.

Monotonie und Krümmung

Ist eine Funktion f in einem Intervall I differenzierbar, erkennen wir mithilfe der lokalen Änderungsrate (der ersten Ableitung) $f'(x)$, ob die Funktionswerte zu- oder abnehmen.

- Ist $f'(x)$ **positiv** in I, **steigt** f streng monoton in I,
- ist $f'(x)$ **negativ** in I, **fällt** f streng monoton in I.

Entsprechend können wir das Zu- oder Abnehmen der lokalen Änderungsrate $f'(x)$ ihrer Ableitung $(f'(x))'$ – also ihrer zweiten Ableitung $f''(x)$ – entnehmen.

- Ist $f''(x)$ positiv in I, nimmt die lokale Änderungsrate $f'(x)$ in I zu,
- ist $f''(x)$ negativ in I, nimmt die lokale Änderungsrate $f'(x)$ in I ab.

Wenn die Ableitung $f'(x)$ – die Steigung des Graphen G_f – zunimmt, krümmt sich G_f nach links, bei abnehmender Steigung nach rechts. Also:

- Ist $f''(x)$ **positiv** in I, ist G_f in I **linksgekrümmt**,
- ist $f''(x)$ **negativ** in I, ist G_f in I **rechtsgekrümmt**.

Rechtskurve

Linkskurve

Hoch-, Tief- und Wendepunkte

Ist bei einer differenzierbaren Funktion $\mathbf{f'(x_0) = 0}$, dann hat der Graph G_f im Punkt $P(x_0|f(x_0))$ eine waagrechte Tangente. P ist entweder Hoch-, Tief- oder Terrassenpunkt.

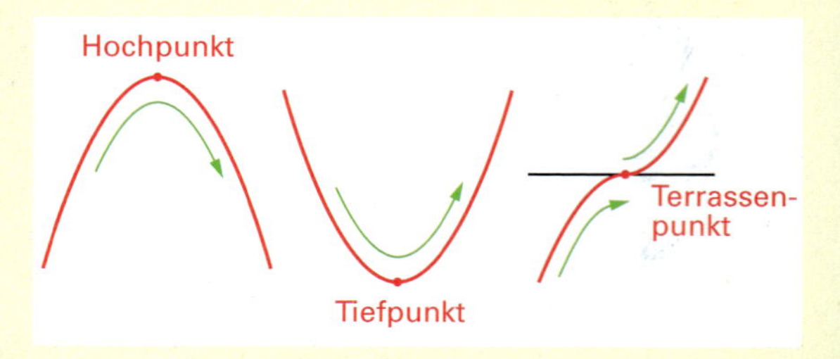

Für die Entscheidung haben wir bisher untersucht, ob und wie $f'(x)$ an der Stelle x_0 das Vorzeichen wechselt:
Ist $f'(x_0) = 0$ und wechselt $f'(x)$ an der Stelle x_0 das Vorzeichen von

- plus nach minus, hat G_f an der Stelle x_0 einen **Hochpunkt**,
- minus nach plus, hat G_f an der Stelle x_0 einen **Tiefpunkt**.

Schneller kann man manchmal die Entscheidung mit der zweiten Ableitung treffen:

Ist $f'(x_0) = 0$ und

- **$f''(x_0)$ negativ**, ist G_f rechtsgekrümmt und P ein **Hochpunkt**.
- **$f''(x_0)$ positiv**, ist G_f linksgekrümmt und P ein **Tiefpunkt**.

Ist $f'(x_0) = 0$ und $f''(x_0) = 0$, hilft nur die Untersuchung, in welcher Weise $f'(x)$ an der Stelle x_0 das Vorzeichen wechselt.

Wenn $f'(x_0) = 0$ ist und
$f''(x_0) < 0$, | $f''(x_0) > 0$,
dann hat der Graph G_f an der Stelle x_0 einen
Hochpunkt. | Tiefpunkt.

Ist $f''(x_0) = 0$ und wechselt $f''(x)$ an der Stelle x_0 das Vorzeichen – G_f also die Krümmung –, so hat G_f an der Stelle x_0 einen **Wendepunkt**. Beim Wendepunkt wechselt das Ab- und Zunehmen von $f'(x)$. Beim Wendepunkt liegt also ein **Extremwert der lokalen Änderungsrate** $f'(x)$ vor.

Den Vorzeichenwechsel von $f''(x_0)$ kann man manchmal mit der Ableitung $(f''(x))'$, der dritten Ableitung $f'''(x)$, nachweisen. Ist $f'''(x) > 0$, wechselt $f''(x)$ das Vorzeichen von minus nach plus. Ist $f'''(x) < 0$, wechselt $f''(x)$ das Vorzeichen von plus nach minus. Also:

Ist $f''(x_0) = 0$ und $f'''(x_0) \neq 0$, dann hat G_f an der Stelle x_0 einen Wendepunkt. Ist zusätzlich $f'(x_0) = 0$, ist der Wendepunkt ein Terrassenpunkt.

Die 1. Ableitung gibt die Steigung des Graphen G_f an, das Vorzeichen der 2. Ableitung die Art der Krümmung. Die 3. Ableitung liefert kein neues Merkmal für den Verlauf von G_f.

Beispiel: Schnellmethode zur Identifizierung der Extrempunkte und des Wendepunkts

$$f(x) = x^3 - 3x^2 \Rightarrow f'(x) = 3x^2 - 6x = 3x(x-2)$$
$$\Rightarrow f''(x) = 6x - 6$$
$$\Rightarrow f'''(x) = -6$$

$f'(x) = 0 \quad \Leftrightarrow \quad x_1 = 0;\ x_2 = 2$

Einsetzen in $f''(x)$:

$f''(0) = -6 < 0 \quad \Rightarrow \quad$ Hochpunkt $H(0|0)$

$f''(2) = 6 > 0 \quad \Rightarrow \quad$ Tiefpunkt $T(2|-4)$

$f''(x) = 0 \quad \Leftrightarrow \quad x_3 = 1$

Einsetzen in $f'''(x)$:

$f'''(1) = -6 \neq 0 \quad \Rightarrow \quad$ Wendepunkt $W(1|-2)$

Aufgaben

1 Mit der „Schnellmethode" besondere Punkte identifizieren
Gib den maximalen Definitionsbereich D der Funktion f an. Berechne f'(x), f''(x) und f'''(x). Bestimme die Nullstellen der ersten und der zweiten Ableitung. Setze diese in die nächsthöhere Ableitung ein und versuche damit zu entscheiden, ob ein Hoch-, Tief-, Wende- oder Terrassenpunkt vorliegt. Sollte das nicht gelingen, untersuche geeignet auf Vorzeichenwechsel.

a) $f(x) = x^3 + 6x^2$
b) $f(x) = x^3 - \frac{3}{2}x^2 - 6x$
c) $f(x) = x^4 - 8x^2$
d) $f(x) = x^3 + 3x^2 + 3x$
e) $f(x) = (x-2)^3$
f) $f(x) = (2x-1)^4$
g) $f(x) = (2-3x)^5$
h) $f(x) = \frac{1}{x^2+1}$
i) $f(x) = \frac{x^2}{x^2+3}$
k) $f(x) = e^{-x^2}$
l) $f(x) = (e^{-x})^2$
m) $f(x) = e^x + e^{-x}$
n) $f(x) = e^x - e^{-x}$
o) $f(x) = \ln x^2$
p) $f(x) = (\ln x)^2$

2 Ganzrationale Funktion 4. Grades
Wir betrachten die in $\mathbb{R}$ definierte Funktion f mit $f(x) = x^4 + 2x^3$.

a) Bestimme die Nullstellen von f. Untersuche den Graphen G_f auf Hoch-, Tief- und Wendepunkte. Zeichne G_f im Intervall $[-3; 1]$.
b) Berechne den Inhalt des Flächenstücks, das von G_f und der x-Achse begrenzt wird.

3 Ganzrationale Funktion 3. Grades
Wir betrachten die in $\mathbb{R}$ definierte Funktion f mit $f(x) = \frac{1}{4}x(x-6)^2$.

a) Gib die Nullstellen von f an. Untersuche den Graphen G_f auf Hoch-, Tief- und Wendepunkte. Zeichne G_f im Intervall $[-1; 8]$.
b) Berechne den Inhalt des Flächenstücks, das von G_f und der x-Achse begrenzt wird.

4 Kostenfunktion
Ein Unternehmen stellt Werkstücke her. Die Herstellungskosten (in Euro) in Abhängigkeit von der Stückzahl x werden durch die Kostenfunktion k beschrieben, deren Graph G_k rechts abgebildet ist.

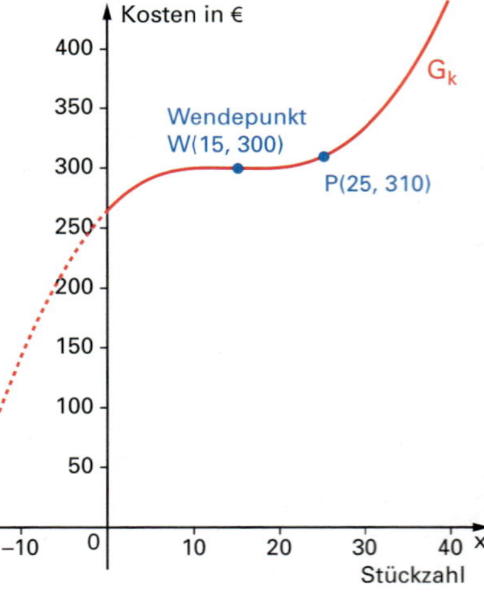

a) Wie geht G_k aus dem Graphen der Funktion $x \mapsto x^3$ hervor? Gib k(x) in der Form $k(x) = a(x-b)^3 + c$ an und zeige, dass man k(x) auch in der Form $k(x) = \frac{1}{100}(x^3 - 45x^2 + 675x + 26625)$ schreiben kann.
b) Der Umsatz u(x) (in Euro) ist das Produkt aus dem Verkaufspreis von 12,40 (in Euro) pro Stück und der verkauften Stückzahl x. Beschreibe den Graphen G_u der Funktion u in Worten. Zeige, dass P auf G_u liegt.
c) Der Gewinn g(x) ist die Differenz von u(x) und k(x). Ab welcher Stückzahl erzielt das Unternehmen Gewinn? Bei welcher Stückzahl wird der maximale Gewinn erzielt? Wie groß ist dieser?

5 Sinusfunktion

Wir betrachten die Funktion f mit $f(x) = x + \sin x$ im Bereich $[-2\pi; 2\pi]$.

a) Bestimme die Symmetrie von G_f.

b) Untersuche die Monotonie von f. Bestimme die Wendepunkte von G_f. An welchen Stellen ist G_f am steilsten? Fertige eine Skizze von G_f an.

c) Berechne den Inhalt der Fläche, die im Intervall $[0; 2\pi]$ zwischen G_f und der x-Achse liegt. Trage das Dreieck mit den Eckpunkten $O(0|0)$, $A(2\pi|0)$ und $B(2\pi|2\pi)$ in die Zeichnung ein und vergleiche seinen Flächeninhalt mit dem berechneten Wert. Wie verläuft folglich die Gerade $y = x$ zu G_f?

6 Exponentialfunktion I

Gegeben ist die in $\mathbb{R}$ definierte Funktion f mit $f(x) = ex + e^{-x}$.

a) Untersuche das Verhalten von f(x) für $x \to \pm\infty$. Warum ist die Gerade $y = ex$ eine Asymptote von G_f?

b) Untersuche G_f auf Hoch und Tiefpunkte. Zeige, dass G_f keinen Wendepunkt hat.

c) Skizziere G_f mithilfe der Ergebnisse.

d) Berechne den Inhalt des Flächenstücks, das G_f, die x- und die y-Achse im II. Quadranten einschließen.

7 Exponentialfunktion II

Wir untersuchen die in $\mathbb{R}$ definierte Funktion f mit $f(x) = e^{2x} - 2e^x$.

a) Bestimme das Verhalten von f an den Rändern ihres Definitionsbereichs und die Nullstelle.

b) Untersuche G_f auf Hoch-, Tief- und Wendepunkte.

c) Skizziere mithilfe der Ergebnisse G_f.

d) Berechne den Inhalt des Flächenstücks, das G_f, die x- und die y-Achse im IV. Quadranten einschließen.

8 Term gesucht

Rechts sind drei Parabeln der Funktionenschar $f_b(x) = ax^2 + bx$ mit dem Scharparameter b abgebildet.

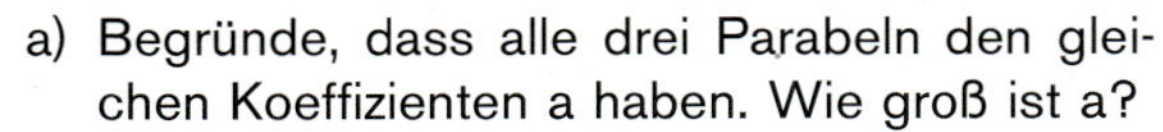

a) Begründe, dass alle drei Parabeln den gleichen Koeffizienten a haben. Wie groß ist a?

b) Bestimme zu den drei abgebildeten Parabeln den jeweiligen Parameterwert b.

c) Berechne den Inhalt der Fläche, den die Parabel I im I. Quadranten mit der x-Achse einschließt.

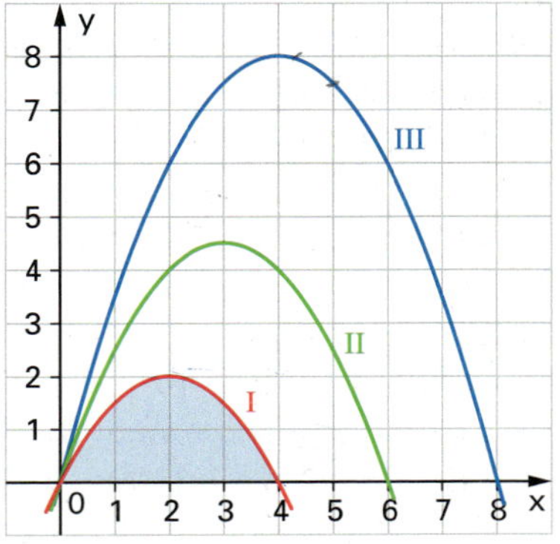

d) Ermittle die beiden Nullstellen von f_b in Abhängigkeit von b.

e) Für welchen Wert von b hat die vom Graphen G_f und der x-Achse eingeschlossene Fläche den Inhalt 18?

9 **„Wie lange muss man ein 3-Minuten-Ei kochen?“**

Je nach Kochdauer erhält man ein weiches, ein wachsweiches oder ein hartes Ei. Die Kochdauer t in Minuten hängt vom Durchmesser d des Eis in mm, der Temperatur T_{Wasser} des umgebenden Wassers, der Anfangstemperatur T_{Anfang} des Eis und der Endtemperatur T_{Dotter} des Dotters wie folgt ab:

$$t = 0{,}2^4 \cdot d^2 \cdot \ln \frac{2 \cdot (T_{Wasser} - T_{Anfang})}{T_{Wasser} - T_{Dotter}}.$$

Die Endtemperatur des Dotters T_{Dotter} bestimmt den Härtegrad:
Bei $T_{Dotter} = 62\,°C$ erhält man ein weiches Ei, bei $T_{Dotter} = 82\,°C$ ein hartes Ei.

Wir betrachten Eier, die dem Kühlschrank entnommen ($T_{Anfang} = 5\,°C$) und dann in siedendes Wasser ($T_{Wasser} = 100\,°C$) gelegt werden. Die Kochdauer hängt somit noch von zwei Größen ab:

$$t = 0{,}2^4 \cdot d^2 \cdot \ln \frac{190\,°C}{100\,°C - T_{Dotter}}$$

Zunächst betrachten wir die Kochdauer in Abhängigkeit von der Variable T_{Dotter} und wählen den Durchmesser d der Eier als Parameter.
Typische Werte für die vier Größenklassen sind $d_1 = 38$ (Größe S), $d_2 = 43$ (M), $d_3 = 46$ (L) und $d_4 = 50$ (XL). Das rechts abgebildete Diagramm zeigt zu diesen vier Werten Graphen der Funktionenschar

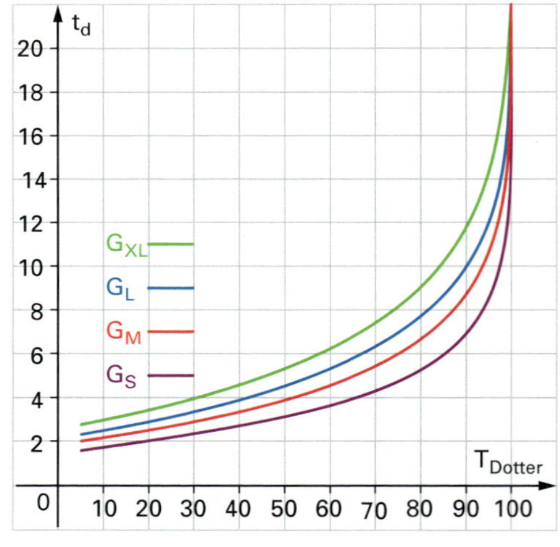

$T_{Dotter} \mapsto t_d \quad$ mit $5\,°C \leq T_{Dotter} < 100\,°C$,

die beschreibt, wie lange man Eier mit dem Durchmesser d kochen muss, damit sie die Dottertemperatur T_{Dotter} erreichen.

a) Beschreibe den Verlauf der Graphen. Wie lautet die Gleichung ihrer gemeinsamen Asymptote? Was bedeutet diese anschaulich? Weise die Monotonie rechnerisch nach.

b) Unter einem „3-Minuten-Ei“ versteht man im täglichen Leben ein weich gekochtes Ei. Wie lange muss man ein M- bzw. ein L-Ei ungefähr kochen, damit man ein „3-Minuten-Ei“ erhält?

c) Betrachte jetzt die Kochdauer in Abhängigkeit von der Variable d und wähle T_{Dotter} als Parameter. Fertige zu 3 Dottertemperaturen Skizzen der zugehörigen Graphen der Funktionenschar $d \mapsto t_{T_{Dotter}}$ an.

d) Die Bezeichnung „3-Minuten-Ei“ stammt aus der Zeit, als die Eier noch kleiner waren und ihre Anfangstemperatur ungefähr Zimmertemperatur von 20 °C war. Welchen Durchmesser hatte ein 3-Minuten-Ei?

10 Morphing

In Trickfilmen werden Objekte in spektakulärer Weise kontinuierlich ineinander umgewandelt. Ein einfaches Beispiel zeigt die obige Abbildung. In der Computergrafik nennt man eine derartige stetige Überführung zweier Objekte ineinander auch *Morphing* nach dem griechischen Wort *morphe* für *Gestalt*.
Mithilfe einer Funktionenschar wollen wir den Graphen der linearen Funktion f mit $f(x) = x$ in den Graphen der Sinusfunktion g mit $g(x) = \sin x$ stetig überführen. Wir definieren dazu:

$$h_a(x) = (1 - a) \cdot x + a \cdot \sin x \quad \text{mit } 0 \leq a \leq 1$$

a) Starte einen Funktionsplotter und definiere einen Schieberegler a für das Intervall [0; 1] mit der Schrittweite 0,01 und die Funktion h_a. Beginne mit $a = 0$ und beobachte genau, wie sich der Graph G_a der Funktion h_a verändert, wenn am Schieberegler gezogen wird.

b) Beschreibe deine Beobachtung. Gehe dabei auch auf die Steigung und die Krümmung von G_a ein.

c) Ab welchem Parameterwert geht die strenge Monotonie verloren? Begründe deine Beobachtung mithilfe der ersten Ableitung $h'_a(x)$.

d) Beschreibe, wie der Term $h_a(x)$ aufgebaut ist, damit er G_0 stetig in G_1 überführt. Gib einen Term an, der den Graphen der e-Funktion $x \mapsto e^x$ in sein Spiegelbild an der y-Achse stetig überführt. Überprüfe deine Überlegung mithilfe des Computers.

11 Schar von Sinusfunktionen

Eine Schar von Funktionen f_a ist gegeben durch

$$f_a(x) = a \cdot \sin(ax) \quad \text{mit } x \in \mathbb{R} \quad \text{und} \quad a > 0.$$

a) Wie wirkt sich eine Veränderung des Parameters a auf den Graphen G_a der Funktion f_a aus? Skizziere G_1, G_2 und G_3.

b) Zwischen zwei benachbarten Nullstellen schließt G_1 mit der x-Achse eine Fläche ein. Berechne ihren Inhalt.
Welchen Inhalt hat die Fläche zwischen zwei benachbarten Nullstellen zwischen G_a und der x-Achse?

c) Bestimme von G_a die Koordinaten des ersten Hochpunkts H_a mit positiven Koordinaten in Abhängigkeit von a. Zeige, dass diese Hochpunkte H_a der Schar auf der Hyperbel h: $y = \frac{\pi}{2x}$ liegen. Trage h in die Zeichung ein.

12 Ortslinie der Scheitel einer Schar von Parabeln

Die Graphen G_a der Schar quadratischer Funktionen f_a mit $f_a(x) = x^2 - ax$ und $a \in \mathbb{R}$, $x \in \mathbb{R}$ sind Normalparabeln.

a) Zeige: G_a hat den Scheitel $S_a(\frac{1}{2}a \mid -\frac{1}{4}a^2)$. Zeichne $G_{-3}, G_{-2}, G_{-1}, \ldots, G_3$.

b) Löse die Gleichung $x = \frac{1}{2}a$ für die x-Koordinate des Scheitels nach a auf und ersetze damit a in der Gleichung $y = -\frac{1}{4}a^2$ für die y-Koordinate. Warum erhält man so die Gleichung einer Linie, auf der die Scheitel S_a der Schar liegen? Trage diese Ortslinie in die Zeichnung ein.

13 Schar gebrochenrationaler Funktionen

Eine Schar von Funktionen f_a ist gegeben durch

$$f_a(x) = x + \frac{a}{x} \quad \text{mit } x \in \mathbb{R}\setminus\{0\} \quad \text{und} \quad a > 0.$$

a) Zeichne die Graphen der beiden Grundfunktionen $x \mapsto x$ und $x \mapsto \frac{1}{x}$ in ein Koordinatensystem. Beschreibe, wie der Graph G_a von f_a aus diesen beiden Graphen hervorgeht und wie er deshalb verläuft.

b) Bestimme die Koordinaten der Hoch- und Tiefpunkte in Abhängigkeit von a. Eliminiere mithilfe der Gleichung für die x-Koordinate jeweils a aus der Gleichung für die y-Koordinate. Gib so die Gleichung der Linie an, auf der die Hoch- und Tiefpunkte liegen. Zeichne diese Ortslinie sowie die Graphen G_1, G_2 und G_3 in ein Koordinatensystem.

14 Schar von Logarithmusfunktionen

Eine Schar von Funktionen f_a ist gegeben durch

$$f_a(x) = x \cdot \ln\frac{x}{a} \quad \text{mit } a > 0 \quad \text{und} \quad x > 0.$$

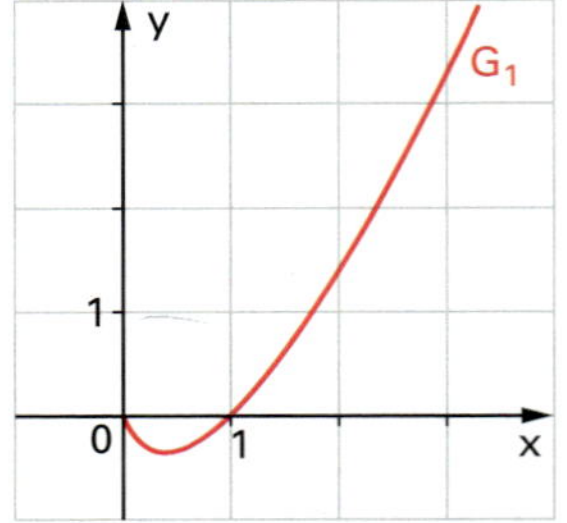

a) Bestimme von f_a die Nullstelle und das Verhalten an den Rändern des Definitionsbereichs. Rechts ist der Graph G_1 der Funktion f_1 abgebildet. Beschreibe mit Begründung seinen qualitativen Verlauf.

b) Bestimme die Koordinaten der Tiefpunkte in Abhängigkeit von a und die Gleichung der Linie, auf der diese liegen. Lege ein Koordinatensystem an und skizziere zu drei selbst gewählten Parameterwerten die Graphen G_a.

c) Zeige, dass $F_a(x) = \frac{1}{4}x^2(2 \cdot \ln\frac{x}{a} - 1)$ eine Stammfunktion von f_a ist.
Bestimme den Inhalt der Fläche, den G_a im IV. Quadranten mit der x-Achse einschließt in Abhängigkeit von a. Für welchen Parameterwert ist dieser 1?

15 Grundwissen: Bestimmen von Grenzwerten

a) $\lim\limits_{x \to \infty} (x^3 - 3x^2)$	b) $\lim\limits_{x \to \infty} \frac{2x+3}{4x+5}$	c) $\lim\limits_{x \to \infty} \frac{1-x^2}{x^2+1}$	d) $\lim\limits_{x \to \infty} \frac{1-2x^3}{3x^2+1}$
e) $\lim\limits_{x \to \infty} \frac{2x+3}{(3x-4)^2}$	f) $\lim\limits_{x \to \infty} \frac{x+1}{x^2+x-2}$	g) $\lim\limits_{x \to 1+0} \frac{x+1}{x^2+x-2}$	h) $\lim\limits_{x \to 1-0} \frac{x+1}{x^2+x-2}$
i) $\lim\limits_{x \to \infty} \frac{e^x}{x}$	k) $\lim\limits_{x \to \infty} \frac{e^{-x}}{1+e^{-x}}$	l) $\lim\limits_{x \to \infty} \frac{e^{1-x}}{x}$	m) $\lim\limits_{x \to -\infty} \frac{x+x^2}{e^x}$
n) $\lim\limits_{x \to \infty} \frac{e^x-1}{e^x+1}$	o) $\lim\limits_{x \to -\infty} \frac{e^x-1}{e^x+1}$	p) $\lim\limits_{x \to \infty} (x^2 \cdot e^{2-x})$	q) $\lim\limits_{x \to -\infty} (x \cdot e^{2x})$
r) $\lim\limits_{x \to \infty} \frac{\ln x}{x}$	s) $\lim\limits_{x \to 0+0} \frac{x}{\ln x}$	t) $\lim\limits_{x \to 0+0} (x \cdot \ln x)$	u) $\lim\limits_{x \to 0+0} \ln\frac{1+x}{x}$

2.2 Die Graphen von Funktion und Integralfunktion

Welche Aussagen können wir aus dem Verlauf des Graphen einer Funktion über den Verlauf des Graphen einer zugehörigen Integralfunktion gewinnen? Wir klären diese Frage anhand von zwei Beispielen.

Die geometrische Bedeutung der Interpretationen der Integralfunktion

Wir betrachten die gebrochenrationale Funktion f mit

$$f(x) = \frac{1}{x^2} \quad \text{und} \quad D = \mathbb{R}\backslash\{0\}.$$

Da f für x = 0 nicht definiert ist, wählen wir 1 als untere Grenze der Integralfunktion:

$$I_1(x) = \int_1^x \frac{dt}{t^2} = [-\tfrac{1}{t}]_1^x = -\tfrac{1}{x} - (-1) = 1 - \tfrac{1}{x}$$

Der Hauptsatz der Differenzial- und Integralrechnung setzt einen durchgehenden Graphen G_f der Integrandenfunktion f voraus. Deshalb reicht der maximale Definitionsbereich von I_1 nur bis zur Definitionslücke 0 von f. Also ist $D_{I_1} = \mathbb{R}^+$.
Der Graph G_{I_1} von I_1 entsteht durch Spiegeln des Graphen von $x \mapsto \frac{1}{x}$ mit $x > 0$ an der x-Achse und anschließendem Verschieben um 1 in y-Richtung.
G_f und G_{I_1} sind rechts abgebildet.

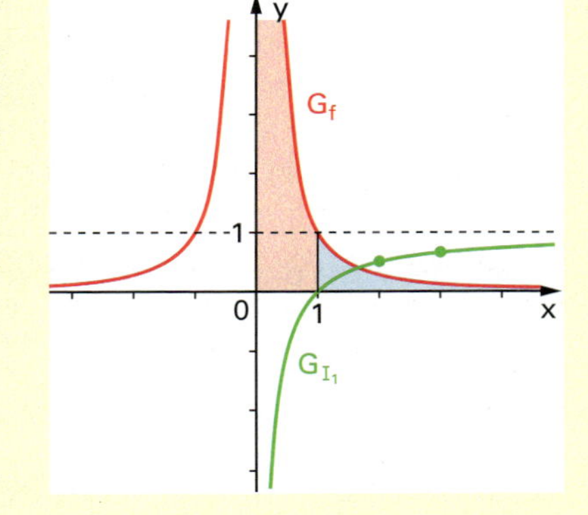

Nun zu den beiden Interpretationen der Integralfunktion:

Die Integralfunktion ist eine Stammfunktion.

Das bedeutet, dass f die Ableitungsfunktion von I_1 ist: $I_1'(x) = f(x)$.
Für $x > 0$ sind die Funktionswerte f(x) und damit die Ableitungswerte $I_1'(x)$ positiv, d. h. G_{I_1} steigt streng monoton. Die Funktionswerte von f sind zunächst sehr hoch und nehmen mit wachsenden x-Werten immer mehr ab, d. h. G_{I_1} verläuft zunächst sehr steil und flacht dann immer mehr ab. Insbesondere ist $I_1'(1) = f(1) = 1$.

Die Integralfunktion als Flächenbilanz

Die untere Grenze 1 ist Nullstelle von I_1.

- Der Inhalt der Fläche unter G_f von 1 bis 2 ist $I_1(2) = \frac{1}{2}$,
  von 1 bis 3 ist $I_1(3) = \frac{2}{3}$,
  von 1 bis 10 ist $I_1(10) = \frac{9}{10}$,
  von 1 bis 100 ist $I_1(100) = \frac{99}{100}$ …

Mit wachsender oberer Grenze strebt der Flächeninhalt gegen 1: $\lim\limits_{x \to +\infty} I_1(x) = 1$.

Was bedeutet dieses Ergebnis? Wir können der von 1 bis $+\infty$ **ins Unendliche reichenden Fläche** unter G_f den Inhalt 1 zuordnen.

- Wählen wir als obere Grenze eine Zahl x, die zwischen 0 und 1 liegt, integrieren wir in Richtung abnehmender x-Werte. Der Flächeninhalt ist deshalb mit einem Minuszeichen versehen.

Der Inhalt der Fläche unter G_f von 1 bis $\frac{1}{2}$ ist $|I_1(\frac{1}{2})| = |-1| = 1$,
von 1 bis $\frac{1}{3}$ ist $|I_1(\frac{1}{3})| = |-2| = 2$,
von 1 bis $\frac{1}{10}$ ist $|I_1(\frac{1}{10})| = |-9| = 9$,
von 1 bis $\frac{1}{100}$ ist $|I_1(\frac{1}{100})| = |-99| = 99$ ...

Mit abnehmender oberer Grenze strebt $I_1(x)$ gegen $-\infty$: $\lim\limits_{x \to 0+0} I_1(x) = -\infty$.

Der von 0 bis 1 **ins Unendliche reichenden Fläche** unter G_f kann also kein endlicher Inhalt zugeordnet werden.

Das kommt auch im Graphen G_f zum Ausdruck: Dieser schmiegt sich für $x \to +\infty$ enger an die x-Achse an als für $x \to 0+0$ an die y-Achse.

> Über die Definitionslücke einer Funktion kann nicht hinweg integriert werden. Lassen wir die obere Grenze einer Integralfunktion gegen $\overset{+}{(-)}\infty$ bzw. gegen eine Unendlichkeitsstelle streben, zeigt sich, ob dem Inhalt der sich ins Unendliche erstreckenden Fläche unter dem Graphen der Integrandenfunktion ein endlicher Inhalt zugeordnet werden kann oder nicht.

Vom Graphen der Funktion zum Graphen einer Integralfunktion

Das Bestimmen einer Stammfunktion der einfachsten gebrochenrationalen Funktion $x \mapsto \frac{1}{x}$ führt überraschender Weise aus der Klasse der rationalen Funktionen hinaus (Aufgabe 1): $\int \frac{dx}{x} = \ln|x| + c$

Zur einfachsten gebrochenrationale Funktion f ohne Definitionslücke

$$f(x) = \frac{1}{x^2+1} \quad \text{und} \quad x \in \mathbb{R}$$

gibt es sogar keinen Term aus uns bekannten Funktionstermen, der abgeleitet f(x) liefert. Wir können das Integral $\int \frac{dx}{x^2+1}$ nicht bestimmen. Man sagt: f ist **nicht elementar integrierbar**.

Auf graphischem Weg können wir aber mithilfe von G_f ein Bild der Integralfunktion I_0 mit

$$I_0(x) = \int_0^x \frac{dt}{t^2+1}$$

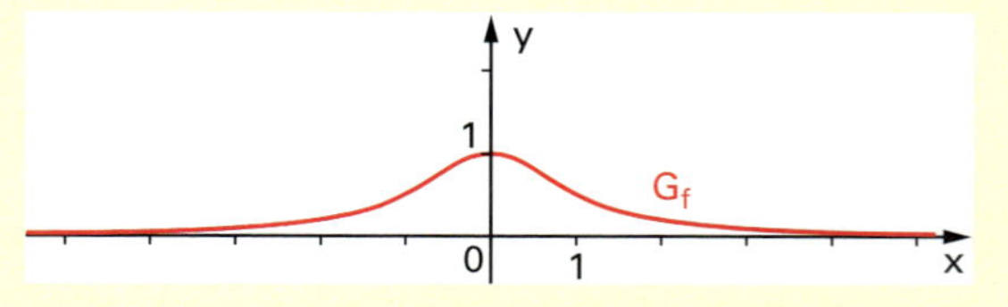

entwerfen. Dabei helfen uns die beiden Interpretationen der Integralfunktion:

Aussagen über G_{I_0} mithilfe der Flächenbilanz

Die untere Grenze 0 ist Nullstelle von I_0.

- Wir starten mit x = 0 und integrieren zunächst in Richtung wachsender x-Werte. Da die Fläche oberhalb der x-Achse liegt, wird sie positiv gezählt. Ferner wächst sie beständig. Deshalb steigt G_{I_0} streng monoton. Da der Zuwachs der Fläche immer kleiner wird, ist G_{I_0} rechts gekrümmt.

- Wir integrieren nun von $x = 0$ in Richtung abnehmender x-Werte. Die Fläche liegt oberhalb der x-Achse. Aufgrund der Integrationsrichtung wird der Flächenwert aber mit einem Minuszeichen versehen. Da G_f symmetrisch zur y-Achse ist, ist $I_0(-x) = -I_0(x)$. G_{I_0} ist punktsymmetrisch zum Ursprung. Deshalb ist G_{I_0} für $x < 0$ links gekrümmt. G_{I_0} hat für $x = 0$ einen Wendepunkt.

Interessant ist, ob der Fläche, die von 0 ins Unendliche reicht, ein endlicher Inhalt zugeordnet werden kann. Da $\frac{1}{x^2+1} < \frac{1}{x^2}$ ist verläuft G_f unterhalb des Graphen der Funktion $x \mapsto \frac{1}{x^2}$. Also ist die Fläche unter G_f von 1 bis $+\infty$ sogar kleiner als die Fläche unter dem Graphen der Funktion $x \mapsto \frac{1}{x^2}$ – und deren Inhalt ist gleich 1. Das bedeutet: Für $x \to +\infty$ strebt $I_0(x)$ gegen einen endlichen Wert. Aus Symmetriegründen gilt das Gleiche für $x \to -\infty$. G_{I_0} hat also waagrechte Asymptoten.

Aussagen über G_{I_0} als Graph einer Stammfunktion

Die Steigungswerte von G_{I_0} sind die Funktionswerte $f(x)$. Da diese stets positiv sind, steigt G_{I_0} streng monoton: In Richtung wachsender x-Werte nimmt die Steigung von fast Null langsam zu, erreicht für $x = 0$ ihren Höchstwert 1 und nimmt dann wieder auf fast Null ab. Für $x < 0$ ist G_{I_0} also links gekrümmt und für $x > 0$ rechts gekrümmt. Für $x = 0$ liegt ein Wendepunkt vor. Die Steigung der Wendetangente ist 1.

Veranschaulichung der Aussagen mithilfe des Computers

Wir definieren zunächst einen Schieberegler a und einen Punkt $A(a|f(a))$ auf G_f.
Der Punkt B habe die gleiche x-Koordinate wie A und als y-Koordinate das bestimmte Integral: $\int_0^a f(x)\,dx$

Eingabe: B=(x(A),integral[f,0,a])

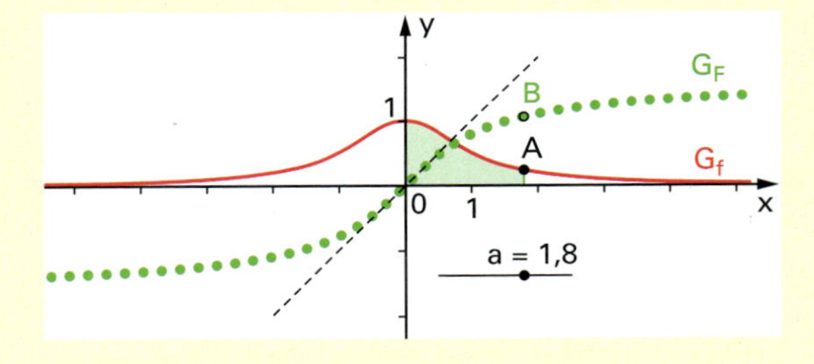

Durch Verändern des Schiebereglers beobachten wir den Verlauf der Kurve, die B beschreibt. Diese lassen wir als Spur von B einblenden.

Die Symmetrie von Funktion und Integralfunktion

Wir haben erkannt, dass die Symmetrie von G_f zur y-Achse die Symmetrie von G_{I_0} zum Ursprung nach sich zieht. Wählen wir für die Integralfunktion eine andere untere Grenze a, erhalten wir ihren Graphen G_{I_a}, indem wir G_{I_0} in Richtung der y-Achse verschieben. Dadurch verschiebt sich zwar das Symmetriezentrum, die Punktsymmetrie bleibt aber erhalten. Auch ein Verschieben von G_f nach links oder rechts erhält diese Eigenschaft.
Analog kann man von einem punktsymmetrischen Graphen G_f auf einen achsensymmetrischen Graphen G_{I_a} schließen.

> Wenn der Graph einer Funktion f achsensymmetrisch ist, dann ist der Graph einer zugehörigen Integralfunktion I_a punktsymmetrisch und umgekehrt.

Aufgaben

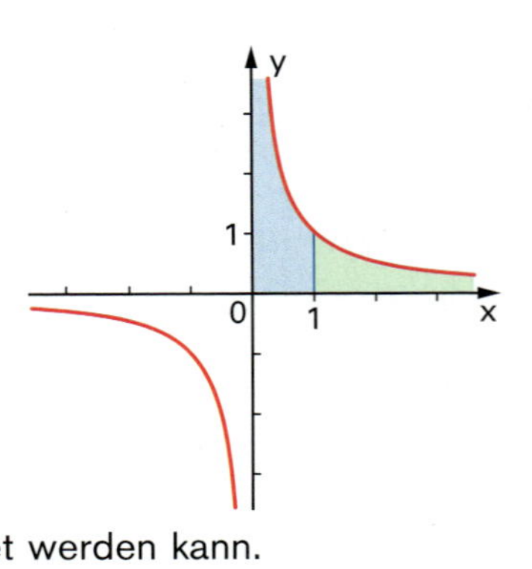

1 Flächen, die ins Unendliche reichen

a) Rechts ist der Graph der Kehrwertfunktion f: $x \mapsto \frac{1}{x}$ mit $x \neq 0$ abgebildet. Gib den maximalen Definitionsbereich der Integralfunktion I_1 mit $I_1(x) = \int_1^x f(t)\,dt$ an. Untersuche mithilfe von I_1, ob den beiden Flächenstücken zwischen G_f und der x-Achse von 1 bis $+\infty$ und von 0 bis 1 jeweils ein endlicher Inhalt zugeordnet werden kann.

b) Skizziere den Graphen der e-Funktion $x \mapsto e^x$. Zeichne ein, welche Fläche durch $I_0(1)$ mit $I_0(x) = \int_0^x e^t\,dt$ beschrieben wird und berechne ihren Inhalt. Untersuche mithilfe von I_0, ob dem Flächenstück zwischen G_f und der x-Achse von 0 bis $-\infty$ ein endlicher Inhalt zugeordnet werden kann.

2 Grundwissen: Graphisches Bestimmen der Ableitungsfunktion

Beschreibe anhand des Graphen G_f zunächst den qualitativen Verlauf des Graphen $G_{f'}$ der Ableitungsfunktion f'. Ermittle dann graphisch geeignete Ableitungswerte und zeichne $G_{f'}$. Beschreibe dein Vorgehen.

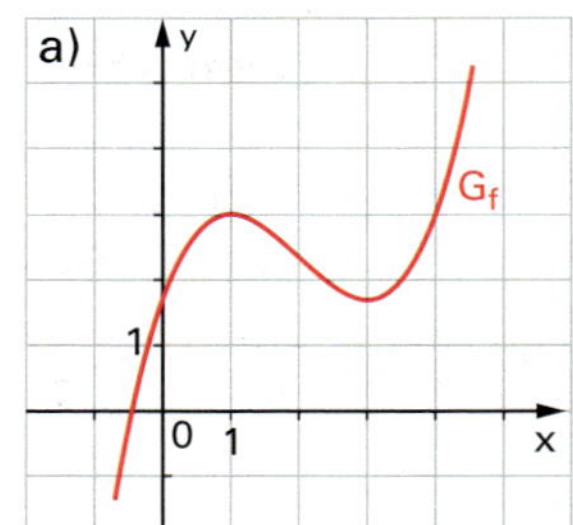

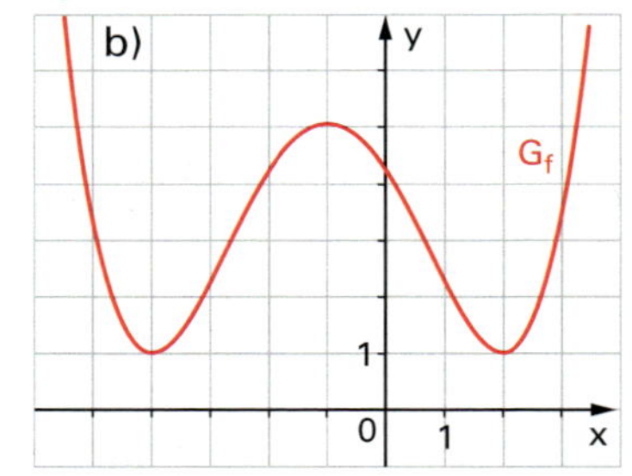

3 Funktion, Ableitungsfunktion und Stammfunktion

Gegeben sind die Graphen der Funktion f mit $f(x) = x^2 \cdot e^x$, ihrer Ableitungsfunktion f', einer Stammfunktion F von f und der Funktion g mit $g(x) = \frac{1}{f(x)}$.

a) Begründe, dass nur Bild A der Graph der Funktion f sein kann.

b) Ordne die Funktionen f', F und g den anderen Abbildungen zu und begründe deine Entscheidung.

c) G_f schließt im II. Quadranten mit der x-Achse eine Fläche ein, die ins Unendliche reicht. Untersuche, ob diese einen endlichen Flächeninhalt besitzt.

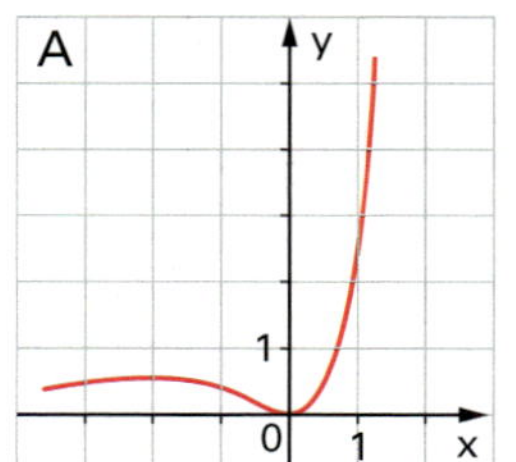

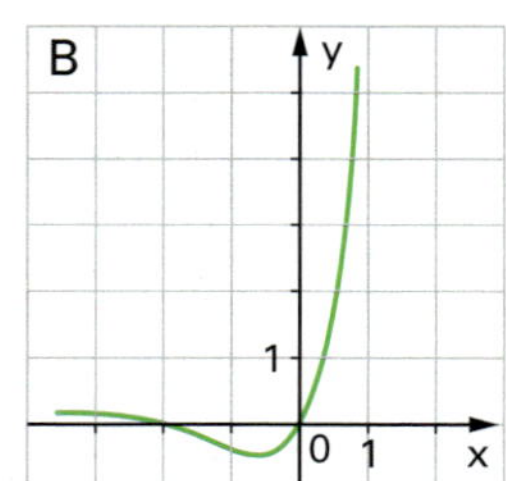

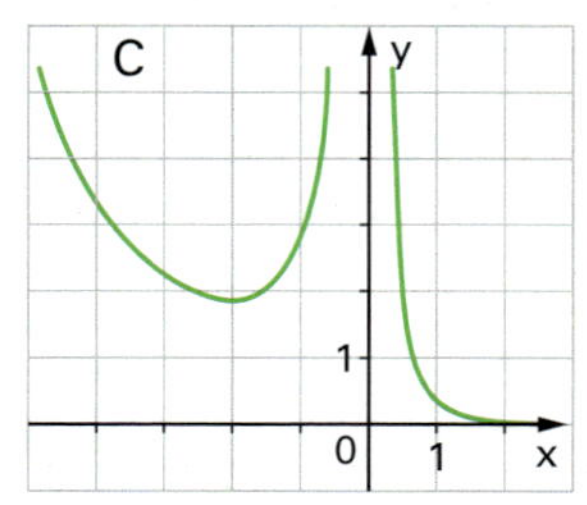

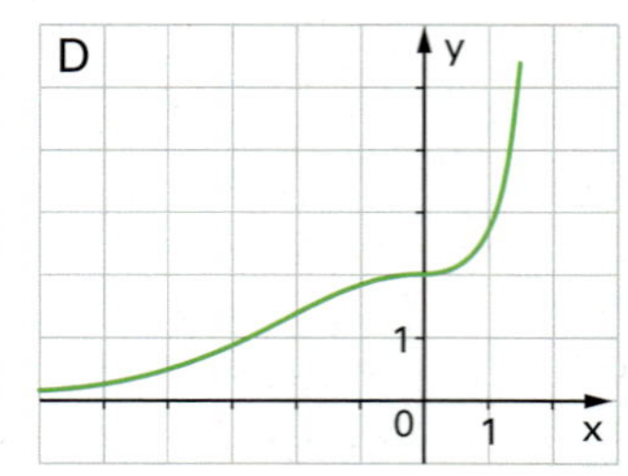

4 Graphisches Bestimmen einer Integralfunktion

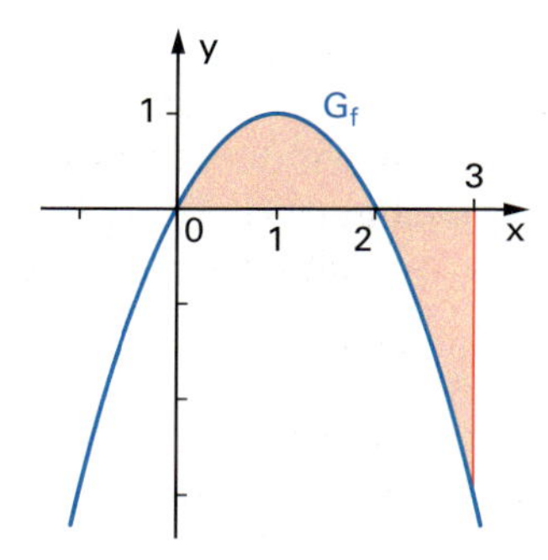

Die Abbildung zeigt den Graphen einer quadratischen Funktion f mit dem Definitionsbereich $D_f = \mathbb{R}$. Wir wollen den qualitativen Verlauf des Graphen der Integralfunktion I_0 mit $I_0(x) = \int_0^x f(t)\,dt$ graphisch ermitteln und dann rechnerisch überprüfen.

Es gilt: $I_0'(x) = f(x)$, $I_0''(x) = f'(x)$

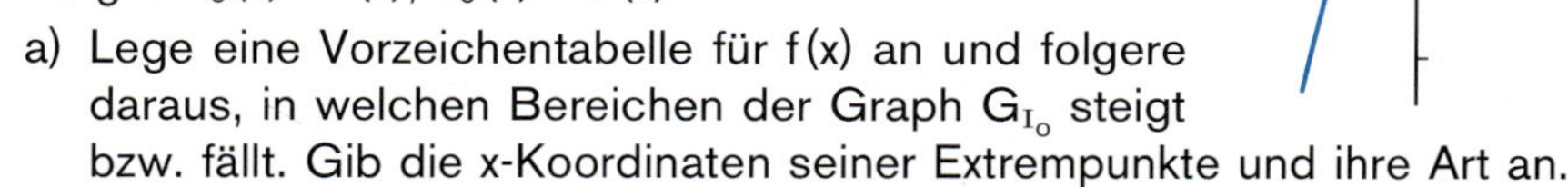

a) Lege eine Vorzeichentabelle für f(x) an und folgere daraus, in welchen Bereichen der Graph G_{I_0} steigt bzw. fällt. Gib die x-Koordinaten seiner Extrempunkte und ihre Art an.

b) Lege eine Vorzeichentabelle für f'(x) an und folgere daraus, in welchem Bereich der Graph G_{I_0} links bzw. rechts gekrümmt ist. Gib die x-Koordinate des Wendepunkts an.

c) Fertige unter Verwendung der bisherige Ergebnisse eine Skizze von G_{I_0} an.

d) Ziehe nun die Interpretation der Integralfunktion I_0 als Flächenbilanz heran: Starte an der unteren Grenze $x = 0$ und beschreibe zunächst, wie sich der Wert des Integrals beim Integrieren in Richtung wachsender x-Werte entwickelt. Ergänze deine Beschreibung durch das Integrieren von $x = 0$ in Richtung abnehmender x-Werte. Überprüfe deine Überlegung an der Skizze von c).

e) Nähere die Flächen unter G_f im Intervall [0; 1] bzw. [0; 2] durch geeignete Dreiecke. Schätze damit $I_0(1)$ und $I_0(2)$ ab.

f) Beschreibe, wie G_f durch Spiegeln und Verschieben aus der Normalparabel $y = x^2$ hervorgeht. Stelle damit die Gleichung für f auf und zeige, dass $f(x) = -x^2 + 2x$ ist.

g) Berechne den Term $I_0(x)$. Überprüfe damit deine Überlegungen zu a) bis e). Bestimme die zweite Nullstelle von I_0. Was bedeutet diese für die Flächenbilanz?

5 Integralfunktionen einer ganzrationalen Funktion dritten Grades

Die Abbildung zeigt den Graphen einer ganzrationalen Funktion f dritten Grades mit dem Definitionsbereich $D_f = \mathbb{R}$. Wir untersuchen

$$I_0(x) = \int_0^x f(t)\,dt.$$

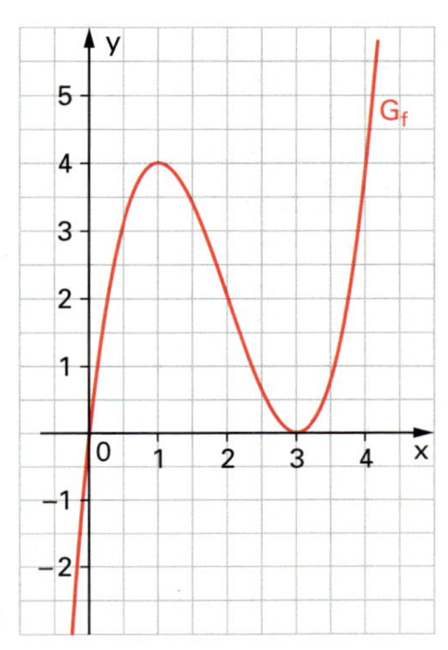

a) Lege eine Vorzeichentabelle zu f(x) und eine zweite zu f'(x) an. Entnimm den Tabellen die Monotonie und das Krümmungsverhalten von G_{I_0}.

b) Beschreibe den qualitativen Verlauf von G_{I_0}. Fertige eine Skizze von G_{I_0} an.

c) Setze den Funktionsterm von f in der Form $f(x) = a(x-b)(x-c)^2$ an und ermittle die Werte der Parameter a, b und c mithilfe geeigneter Werte des Graphen G_f.
Zeige, dass sich f(x) in Form $f(x) = x^3 - 6x^2 + 9x$ schreiben lässt.

d) Berechne den Term $I_0(x)$ der Integralfunktion I_0.

e) Welchen Inhalt hat das Flächenstück, das im I. Quadranten von G_f und der x-Achse eingeschlossen wird?

f) Wie geht der Graph der Integralfunktion I_3 mit der unteren Grenze a = 3 aus dem Graphen G_{I_0} hervor? Gib den Term $I_3(x)$ an.

g) Gib den Term einer Stammfunktion von f an, die keine Integralfunktion ist.

6 Qual der Wahl

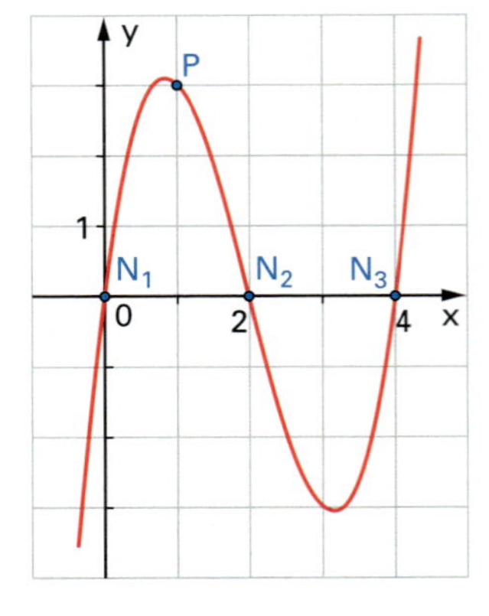

Die Abbildung zeigt den Graphen G_f einer ganzrationalen Funktion f dritten Grades mit $D_f = \mathbb{R}$. I_0 sei die zugehörige Integralfunktion: $I_0(x) = \int_0^x f(t)\,dt$

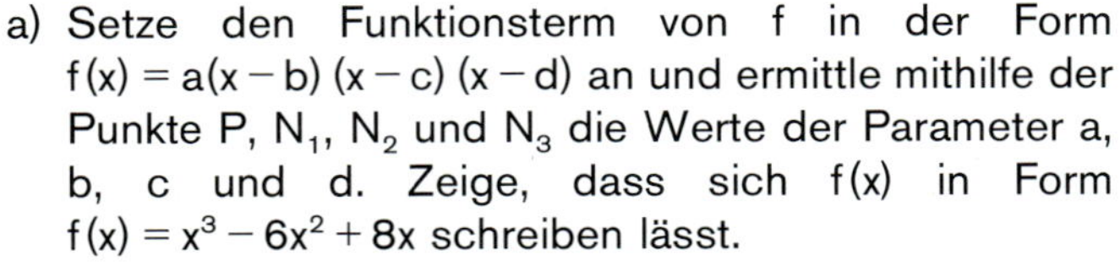

a) Setze den Funktionsterm von f in der Form $f(x) = a(x-b)(x-c)(x-d)$ an und ermittle mithilfe der Punkte P, N_1, N_2 und N_3 die Werte der Parameter a, b, c und d. Zeige, dass sich f(x) in Form $f(x) = x^3 - 6x^2 + 8x$ schreiben lässt.

b) Weise nach, dass N_2 der einzige Wendepunkt von G_f ist. Wie lautet die Gleichung der Wendetangente?

c) Berechne $I_0(4)$. Was folgt daraus über die beiden Flächenstücke, die G_f mit der x-Achse im I. und IV. Quadranten einschließt? Bestimme den gesamten Inhalt der beiden Flächenstücke.

d) Einer der drei abgebildeten Graphen I, II oder III stellt den Graphen von I_0 dar. Gib an, welcher dies ist. Begründe, warum die beiden anderen Graphen nicht in Betracht kommen.

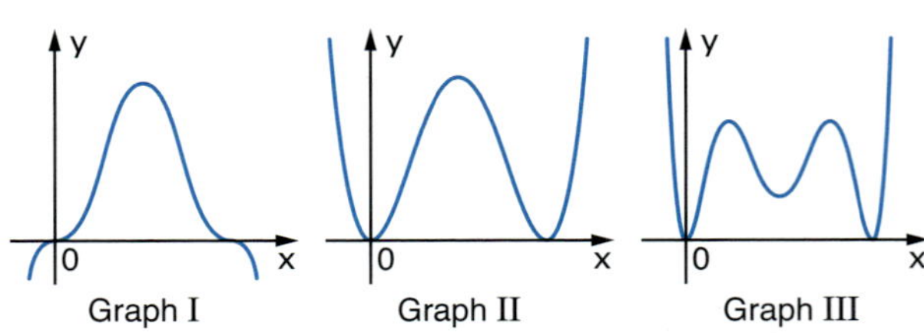

7 Integralfunktion gesucht

Die Abbildung zeigt den Graphen G_f der Funktion f mit $D_f = \mathbb{R}_0^+$.
Wir betrachten die Integralfunktion $I_1(x) = \int_1^x f(t)\,dt$ mit $x \in \mathbb{R}_0^+$. Eines der folgenden Diagramme zeigt den Graphen von I_1. Gib für jedes der anderen Diagramme einen Grund an, warum es sich nicht um den Graphen von I_1 handeln kann.

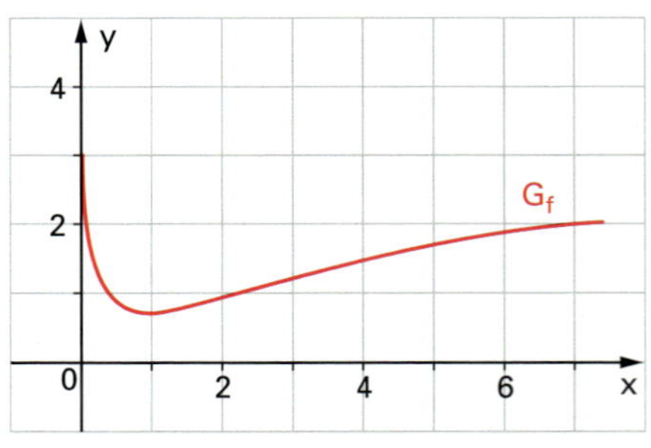

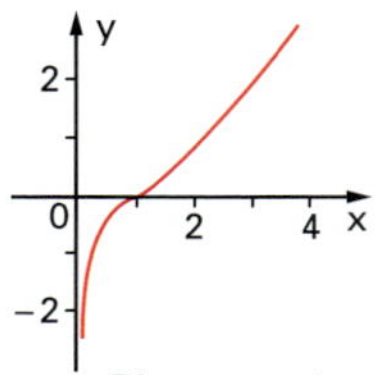

Diagramm 1

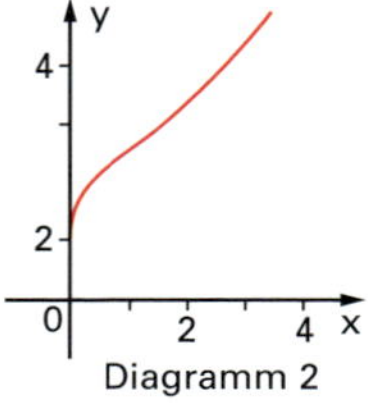

Diagramm 2

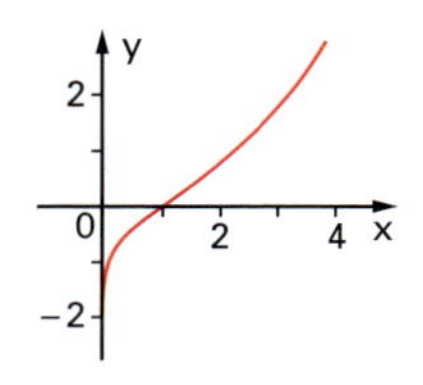

Diagramm 3

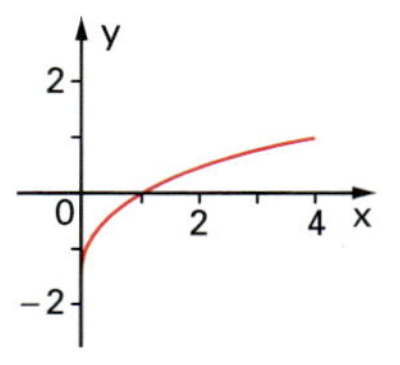

Diagramm 4

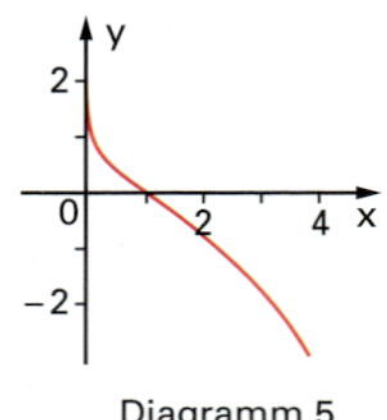

Diagramm 5

8 Integralfunktion

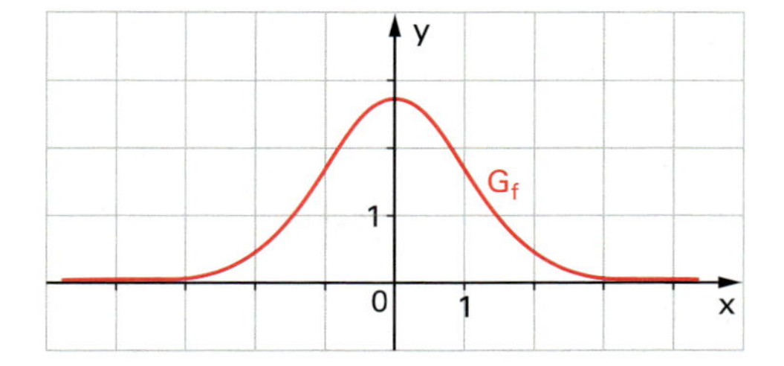

Die Abbildung zeigt den Graphen der Funktion f mit $f(x) = e^{1-0{,}5x^2}$.
Wir betrachten die Integralfunktion I_0 mit $I_0(x) = \int_0^x f(t)\,dt$ und $x \in \mathbb{R}$.

a) Untersuche das Symmetrie-, das Monotonie- und das Krümmungsverhalten des Graphen von I_0.

b) Bestimme aus der Abbildung mithilfe des Koordinatengitters Näherungswerte für $I_0(\frac{1}{2})$, $I_0(1)$, $I_0(2)$ und $I_0(4)$.
Zeichne den Graphen von I_0 im Bereich $[-4; 4]$ so genau wie möglich.

9 Flächeninhalte ablesen

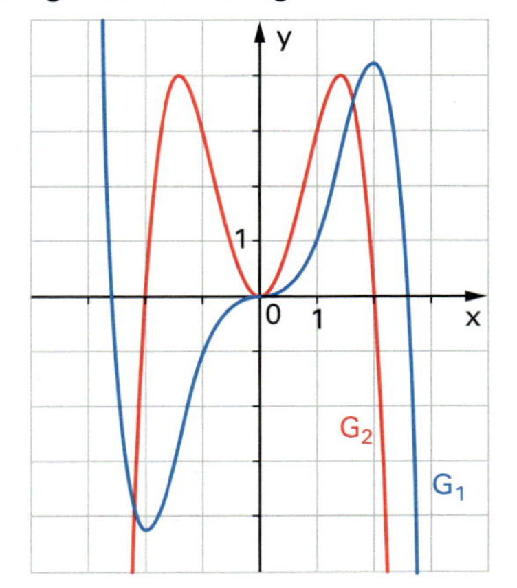

Rechts sind der Graph G_f einer Funktion f und der Graph G_{I_a} einer ihrer Integralfunktionen I_a abgebildet.

a) Who is who? Begründe deine Entscheidung.

b) G_f und die x-Achse schließen im I. und II. Quadranten zwei Flächenstücke ein. Bestimme ihren gesamten Inhalt mithilfe von G_{I_a} auf eine Dezimale genau.

c) Welchen Inhalt hat die Fläche, die von G_f, der x-Achse und den Geraden $x = 1$ und $x = 1{,}5$ begrenzt wird?

10 Flächen graphisch bestimmen

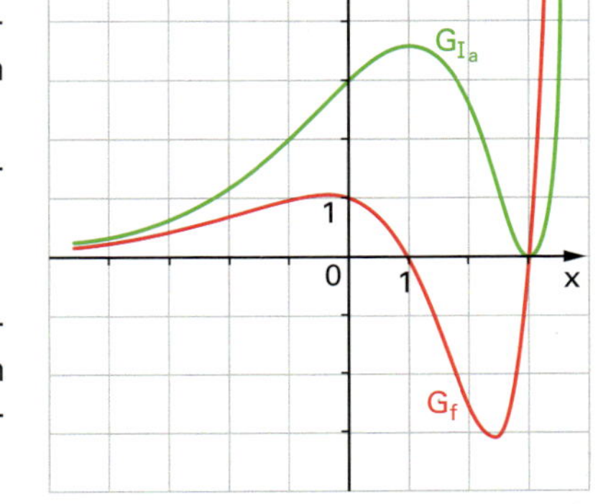

Die Abbildung zeigt den Graphen einer in $\mathbb{R}$ definierten Funktion f und den einer Integralfunktion I_a von f.

a) Gib die untere Integrationsgrenze a der Integralfunktion $I_a(x) = \int_a^x f(t)\,dt$ an.

b) Erläutere, dass das dargestellte Monotonieverhalten sowie das Krümmungsverhalten von G_{I_a} in Einklang damit stehen, dass I_a Integralfunktion von f ist.

c) G_f und die x-Achse schließen im IV. Quadranten ein Flächenstück ein. Bestimme dessen Inhalt mithilfe von G_{I_a} auf eine Dezimale genau.

d) Gegen welchen Wert strebt $I_a(x)$ für $x \to -\infty$? Bestimme damit $\int_{-\infty}^{3} f(x)\,dx$. Deute das Ergebnis geometrisch.

e) $f(x)$ kann in der Form $f(x) = (ax^2 + bx + c)\,e^x$ mit $a, b, c \in \mathbb{R}$ dargestellt werden. Entnimm der Abbildung die Achsenschnittpunkte von G_f und berechne damit die Werte der Parameter a, b und c.

Training der Grundkenntnisse

11 Ganzrationale Funktion 4. Grades

Wir betrachten die in $\mathbb{R}$ definierte Funktion f mit $f(x) = \frac{1}{8}(x^2-1)(x^2-9)$.

a) Ermittle die Symmetrie des Graphen G_f und die Nullstellen von f. Untersuche G_f auf Hoch-, Tief- und Wendepunkte. Zeichne G_f im Intervall $[-4; 4]$.

b) G_f und die x-Achse begrenzen drei Flächenstücke. Welchen Inhalt haben diese insgesamt?

12 Schar von Exponentialfunktionen

Eine Schar von Funktionen f_a ist gegeben durch

$$f_a(x) = x \cdot e^{-ax^2} \quad \text{mit } a > 0 \quad \text{und} \quad x \in \mathbb{R}.$$

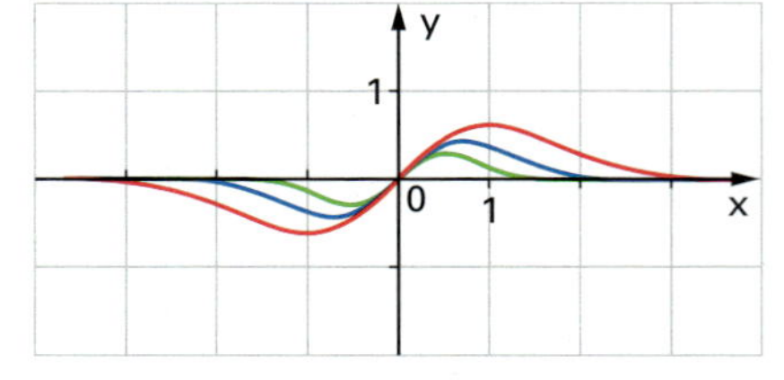

a) Rechts sind die drei Graphen $G_{0,5}$, G_1 und G_2 der Schar f_a abgebildet. Who is who?

b) Bestimme die Koordinaten der Extrempunkte in Abhängigkeit von a.

c) Bestimme die Koordinaten der Wendepunkte in Abhängigkeit von a.

d) Zeige, dass zwei verschiedene Graphen G_{a_1} und G_{a_2} genau einen Punkt gemeinsam haben.

e) G_a schließt im I. Quadranten mit der x-Achse eine Fläche ein, die ins Unendliche reicht. Zeige, dass sie den endlichen Inhalt $\frac{1}{2a}$ hat.

13 Die Vielfachheit der Nullstellen der zweiten Ableitung

Begründe, warum der Graph der Funktion f an der Stelle x_1

a) einen Wendepunkt hat, wenn x_1 eine einfache Nullstelle von f'' ist,

b) keinen Wendepunkt hat, wenn x_1 eine zweifache Nullstelle von f'' ist.

14 Grundwissen: Rechnen mit Potenzen

Vereinfache ohne TR so weit wie möglich:

a) $2^3 \cdot 2^7$ b) $2^{-5} \cdot 2^7$ c) $5 \cdot 5^{-3}$ d) $2^{\frac{1}{2}} \cdot 2^{\frac{3}{2}}$ e) $8^{\frac{1}{2}} \cdot 8^{\frac{1}{6}}$

f) $2^7 : 2^5$ g) $10^{-2} : 10^4$ h) $8^{-\frac{1}{2}} : 8^{-\frac{1}{6}}$ i) $(2^3)^2$ k) $(2^3)^{-2}$

l) $3e^2 - e^2$ m) $3e^2 \cdot e^2$ n) $3e^2 : e^2$ o) $3e^2 - e^{-2}$ p) $3e^2 \cdot e^{-2}$

q) $e : e^{\frac{1}{2}}$ r) $e^{-1} : e^{-2}$ s) $e^0 : e^{-3}$ t) $\sqrt{e} \cdot \sqrt{e^{-3}}$ u) $\sqrt{e} : \sqrt{e^{-3}}$

v) $(e^x)^2 - (e^{-x})^2$ w) $(e^x - e^{-x})^2$ x) $\frac{(e^x+1)^2}{e^x}$ y) $(\sqrt{e^x}+1)^2(\sqrt{e^x}-1)^2$

15 Grundwissen: Lösen von Gleichungen

a) $e^x = 2$ b) $e^{-x} = 2$ c) $e^x = 1$ d) $e^{-2x} = 4$

e) $e^{-x^2} = \frac{1}{4}$ f) $e^{-\sqrt{x}} = \frac{1}{e^2}$ g) $xe^x + e^x = 0$ h) $x^2e^x - 3e^x = 0$

i) $e^{2x} - e^x = 0$ k) $e^{2x} - 3e^x + 2 = 0$ l) $e^x - 2e^{-x} = 1$ m) $\frac{e^x - e^{-x}}{e^x + e^{-x}} = \frac{3}{5}$

n) $\ln x = 2$ o) $\ln x^2 = 2$ p) $(\ln x + 1)^2 = 2$ q) $\ln x = -2$

r) $\ln(1-x) = -1$ s) $(\ln x)^2 = \ln x$ t) $x \cdot \ln x = x$ u) $(\ln x)^2 + 2\ln x = 0$

Anwendungen der Differenzial- und Integralrechnung

3 Anwendungen des Integrals

3.1 Flächen zwischen Graphen

Bisher haben wir uns mit Flächen zwischen dem Graphen einer Funktion und der x-Achse beschäftigt. Wir erweitern unsere Überlegungen auf Flächen zwischen zwei Graphen. Zunächst verlaufe sowohl G_f als auch G_g zwischen a und b oberhalb der x-Achse. Dann ist der Inhalt A der Fläche zwischen G_f und G_g gleich dem Unterschied der Flächen, die jeweils zwischen den Graphen und der x-Achse liegen (Aufgabe 1). Befinden sich ein Teil der Fläche oberhalb und ein Teil unterhalb der x-Achse oder befindet sich die Fläche vollständig unterhalb der x-Achse, können wir diesen Fall auf den ersten zurückführen (Aufgabe 2):

Zwischen a und b verlaufe G_f oberhalb von G_g. Nun verschieben wir beide Graphen um c so weit nach oben, dass beide zwischen a und b oberhalb der x-Achse liegen. Dann gilt für den Flächeninhalt A:

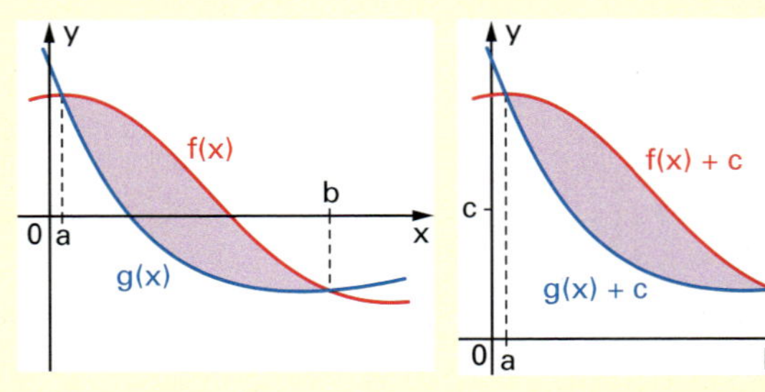

$$A = \int_a^b (f(x) + c)\,dx - \int_a^b (g(x) + c)\,dx$$

Fassen wir beide Integrale nach der Summenregel zusammen, erhalten wir ein erfreulich einfaches Ergebnis:

$$A = \int_a^b ((f(x) + c) - (g(x) + c))\,dx = \int_a^b (f(x) - g(x))\,dx$$

Fläche zwischen den Graphen zweier Funktionen

Verläuft im Intervall [a; b] der Graph von f oberhalb des Graphen von g, so gilt für den Inhalt A der Fläche zwischen G_f und G_g

$$A = \int_a^b (f(x) - g(x))\,dx.$$

Bei der Berechnung von A kommt es nur darauf an, dass ein Graph im gesamten Integrationsintervall oberhalb des anderen liegt. Ist nicht bekannt, welcher Graph oberhalb verläuft, nehmen wir den Betrag des Integrals.

Beispiel: $f(x) = x^3 - 3x^2$ und $g(x) = -2x$

Schnittstellen der beiden Graphen G_f und G_g:

$f(x) = g(x) \quad \Leftrightarrow \quad x^3 - 3x^2 = -2x \quad \Leftrightarrow \quad x^3 - 3x^2 + 2x = 0$

$x(x^2 - 3x + 2) = 0 \quad \Leftrightarrow \quad x_1 = 0;\ x_2 = 1;\ x_3 = 2$

Zwischen 0 und 1 und zwischen 1 und 2 wechseln G_f und G_g jeweils die gegenseitige Lage „oben und unten“ nicht. Also:

$$A = \left|\int_0^1 (x^3 - 3x^2 - (-2x))\,dx\right| + \left|\int_1^2 (x^3 - 3x^2 - (-2x))\,dx\right|$$
$$= \left|\left[\tfrac{1}{4}x^4 - x^3 + x^2\right]_0^1\right| + \left|\left[\tfrac{1}{4}x^4 - x^3 + x^2\right]_1^2\right| = \left|\tfrac{1}{4}\right| + \left|-\tfrac{1}{4}\right| = \tfrac{1}{2}$$

G_f verläuft zwischen 0 und 1 oberhalb von G_g und zwischen 1 und 2 unterhalb von G_g. Die beiden Flächenstücke sind gleich groß.

Aufgaben

1 Fläche zwischen zwei Graphen

Die Graphen G_f und G_g der beiden quadratischen Funktionen f und g mit $f(x) = -x^2 + 6x - 3$ und $g(x) = x^2 - 4x + 5$ schließen eine Fläche ein, die vollständig oberhalb der x-Achse liegt.

a) Berechne die x-Koordinaten der gemeinsamen Punkte von G_f und G_g.

b) Beschreibe, wie man den Inhalt der eingeschlossenen Fläche berechnen kann.

c) Führe die Rechnung aus und überprüfe an der Zeichnung, ob dein Ergebnis stimmen könnte.

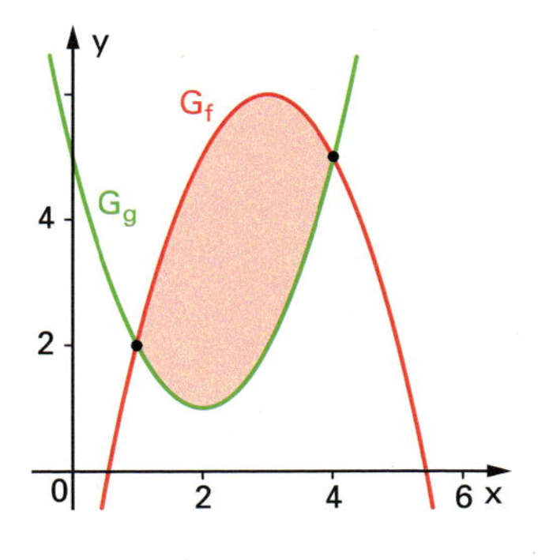

2 Flächen verschieben

a) Berechne den Inhalt der Fläche, die die Graphen der Funktionen f und g mit $f(x) = -\frac{1}{4}x^2 + 2x$ und $g(x) = x$ einschließen.

b) Wie gehen die Graphen der Funktionen h und k mit $h(x) = -\frac{1}{4}x^2 + 2x - 2$ und $k(x) = x - 2$ aus G_f und G_g hervor? Skizziere G_h und G_k. Welchen Inhalt hat die Fläche, die G_h und G_k einschließen?

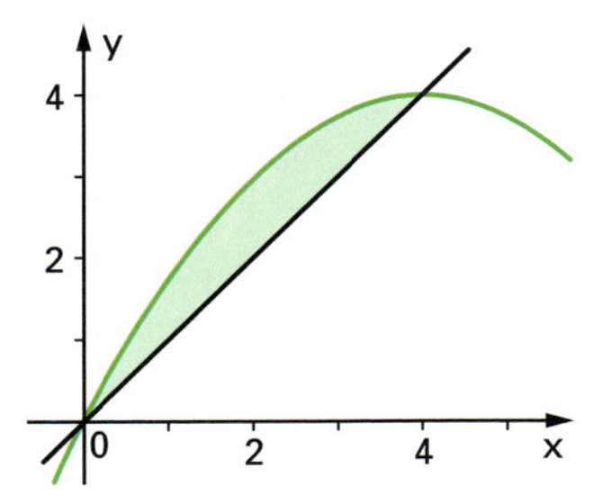

c) Wie kann man den Inhalt einer von zwei Graphen begrenzten Fläche berechnen, die ober- und unterhalb der x-Achse liegt?

3 Eingeschlossene Flächen

Berechne den Inhalt der Fläche, die von G_f und G_g eingeschlossen wird.

a) $f(x) = x^2 + 2x - 1$
$g(x) = x + 1$

b) $f(x) = x^2 - 4x + 3$
$g(x) = -x^2 + 2x - 1$

c) $f(x) = x^2 - 4x - 2$
$g(x) = -x^2 - 2x + 2$

d) $f(x) = x^3 - 4x$
$g(x) = 5x$

e) $f(x) = x^3$
$g(x) = x^2 + 2x$

f) $f(x) = x^4 + 4x$
$g(x) = 4x + 4$

g) $f(x) = \sqrt{x}$
$g(x) = \frac{1}{3}x + \frac{2}{3}$

h) $f(x) = \frac{1}{x}$
$g(x) = -x + 2{,}5$

i) $f(x) = \frac{4}{x^2}$
$g(x) = 17 - 4x^2$

4 Fläche zwischen der Sinus- und der Kosinuskurve

Die Sinus- und die Kosinuskurve schließen die grün dargestellte Fläche ein.

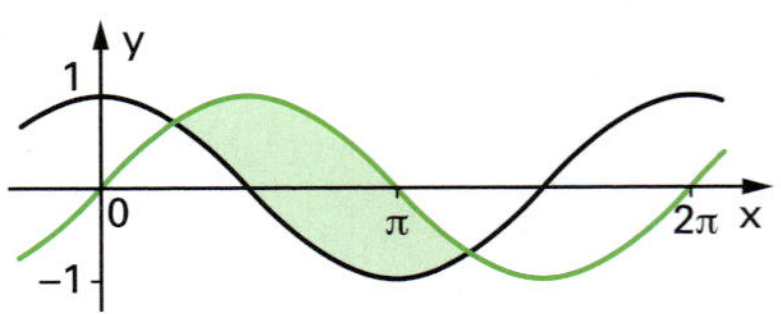

a) Welche x-Koordinaten haben die beiden Schnittstellen?

b) Berechne den Inhalt der Fläche.

5 Flächenvielfalt

Zeichne den Graphen der Potenzfunktion f mit $f(x) = x^3$ im Bereich $[-2; 2]$. Beschreibe, wie man den Inhalt der Fläche berechnet, die von den folgenden Linien begrenzt wird. Berechne ihn.

a) G_f, der y-Achse und der Geraden $y = 1$

b) G_f und der Geraden $y = x$

c) G_f und der Tangente an G_f in $P(1|1)$

d) G_f, der x-Achse und der Tangente an G_f in $P(1|1)$ im I. Quadranten

6 Fläche zwischen drei Graphen

In der Zeichnung sind die Graphen der Funktionen f, g und h mit $f(x) = x + \frac{5}{2}$, $g(x) = \frac{1}{2}x^2 + 1$ und $h(x) = \frac{1}{2}x^2 - x + 4$ und abgebildet.

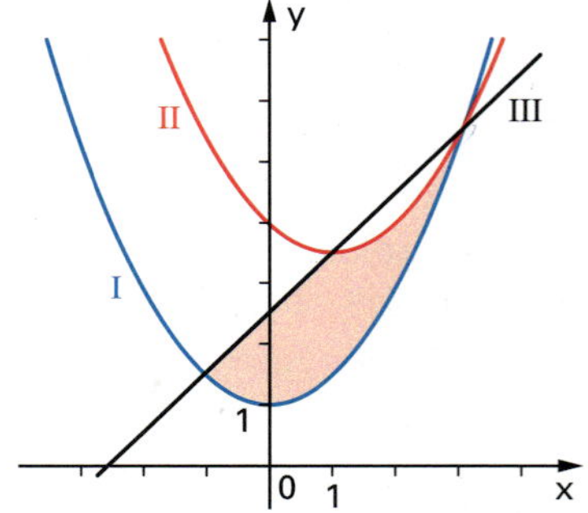

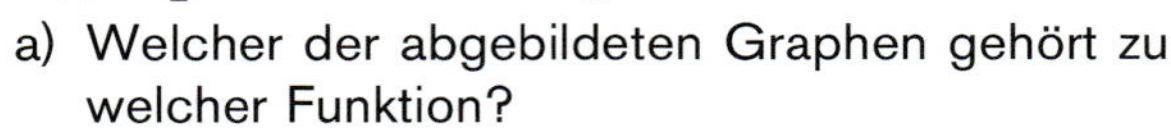

a) Welcher der abgebildeten Graphen gehört zu welcher Funktion?

b) Berechne den Inhalt der farbigen Fläche?

7 Lärmschutzwall

Entlang einer Autobahn steht ein 100 m langer Lärmschutzwall, dessen Profil durch die Funktion g mit $g(x) = -\frac{2}{3}(x^2 - 6x)$ modelliert werden kann (x und y in m). Messungen haben ergeben, dass sich für den Lärmschutz auf einer Seite des Walls ein Profil, das durch die Funktion f mit $f(x) = \frac{2}{3}(x^2 - 12x + 36)$ beschrieben wird, besser eignen würde. Wie viele Kubikmeter Erde müssen bei der Umgestaltung des Walls abgetragen werden?

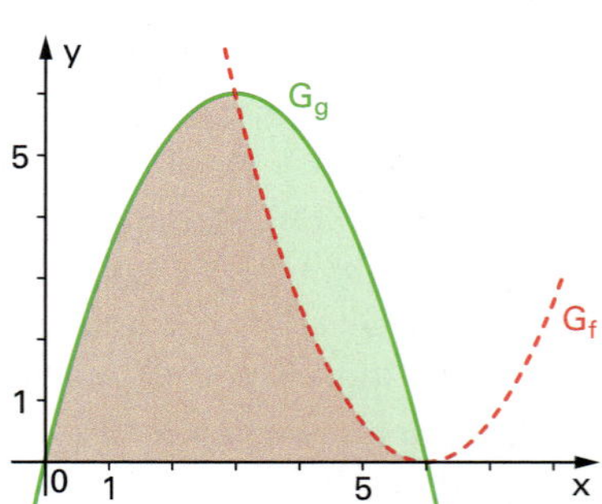

8 Linear transformierte e-Funktion

Die Graphen der Funktionen f und g mit $f(x) = e^x$ und $g(x) = 3 - 2e^{-x}$ sind rechts abgebildet.

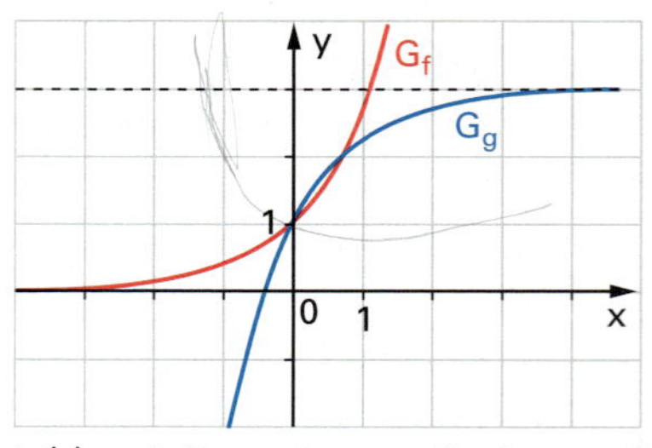

a) Beschreibe, wie G_g aus G_f hervorgeht.

b) Ermittle die Schnittpunkte von G_g und G_f.

c) Berechne den Inhalt des von G_g und G_f eingeschlossenen Flächenstücks.

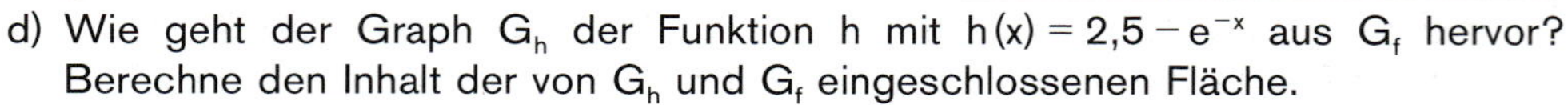

d) Wie geht der Graph G_h der Funktion h mit $h(x) = 2{,}5 - e^{-x}$ aus G_f hervor? Berechne den Inhalt der von G_h und G_f eingeschlossenen Fläche.

9 Fläche zwischen Graph und Asymptote

Rechts ist der Graph der Funktion f mit $f(x) = (1 - e^{-x})^2$ abgebildet.

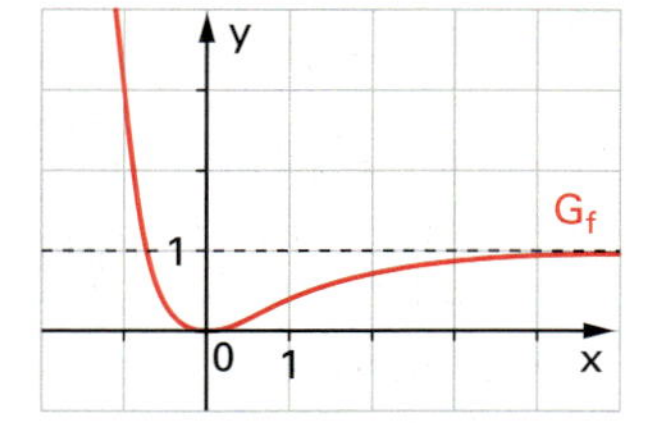

a) Skizziere den Graphen der Funktion $g\colon x \mapsto 1 - e^{-x}$. Erläutere, wie sich dieser verändert, wenn man zum Quadrat des Funktionsterms übergeht.

b) Zeige, dass $y = 1$ Asymptote von G_f ist.

c) Untersuche, ob die Fläche, die im I. Quadranten von G_f und der Asymptote $y = 1$ begrenzt wird und sich ins Unendliche erstreckt, einen endlichen Inhalt hat.

10 Fläche, die ins Unendliche reicht

Wir betrachten die Funktion f mit $f(x) = \frac{1}{2}x + \frac{1}{2x}$.

a) Gib den maximalen Definitionsbereich von f an.

b) Skizziere den Graphen der Funktion g mit $g(x) = \frac{1}{2}x$ und der Funktion h mit $h(x) = \frac{1}{2x}$ in einem Koordinatensystem. Skizziere mit ihrer Hilfe G_f. Welche Bedeutung hat G_g für G_f?

c) Bestimme die Lage der Extrempunkte von G_f.

d) Untersuche, ob die Fläche, die im Intervall $[1; \infty[$ zwischen G_f und G_g liegt, einen endlichen Inhalt hat.

11 Flächenteilung

Wir betrachten die Funktion f mit $f(x) = \frac{x+1}{x}$.

a) Gib ihren maximalen Definitionsbereich an. Wie geht G_f aus dem Graphen der Grundfunktion $x \mapsto \frac{1}{x}$ hervor? Skizziere G_f.

b) Welchen Inhalt hat das Flächenstück, das von G_f, der x-Achse und den Geraden $x = 1$ und $x = 3$ eingeschlossen wird?

c) In welchem Verhältnis teilt die Gerade $y = \frac{2}{3}x - \frac{2}{3}$ dieses Flächenstück?

12 Suche nach Hoch- und Tiefpunkten

Wir betrachten die Funktionenschar f_a mit $f_a(x) = 1 + x + \frac{a}{x}$, $a \neq 0$ und $D = \mathbb{R} \setminus \{0\}$.

Die Graphen werden mit G_a bezeichnet.

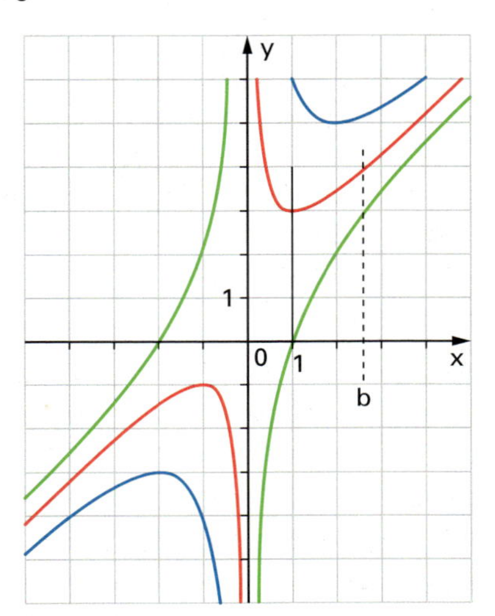

a) Wie lautet die Gleichung der allen G_a gemeinsamen schrägen Asymptote?

b) Bestimme Anzahl, Lage und Art der Extrempunkte der Graphen G_a in Abhängigkeit von a.

c) Die drei abgebildeten Graphen gehören zur Kurvenschar. Bestimme die zugehörigen Parameterwerte a.

d) Bestimme für $x > 0$ eine Stammfunktion F_a von f_a.

e) Der rote und der grüne Graph schließen im Intervall $[1; b]$ ein Flächenstück ein.
Bestimme b so, dass der Inhalt dieses Flächenstücks die Maßzahl 3 hat.
Hat das Flächenstück für $b \to \infty$ einen endlichen Inhalt?

13 Normale

Wir betrachten die Funktion f mit $f(x) = \frac{1}{18}(x^3 - 9x^2 + 162)$.

a) Ermittle Art und Lage der Extrempunkte von G_f.

b) Berechne die Koordinaten des Wendepunkts W von G_f und bestimme die Gleichung der Wendetangente w.

c) Wie lautet die Gleichung der Normalen n im Wendepunkt W?

d) Zeichne G_f unter Verwendung der bisherigen Ergebnisse im Bereich $[-4; 10]$.

e) Der Graph G_f, die Normale n und die y-Achse begrenzen im ersten Quadranten ein Flächenstück. Kennzeichne diese Fläche in deiner Zeichnung und berechne ihren Inhalt.

14 Wurzelfunktion

Wir betrachten die Funktion f mit $f(x) = \sqrt{4 - x}$.

a) Gib ihren maximalen Definitionsbereich an. Wie geht der Graph G_f aus dem Graphen der Wurzelfunktion $x \mapsto \sqrt{x}$ hervor? Skizziere G_f.

b) Welchen Inhalt hat die Fläche, die von G_f und den Koordinatenachsen eingeschlossen wird?

c) In welchem Verhältnis teilt die Gerade $y = \frac{1}{3}x$ dieses Flächenstück?

15 Rotorblätter

Eine Firma stellt Rotorblätter aus glasfaserverstärktem Kunststoff für Windkraftanlagen her. Die Querschnittsfläche eines Rotorblatts, die sich dem Wind zum Antrieb bietet, kann näherungsweise durch die Funktionen f und g mit $f(x) = 4\sqrt{x}$ und $g(x) = \frac{1}{2}x$ modelliert werden.

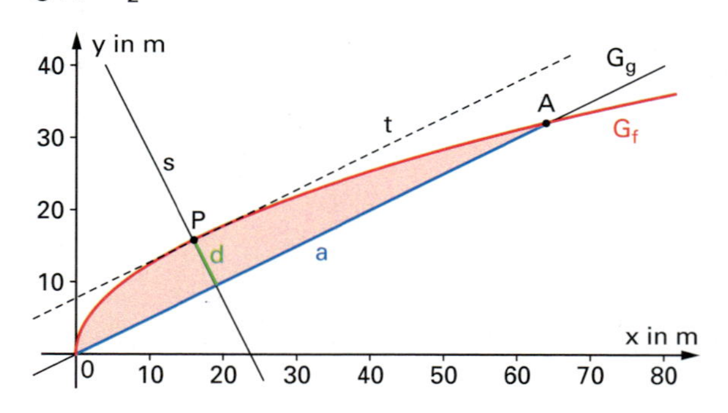

a) Berechne die Koordinaten des Schnittpunktes A der Graphen und die Länge a des Rotorblattes.

b) Die Tangente t an G_f, die parallel zur Geraden g ist, berührt G_f im Punkt P. Ermittle die Gleichung von t und die Koordinaten von P.

c) Die Gerade s geht durch den Punkt P und steht senkrecht auf der Tangente t. Bestimme die Gleichung von s. Berechne die maximale Breite d der Querschnittsfläche.

d) Berechne den Flächeninhalt der Querschnittsfläche.

16 **Grundwissen: Aufstellen von Funktionstermen**

Bestimme den Funktionsterm der ganzrationalen Funktion.

a) Die nach unten geöffnete Normalparabel hat die Nullstellen 1 und 3.

b) Die nach unten geöffnete Normalparabel hat den Scheitel S(2|1).

c) Die nach oben geöffnete Normalparabel berührt die Winkelhalbierende des I. Quadraten im Punkt P mit der x-Koordinate 2.

d) Die ganzrationale Funktion 3. Grades hat die Nullstellen 1, 2 und 3. Ihr Graph schneidet die y-Achse im Punkt P(0|4).

e) Der Graph der ganzrationalen Funktion 3. Grades mit der doppelten Nullstelle −1 und der einfachen Nullstelle 2 verläuft durch P(1|2).

Ermittle für die Funktion f mit $f(x) = a \cdot e^{bx}$ die Werte von a und b.

f) $f(0) = 2;\ f(1) = 6$ g) $f(1) = 3;\ f(2) = 6$ h) $f(5) = 6;\ f(7) = 4$

i) Für x = 0 ist der Funktionswert 10 und die lokale Änderungsrate 0,02.

k) Für x = 2 ist der Funktionswert 6 und die lokale Änderungsrate 3.

17 **Grundwissen: Suche nach Indizien für eine Stammfunktion**

Suche zu jedem blauen Graphen einer Funktion f einen roten Graphen einer Stammfunktion F. Begründe deine Entscheidung.

Lies einen Näherungswert für das Integral $\int_1^3 f(x)\,dx$ ab.

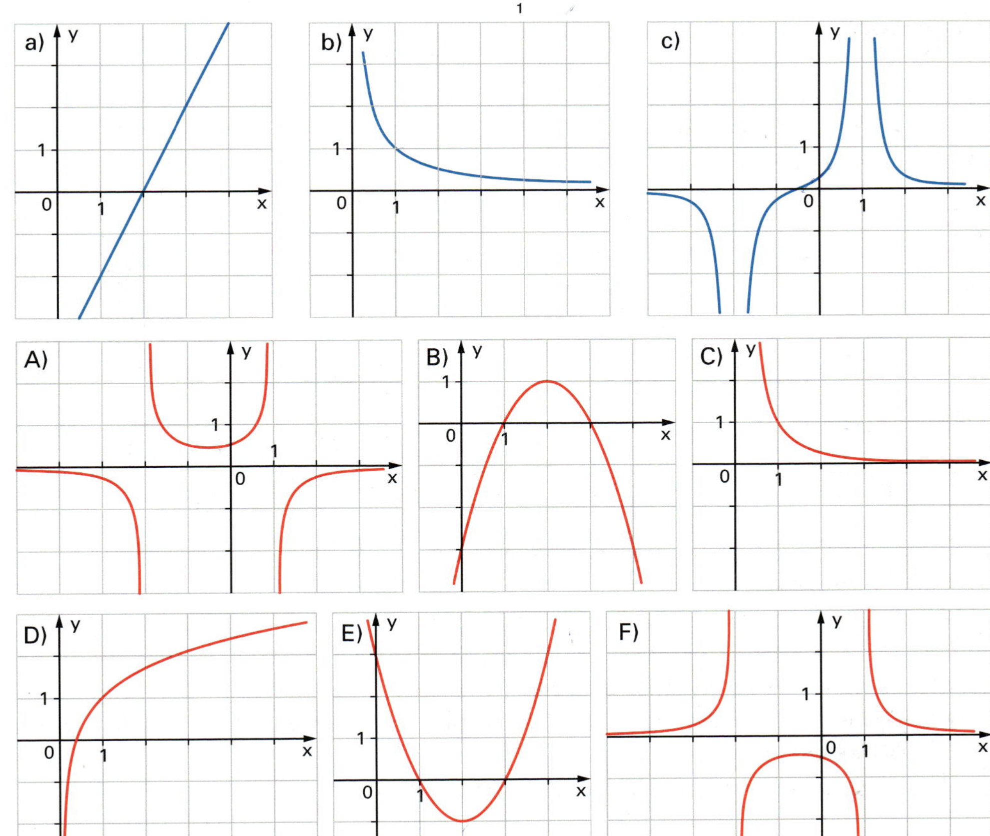

3.2 Mit Integralen von der lokalen Änderungsrate zum Bestand

Bisher haben wir Integrale nur zum Berechnen von Flächeninhalten verwendet. Die Bedeutung der Integralrechnung liegt aber in ihren Anwendungen. *Durch Ableiten kommt man vom Bestand zur momentanen Änderungsrate. Durch „Aufleiten", d. h. Integrieren, erhält man aus der momentanen Änderungsrate und einem Anfangswert den Bestand.* Dafür gibt es viele interessante Anwendungen.

Zusammenhang zwischen Weg und Geschwindigkeit

Bewegt sich ein Körper mit der konstanten Geschwindigkeit v_0, so legt er im Zeitintervall Δt einen Weg der Länge $s = v_0 \cdot \Delta t$ zurück. s kann als Flächeninhalt eines Rechtecks mit den Seitenlängen v_0 und Δt interpretiert werden.
Ist die Geschwindigkeit nicht konstant, zerlegen wir das Zeitintervall von t_1 bis t_2 in n Zeitintervalle der Länge $\Delta t = \frac{t_2 - t_1}{n}$. Ist Δt sehr klein, können wir in jedem Zeitintervall die Geschwindigkeit näherungsweise als konstant annehmen. Die Summe der in den Zeitintervallen näherungsweise zurückgelegten Wegstücke ergibt ungefähr die Weglänge $s \approx v_1 \cdot \Delta t + v_2 \cdot \Delta t + \ldots + v_n \cdot \Delta t$.
Mit kleiner werdendem Δt nähert sich die Fläche der Rechtecksstreifen immer mehr der Fläche unter dem Graphen der Geschwindigkeitsfunktion.

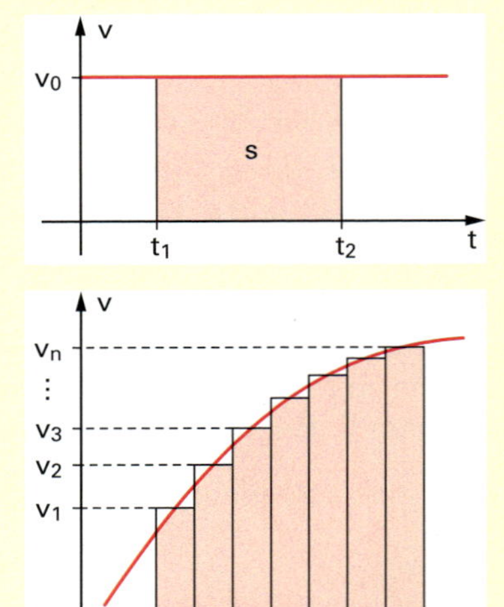

Für ihren Inhalt folgt: $s = \int_{t_1}^{t_2} v(t)\,dt$

Wir verallgemeinern:

> Beschreibt f(t) die momentane Änderungsrate eines Bestands im Zeitintervall $[t_1; t_2]$, so nimmt dieser von t_1 bis t_2 um $\int_{t_1}^{t_2} f(t)\,dt$ zu.

Aufgaben

1 Stundenlauf

Die Abbildung zeigt das Zeit-Geschwindigkeit-Diagramm eines Läufers. Den Verlauf seiner Geschwindigkeit (in m/min) in Abhängigkeit von der Zeit t (in min) beschreibt die Funktion v mit

$$v(t) = -\frac{1}{270}t^3 + \frac{1}{6}t^2 + 300.$$

a) Welche Strecke hat der Läufer nach $\frac{1}{2}$ Stunde, welche nach 1 Stunde zurückgelegt?

b) Berechne seine mittlere Geschwindigkeit $\bar{v}$. Wann lief er schneller, wann langsamer?

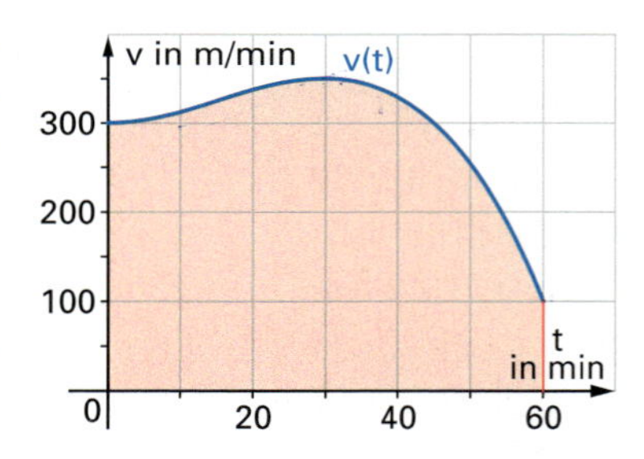

2 U-Bahn-Fahrt

Das rechts abgebildete Zeit-Geschwindigkeit-Diagramm gehört zur Fahrt der Münchner U-Bahn U1 von der Fraunhoferstraße bis zum Kolumbusplatz.

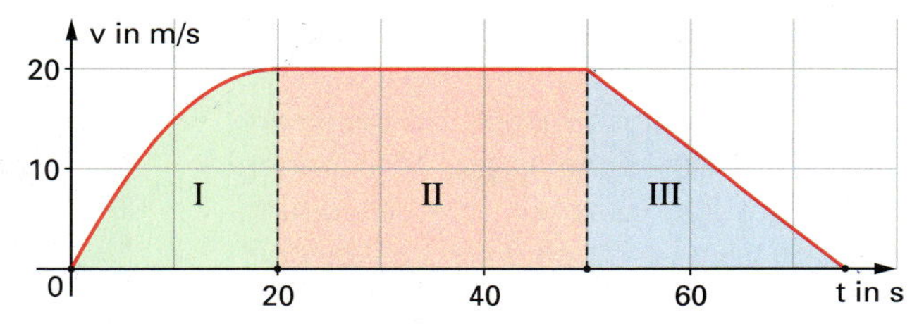

a) Beschreibe die drei Phasen I, II und III der U-Bahn-Fahrt. Wann war dabei für die Mitfahrer jeweils ein kräftiger Ruck zu spüren?

b) Phase I lässt sich durch eine quadratische Funktion f beschreiben, deren Graph den Scheitel $H(20|20)$ hat. Stelle den Term $f(t)$ auf.

c) Ermittle den Term $g(t)$ einer linearen Funktion, die Phase III beschreibt.

d) Wie weit ist es mit der U1 von der Fraunhoferstraße bis zum Kolumbusplatz?

e) Berechne die mittlere Geschwindigkeit der U-Bahn-Fahrt in m/s.

3 Fallschirmsprung

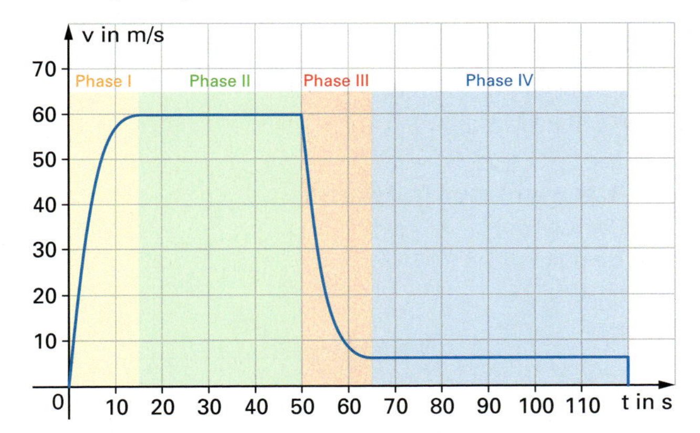

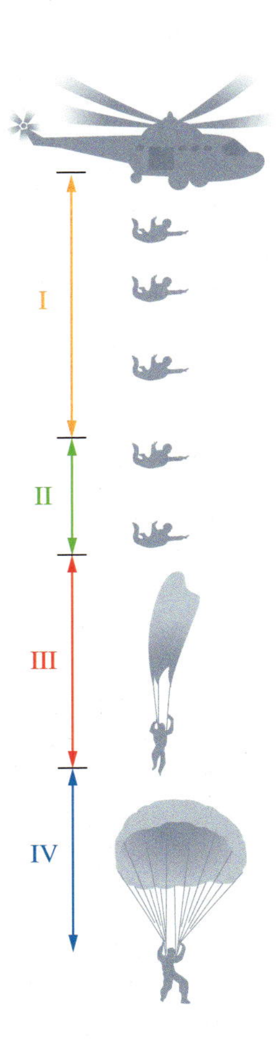

In der Zeichnung rechts sind die vier Phasen eines Fallschirmsprungs dargestellt, die sich auch im zugehörigen Zeit-Geschwindigkeit-Diagramm wiederfinden.

a) Beschreibe den Fallschirmsprung qualitativ.

Die Geschwindigkeiten $v_I(t)$ und $v_{III}(t)$ der Phasen I und III lassen sich näherungsweise durch eine Potenzfunktion 3. Grades der Form $f(t) = at^3$ darstellen.

b) Ermittle $v_I(t)$ durch Verschieben des Terrassenpunkts $T(0|0)$ von G_f in den Punkt $P(16|60)$ und mithilfe von $v_I(0) = 0$.

c) Bestimme $v_{III}(t)$ durch Verschieben des Terrassenpunkts von G_f in den Punkt $Q(65|6)$ und mithilfe von $v_{III}(50) = 60$.

d) Wie groß war die momentane Änderungsrate der Geschwindigkeit (die Beschleunigung) beim Absprung?

e) Welche Strecke wird in den einzelnen Phasen zurückgelegt? Aus welcher Höhe ist der Fallschirmspringer abgesprungen?

4 Schmetterling

Bei der Disziplin Schmetterling schwankt die Geschwindigkeit eines Schwimmers periodisch um einen Wert. Messungen haben gezeigt, dass sich die Bewegung näherungsweise durch die Funktion v mit

$$v(t) = 0{,}5 \cdot \sin(6t) + 2$$

beschreiben lässt. Dabei ist v die Geschwindigkeit in m/s und t die Zeit in Sekunden.

a) Bestimme die Periodendauer.
b) Zwischen welchen Werten schwankt die Geschwindigkeit des Schwimmers?
c) Skizziere den Graphen von v.
d) Zu welchen Zeitpunkten nimmt die Geschwindigkeit am stärksten zu bzw. am stärksten ab?
e) Welchen Weg legt der Schwimmer innerhalb einer halben Minute zurück?
f) Welche Durchschnittsgeschwindigkeit hat der Schwimmer?

5 Verlauf der mittleren Monatstemperatur in Jakutsk

Die Stadt Jakutsk liegt in Sibirien am Fluss Lena. Sie ist extremsten klimatischen Bedingungen ausgesetzt und gilt im Winter weltweit als kälteste Großstadt.

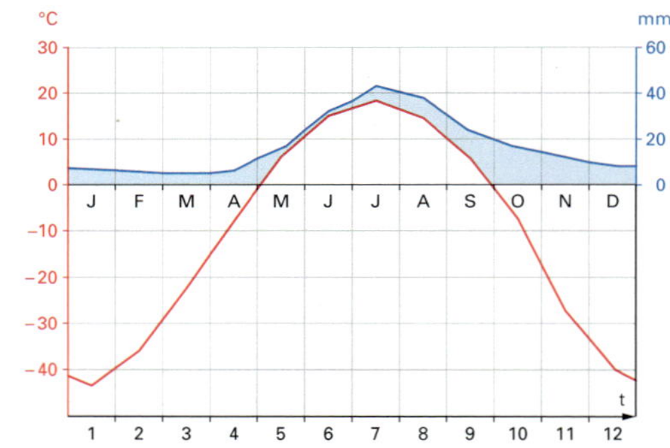

Die Abbildung zeigt für Jakutsk den Verlauf der Monatsmittelwerte der Lufttemperatur T in °C in Abhängigkeit von der Jahreszeit t in Monaten.
Mithilfe des Computers wurde die ganzrationale Funktion T mit

$$T(t) = 0{,}0487t^4 - 1{,}3645t^3 + 10{,}785t^2 - 17{,}499t - 34{,}919 \quad \text{und} \quad D_T = [0; 12]$$

bestimmt, die die Messwerte ausgezeichnet nähert.

a) Berechne den Mittelwert aus der höchsten und der niedrigsten mittleren Monatstemperatur.
b) Meteorologen berechnen die mittlere Jahrestemperatur $\overline{T}$ mit dem Integral

$$\overline{T} = \tfrac{1}{12} \cdot \int_0^{12} T(t)\,dt.$$

Berechne $\overline{T}$ und vergleiche die beiden Mittelwerte.
Denke dir zu $\overline{T}$ eine Linie in das Diagramm von Januar bis Dezember eingetragen und erkläre damit, wie die Berechnungsart von $\overline{T}$ zustande kommt.

6 Schadstoffausstoß

Die Abbildung zeigt den momentanen Schadstoffausstoß einer Feuerungsanlage in Abhängigkeit von der Zeit seit Beginn der Feuerung.

Schätze die Gesamtmasse des ausgetretenen Schadstoffs während der 60-minütigen Betriebszeit ab und erläutere deine Überlegungen.

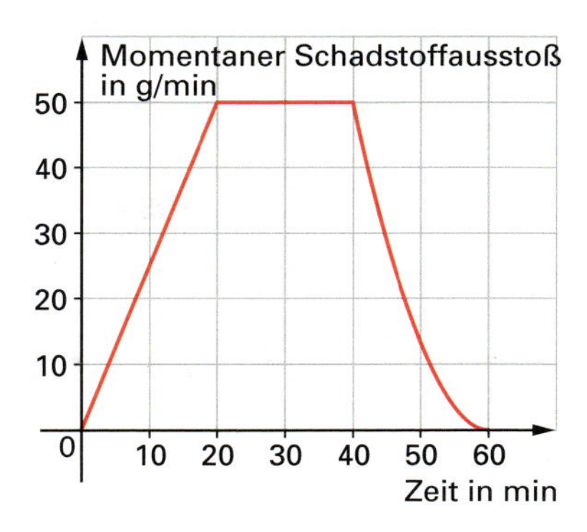

7 Füllvorgang

Ein Behälter, der zu Beginn 500 Liter Flüssigkeit enthält, wird gefüllt. Dabei beschreibt die Funktion f mit $f(t) = 10 \cdot e^{-0{,}01t}$ die Änderungsrate der Flüssigkeit im Behälter (in Liter pro Minute) in Abhängigkeit von der Zeit t (in Minuten).

a) Wie geht der Graph der Funktion f aus dem Graphen der e-Funktion hervor? Skizziere den Verlauf von G_f und beschreibe die Flüssigkeitszunahme im Behälter in Worten.

b) Wie viele Liter Flüssigkeit sind in den ersten 60 min des Füllvorgangs in den Behälter geflossen? Wie viel Flüssigkeit befindet sich also nach 60 min im Behälter?

c) Wie lautet die Gleichung der Funktion g, die die enthaltene Flüssigkeitsmenge des Behälters zum Zeitpunkt t beschreibt?

d) Der Behälter hat ein Fassungsvermögen von 2000 Litern. Aus Sicherheitsgründen darf die Flüssigkeitsmenge im Behälter höchstens 80 % des Fassungsvermögens betragen. Wird diese Vorschrift zu jeder Zeit eingehalten?

8 Fußballstadion

3 Stunden vor Anpfiff werden die Eingänge zum Stadion geöffnet. Bezeichnet man die Zeit (in Minuten) ab diesem Zeitpunkt mit x, so kann die momentane Ankunftsrate – also die Anzahl der eintreffenden Personen pro Minute – durch die Funktion f mit

$f(x) = 0{,}0002\,(x + 20)\,(x - 180)\,(x - 300)$ und $D_f = [0; 180]$

modelliert werden.

a) Entwirf zum maximalen Definitionsbereich $D_{max} = \mathbb{R}$ der Funktion f mithilfe ihrer Nullstellen eine Skizze des Graphen G_f.

Betrachte f nur noch im eingeschränkten Definitionsbereich D_f.

b) Wann ist der Ansturm der Zuschauer auf die Eingänge am größten? Wie viele Zuschauer wollen dann pro Minute ins Stadion?

c) Wie viele Personen befinden sich beim Anpfiff im Stadion? Wie viel Prozent der Gesamtkapazität von 69 000 sind das?

9 Wird die Kanonenkugel zurückkommen?

Wirkt auf einen Körper die konstante Kraft F längs des Wegstücks Δs, so wird an ihm die Arbeit $W = F \cdot \Delta s$ verrichtet. Das Produkt „Kraft mal Weg“ kann als Flächeninhalt eines Rechtecks mit den Seitenlängen F und Δs interpretiert werden: Die Arbeit ist gleich dem Flächeninhalt des Rechtecks.

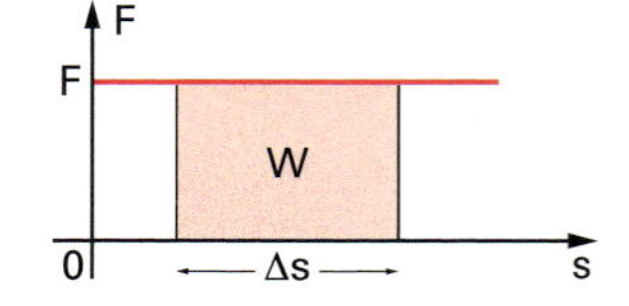

Auf der Erde, d. h. in der Entfernung $R = 6370$ km vom Erdmittelpunkt, hat ein Körper der Masse m das Gewicht $F(R) = m \cdot g$ mit $g = 9{,}81\ \frac{m}{s^2}$. Wird er angehoben, nimmt mit wachsender Entfernung r vom Erdmittelpunkt sein Gewicht ab: Beim doppelten Erdradius 2R, sinkt es auf ein Viertel, beim dreifachen 3R auf ein Neuntel.
Allgemein gilt:

$$F(r) = \left(\frac{R}{r}\right)^2 m \cdot g\,.$$

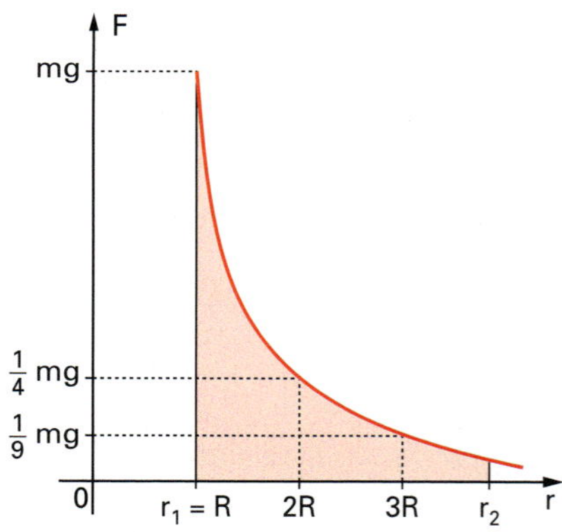

a) Erläutere, wie man die Arbeit, die zum Anheben des Körpers von der Erdoberfläche ($r_1 = R$) auf die Höhe r_2 erforderlich ist, mit einem Integral berechnen kann. Führe die Integration aus.

b) Lasse nun r_2 gegen $+\infty$ gehen und bestimme so den Term für die Arbeit $W_\infty = \lim\limits_{r_2 \to \infty} W$, die nötig ist, damit ein Körper das Schwerefeld der Erde verlassen kann.

c) Beim Abschuss eines Körpers hat dieser auf der Erdoberfläche die kinetische Energie $E_{kin} = \frac{1}{2} mv^2$. Mit welcher Geschwindigkeit v in km/s müsste der Körper auf der Erde abgeschossen werden, damit er nicht mehr zurückkommt?

Training der Grundkenntnisse

10 Funktion und Integralfunktion

Die Abbildung zeigt den Graphen G_f einer Funktion f. I_0 sei die Integralfunktion mit

$$I_0(x) = \int_0^x f(t)\,dt.$$

a) Begründe, ob folgende Aussagen richtig oder falsch sind:

A) $I_0(2) < 0$ B) $I_0(-0{,}5) < 0$ C) $I_0(2) < I_0(6)$

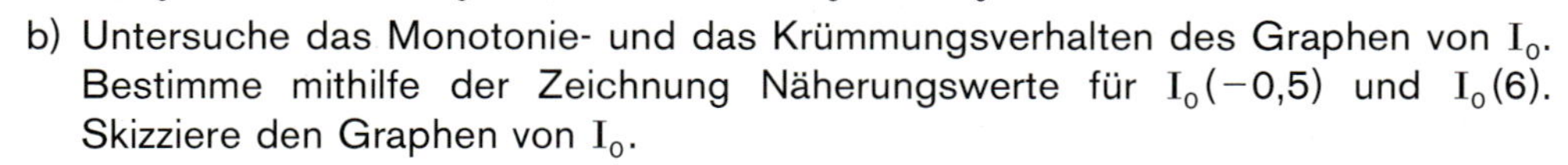

b) Untersuche das Monotonie- und das Krümmungsverhalten des Graphen von I_0. Bestimme mithilfe der Zeichnung Näherungswerte für $I_0(-0{,}5)$ und $I_0(6)$. Skizziere den Graphen von I_0.

11 Schadstofffilter

Um Schadstoffe einer Verbrennungsanlage zurückzuhalten, werden die Abgase durch einen Filter geleitet. Dieser Filter verliert aber nach und nach seine Wirksamkeit. Die Funktion f beschreibt, welche Schadstoffmenge (in kg pro Tag) der Filter nach x Tagen durchlässt:

$$f(x) = 10(1 - e^{-0{,}1x})$$

a) Wie geht der Graph G_f aus dem Graphen der e-Funktion hervor?

b) Bestimme das Verhalten von f für $x \to \infty$.

c) Welche Schadstoffmenge würde die Verbrennungsanlage ohne Filter pro Tag freisetzen?

d) Bestimme die Steigung von G_f zum Zeitpunkt 0.

e) Skizziere G_f unter Verwendung aller bisherigen Ergebnisse.

f) Welche Schadstoffmenge hat der Filter nach 20 Tagen durchgelassen? Um wie viel Prozent wurde dadurch der Schadstoffausstoß der Verbrennungsanlage reduziert?

12 Grundwissen: Umkehrbarkeit

Richtig oder falsch? Korrigiere die Falschaussagen.

a) Funktion und Umkehrfunktion haben denselben Definitionsbereich D.

b) Die Graphen von Funktion und Umkehrfunktion schneiden sich auf der Winkelhalbierenden des I. und III. Quadranten.

c) Wenn eine Funktion f in einem Intervall I streng monoton ist, dann ist sie in I umkehrbar.

d) Die Funktion f mit $f(x) = (x-2) \cdot \ln x$ ist im Intervall $[1; 2]$ umkehrbar.

Die Funktion f ist in D_f umkehrbar. Bestimme $f^{-1}(x)$, $D_{f^{-1}}$ und $W_{f^{-1}}$.

e) $f(x) = (x-2)^2 + 1$; $D_f = [2; +\infty[$

f) $f(x) = e^{-3x+1}$; $D_f = \mathbb{R}$

g) $f(x) = \frac{1}{2}x^2 + 4x + 6$; $D_f = [-4; +\infty[$

h) $f(x) = \frac{1}{x-3} + 4$; $D_f =]-\infty; 3[$

4 Modellieren und Optimieren

4.1 Extremwertprobleme

Das Ermitteln des optimalen Wertes einer variablen Größe ist ein wichtiges Anwendungsgebiet der Differenzial- und Integralrechung. Wir haben uns im letzten Jahr z. B. schon mit der Minimierung des Materialverbrauchs von Verpackungen befasst. Aufgrund ihrer Bedeutung greifen wir Extremwertprobleme wieder auf.

Extremwerte in der Analysis

In der Analysis interessiert man sich für größte oder kleinste Entfernungen und für größte oder kleinste Flächeninhalte.

Beispiel: Maximaler Flächeninhalt eines einbeschriebenen Rechtecks

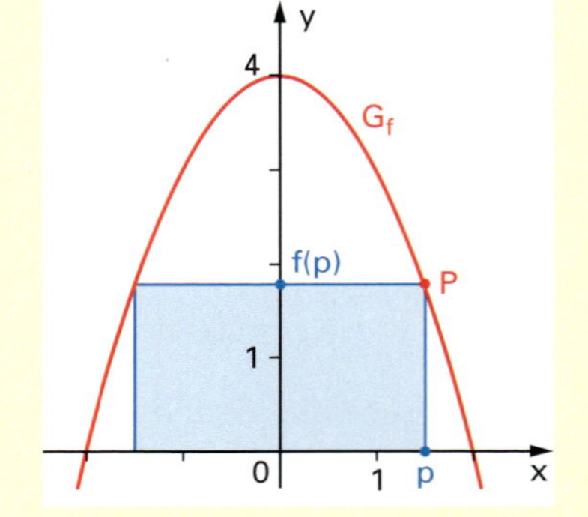

Die Parabel $y = 4 - x^2$ und die x-Achse begrenzen im I. und II. Quadranten ein Flächenstück. Wie viel Prozent seiner Fläche kann ein Rechteck, dessen Seiten parallel zu den Koordinatenachsen sind, höchstens einnehmen?

Inhalt A_P des Flächenstücks:

$$A_P = 2 \cdot \int_0^2 (4 - x^2)\,dx = 2 \cdot [4x - \tfrac{1}{3}x^3]_0^2$$
$$= 2 \cdot (8 - \tfrac{8}{3}) = \tfrac{32}{3} = 10\tfrac{2}{3}$$

Der im I. Quadranten auf der Parabel liegende Punkt sei $P(p|f(p))$. Dann ist der Flächeninhalt A_R des Rechtecks

$$A_R(p) = 2p \cdot (4 - p^2) = 8p - 2p^3 \quad \text{mit } 0 \leq p \leq 2.$$

Es ist $A_R(0) = 0$, $A_R(2) = 0$ und $A_R > 0$ für $0 < p < 2$. Also gibt es im Intervall I zwischen 0 und 2 ein Maximum von $A_R(p)$:

$$A'_R(p) = 8 - 6p^2 = 0 \quad \Rightarrow \quad p^2 = \tfrac{4}{3} \quad \Rightarrow \quad p_1 = \tfrac{2}{\sqrt{3}} = \tfrac{2}{3}\sqrt{3};\ p_2 = -\tfrac{2}{3}\sqrt{3} \notin \mathrm{I}$$
$$\Rightarrow A_{R\,max} = 2 \cdot \tfrac{2}{3}\sqrt{3} \cdot (4 - \tfrac{4}{3}) = \tfrac{32}{9}\sqrt{3}$$
$$\Rightarrow A_{R\,max} : A_P = \tfrac{1}{3}\sqrt{3} \approx 57{,}7\,\%$$

Das Rechteck kann höchstens ca. 58 % der Fläche unter der Parabel einnehmen.

Extremwerte im täglichen Leben

Das Foto zeigt, wie ein Wasserrad zur Bewässerung von Feldern in Kambodscha aus dem Fluss Siem Reap Wasser in eine Rinne schöpft. An der aus drei Brettern aufgebauten Rinne fällt auf, dass die Bauern keinen rechteckigen, sondern einen trapezförmigen Querschnitt gewählt haben. Lässt sich auf diese Weise mehr Wasser ableiten?

Wir betrachten drei Bretter der gleichen Breite b. Unter welchem Winkel α müssen die Seitenwände geneigt sein, damit der Flächeninhalt $A(\alpha)$ des Trapezes – und damit die Querschnittsfläche der Rinne – am größten ist?

Der Flächeninhalt des gleichschenkligen Trapezes mit den parallelen Seiten b und $b + 2s$ sowie der Höhe h beträgt

$$A = \frac{b + (b + 2s)}{2} \cdot h = \frac{2 \cdot (b + s)}{2} \cdot h$$
$$= (b + s) \cdot h$$

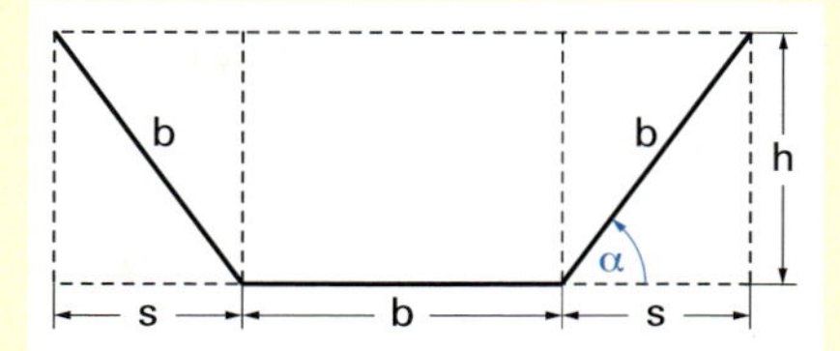

A hängt von der gegebenen Breite b und den beiden Variablen s und h ab. Durch die **Nebenbedingung**, dass die Seitenwände auch b breit sind, können wir **eine Variable eliminieren**. Z. B. lässt sich h durch s und b ausdrücken: $h = \sqrt{b^2 - s^2}$. Da die Seitenwände unter dem gleichen Winkel α geneigt sind, eliminieren wir sowohl s als auch h und führen als einzige Variable α ein:

$$\sin\alpha = \frac{h}{b} \quad \Rightarrow \quad h = b \cdot \sin\alpha$$
$$\cos\alpha = \frac{s}{b} \quad \Rightarrow \quad s = b \cdot \cos\alpha$$
$$\Rightarrow A(\alpha) = (b + b \cdot \cos\alpha) \cdot b \cdot \sin\alpha = b^2 \cdot (1 + \cos\alpha) \cdot \sin\alpha$$

Der Neigungswinkel α liegt im Intervall $I = [0°; 90°]$. Wir suchen in diesem das Maximum des Flächeninhalts $A(\alpha)$. Dazu differenzieren wir die Funktion $\alpha \mapsto A(\alpha)$:

$$\begin{aligned} A'(\alpha) &= b^2(-\sin\alpha) \cdot \sin\alpha + b^2(1 + \cos\alpha) \cdot \cos\alpha \\ &= b^2(-(\sin\alpha)^2 + \cos\alpha + (\cos\alpha)^2) \\ &= b^2(-(1 - (\cos\alpha)^2) + \cos\alpha + (\cos\alpha)^2) \\ &= b^2(2(\cos\alpha)^2 + \cos\alpha - 1) \end{aligned}$$

$$A'(\alpha) = 0 \quad \Rightarrow \quad 2(\cos\alpha)^2 + \cos\alpha - 1 = 0$$
$$\Rightarrow \quad \cos\alpha = \frac{-1 \pm \sqrt{1 - (-8)}}{4} = \frac{-1 \pm 3}{4}$$
$$\Rightarrow \quad \cos\alpha_1 = \frac{1}{2} \quad \Rightarrow \quad \alpha_1 = 60°$$
$$\cos\alpha_2 = -1 \quad \Rightarrow \quad \alpha_2 = 180° \notin I$$

Für $\alpha = 0°$ ist $A(0°) = 0$. Dann nimmt $A(\alpha)$ im Intervall I positive Werte an – für $\alpha = 90°$ den Inhalt der quadratischen Querschnittsfläche $A(90°) = b^2$. Für $\alpha = 60°$ hat der Graph G_A der Flächenfunktion eine waagrechte Tangente. Da

$$A(60°) = b^2 \cdot \frac{3}{2} \cdot \frac{1}{2}\sqrt{3} = \frac{3}{4}\sqrt{3}\,b^2 \approx 1{,}30\,b^2$$

größer als b^2 ist, steigt $A(\alpha)$ bis $A(60°)$ und nimmt dann wieder ab. $A(60°)$ ist der höchste Wert im Intervall von 0° bis 90°. Er ist um 30% größer als $A(90°)$.

Bei einem Neigungswinkel der Seitenwände von 60° kann die Rinne um 30% (!) mehr Wasser führen als beim quadratischen Querschnitt.

Hängt die zu optimierende Größe von **zwei Variablen** ab, *eliminieren* wir mithilfe einer **Nebenbedingung** eine Variable und führen so das Problem auf die Untersuchung einer Funktion mit **einer Variablen** zurück. Dabei genügt es meistens, eine Variable durch die andere auszudrücken und keine zusätzliche Hilfsvariable einzuführen (Aufgabe 7).

Aufgaben

1 Kleinste Entfernung

Fertige jeweils eine Skizze an.

a) Welcher Punkt der Geraden $y = -2x + 5$ hat vom Ursprung die kleinste Entfernung?

b) Warum kann man zur Bestimmung der kleinsten Entfernung anstatt der Entfernung ihr Quadrat untersuchen? Welchen Vorteil bringt der zweite Weg mit sich?

c) Welche Punkte des Graphen der gebrochenrationalen Funktion f mit $f(x) = \frac{1}{x^2}$ und $x \neq 0$ haben vom Ursprung die kleinste Entfernung?

2 Größter Flächeninhalt eines Rechtecks

Der Ursprung O ist eine Ecke eines Rechtecks, von dem zwei Seiten auf den Koordinatenachsen liegen. Der Punkt $P(p|f(p))$ liegt im I. Quadranten auf dem Graphen G_f der Funktion f. Fertige eine Skizze an. Für welchen Punkt P ist der Inhalt der Rechtecksfläche am größten? Überprüfe deine Ergebnisse mit dem Computer, indem du P auf G_f wandern lässt.

a) $f(x) = 8 - x^3$ b) $f(x) = e^{-x}$ c) $f(x) = -\ln x$

3 Größter Flächeninhalt eines Dreiecks

Gegeben ist die gebrochenrationale Funktion f mit $f(x) = \frac{1}{x^2+1}$ und $x \in \mathbb{R}$.

a) Skizziere den Graphen G_f.

b) Der Ursprung O ist die Spitze eines zur y-Achse symmetrischen gleichschenkligen Dreiecks OAB, dessen Ecken A und B auf G_f liegen. Bestimme die Koordinaten der Ecken A und B des Dreiecks mit dem größten Flächeninhalt.

4 Fläche eines Parabelsegments

Wir betrachten die Normalparabel $y = x^2$ sowie die Punkte $A(-1|1)$ und $B(3|9)$ auf ihr. $P(p|p^2)$ liegt auf dem Parabelbogen zwischen A und B.

a) Zeige: Der Flächeninhalt des Dreiecks APB ist $A(p) = -2p^2 + 4p + 6$.

b) Für welchen Punkt P* ist der Flächeninhalt A(p) am größten? Welcher Zusammenhang besteht zwischen den x-Koordinaten von A, B und P*?

c) Warum ist P* derjenige Punkt auf dem Parabelbogen $\widehat{AB}$, der am weitesten von [AB] entfernt ist? Wie weit ist P* von [AB] entfernt?

d) Zeige, dass der Flächeninhalt des Parabelsegments, d. h. der Inhalt der Fläche zwischen der Sehne [AB] und der Parabel, gleich $\frac{4}{3}$ des Flächeninhalts des Dreiecks AP*B ist.

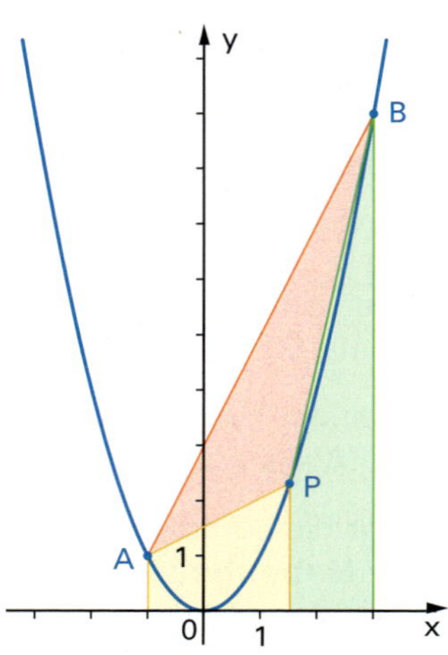

Archimedes hat ohne Integralrechnung nachgewiesen, dass diese Aussage für jedes beliebige Parabelsegment gilt.

5 Gewinnmaximierung

Ein Unternehmen verkauft zur Zeit wöchentlich 15000 Werkstücke zu einem Stückpreis von 2,50 €. Marktforschungen haben ergeben, dass das Unternehmen bei einer Preissenkung von 0,10 € pro Stück (in gewissen Grenzen) wöchentlich 1000 Stück mehr verkaufen würde.

a) x sei die Zahl der Preissenkungen um 0,10 € pro Stück. Stelle einen Term u(x) auf, der den wöchentlichen Umsatz u in Abhängigkeit von x beschreibt. Bei welchem Stückpreis wäre der Umsatz am größten?

b) Der Gewinn ist die Differenz aus dem Umsatz und den Selbstkosten des Unternehmens. Die wöchentlichen Selbstkosten setzen sich aus 24 000 € Fixkosten für Personal, Maschinen und Miete sowie aus den proportionalen Kosten von 0,80 € pro Stück zusammen. Bei welcher Stückzahl und bei welchem Stückpreis ist der wöchentliche Gewinn am größten? Wie groß ist der maximale wöchentliche Gewinn?

6 Rinne aus zwei Brettern

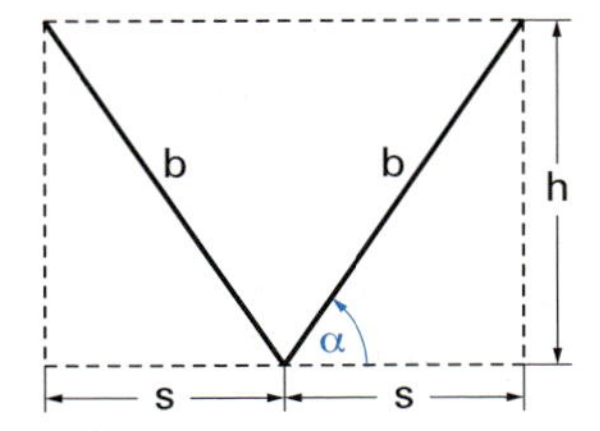

Aus zwei Brettern der gleichen Breite b soll eine Rinne gebaut werden, mit der man möglichst viel Wasser ableiten kann. Unter welchem Winkel α müssen die Seitenwände geneigt sein, damit der Flächeninhalt $A(\alpha)$ des gleichschenkligen Dreiecks am größten ist? Vergleiche mit der optimalen Rinne aus drei Brettern von Seite 59.

7 Tetra-Pak für Frischmilch

Einen Liter Frischmilch erhält man oft in einem Tetra-Pak mit quadratischer Grundfläche. Dieser wird aus einem rechteckigen Stück Pappe durch Falten und Kleben hergestellt. Rechts ist dazu das Netz mit der Länge x der Grundkante und der Höhe h ohne Kleberänder abgebildet.

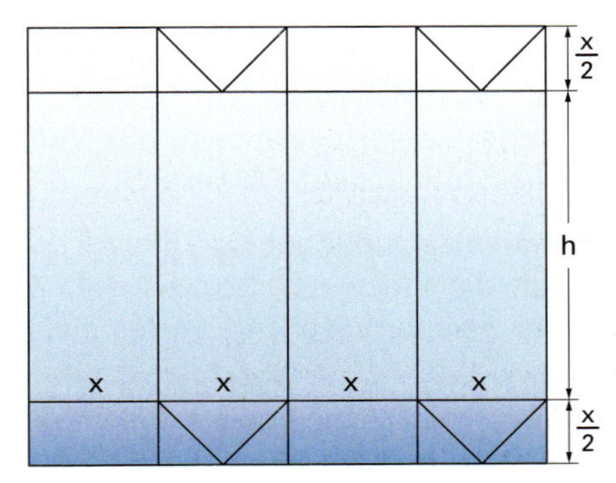

a) Bestimme den Flächeninhalt $A(x; h)$ des Netzes in Abhängigkeit von x und h.

b) Eliminiere die Variable h aus dem Term mithilfe der Nebenbedingung, dass das Volumen des Tetra-Paks 1 Liter sein soll.

c) Die Flächenfunktion $x \mapsto A(x)$ mit $x > 0$ ist eine Summe aus zwei Funktionen. Skizziere deren Graphen und damit den Graphen der Flächenfunktion $x \mapsto A(x)$. Begründe, dass diese ein Minimum hat. Bei welcher Grundkantenlänge x und welcher Höhe tritt es auf?

d) Der abgebildete 1-l-Tetra-Pak für Frischmilch hat die Grundkantenlänge 7,0 cm und etwa die Höhe 20,5 cm. Um wie viel Prozent ist der Flächeninhalt seines Netzes größer als der minimale?

8 Einbeschriebene Körper

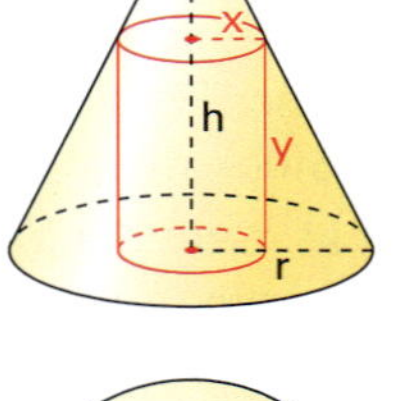

a) Einem Kegel mit dem Grundkreisradius r und der Höhe h wird ein Zylinder mit dem Grundkreisradius x und der Höhe y einbeschrieben. Stelle mithilfe des Strahlensatzes eine Bedingung zwischen x, y, r und h auf. Eliminiere damit aus dem Term $V(x; y)$ für das Zylindervolumen x oder y. Bestimme x und y in Abhängigkeit von r und h für den Fall, dass das Zylindervolumen maximal ist. Wie viel Prozent des Kegelvolumens beträgt dann das Zylindervolumen?

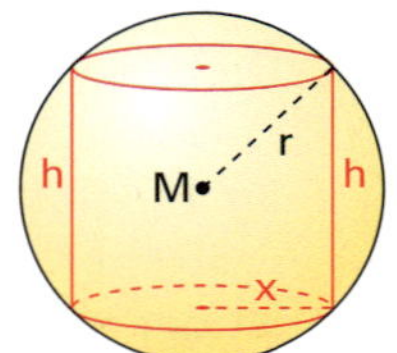

b) Einer Kugel vom Radius r soll ein Zylinder (Grundkreisradius x; Höhe h) einbeschrieben werden. Eliminiere aus dem Term $V(x; h)$ den Zylinderradius x. Bestimme x und h für den Fall, dass das Zylindervolumen maximal ist. Wie viel Prozent des Kugelvolumens beträgt dann das Zylindervolumen?

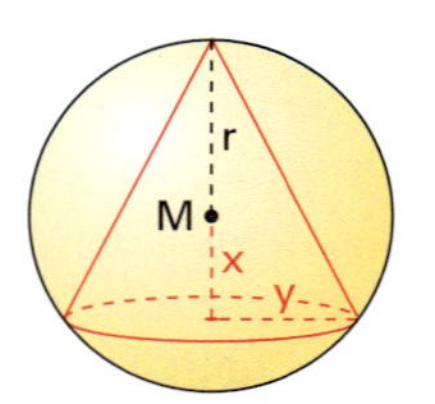

c) Einer Kugel vom Radius r soll ein Kegel von maximalem Volumen einbeschrieben werden. Wie viel Prozent des Kugelvolumens beträgt das Kegelvolumen?

9 Visiermethode zum Bestimmen des Fassvolumens

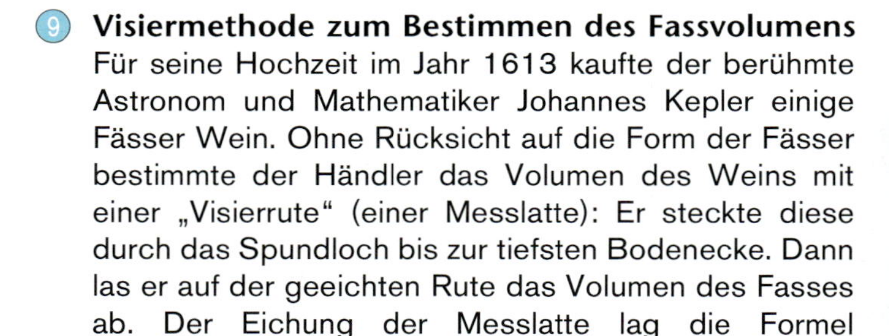

Für seine Hochzeit im Jahr 1613 kaufte der berühmte Astronom und Mathematiker Johannes Kepler einige Fässer Wein. Ohne Rücksicht auf die Form der Fässer bestimmte der Händler das Volumen des Weins mit einer „Visierrute“ (einer Messlatte): Er steckte diese durch das Spundloch bis zur tiefsten Bodenecke. Dann las er auf der geeichten Rute das Volumen des Fasses ab. Der Eichung der Messlatte lag die Formel $V = 0{,}60 \cdot s^3$ zugrunde. Kepler bezweifelte das Verfahren, da es „schlanke“ und „dicke“ Fässer gibt.

Zur Vereinfachung ersetzen wir bauchige Fässer durch Zylinder und werfen die Frage auf, bei welchem Verhältnis h : d man bei gleicher Visierlänge s den meisten Wein bekommt.

a) Eliminiere in der Formel $V(d, h)$ für das Zylindervolumen mithilfe einer Beziehung zwischen d, h und s den variablen Durchmesser d.

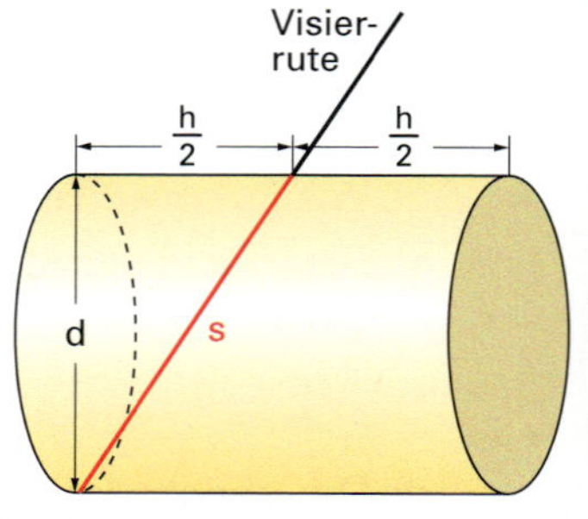

b) Bestimme h in Abhängigkeit von s für den Fall, dass das Volumen $V(h)$ maximal ist. Gib das maximale Volumen $V_{max}(h)$ in Abhängigkeit von s an. Vergleiche mit der Formel des Händlers und nimm dazu Stellung.
Welches Verhältnis h : d kennzeichnet das optimale zylinderförmige Fass?

Kepler entwickelte daraufhin die nach ihm benannte Kepler'sche Fassregel, mit der man das Volumen bauchiger Fässer berechnen kann.

10 Viehtrieb in Texas

Nach dem amerikanischen Bürgerkrieg von 1861 bis 1865 gab es in Texas Millionen von verwilderten Rindern, die man Longhorns nannte. In Texas kostete ein Longhorn 2 bis 3 Dollar, im Norden dagegen bis zu 86 Dollar. Die aus der Gefangenschaft heimkehrenden Rancher fingen die Tiere unter großen Mühen ein, bildeten Herden und trieben sie zum Verkaufen nach Norden. In den ersten drei Tagen legte eine Herde täglich 25 bis 30 Meilen zurück, später 10 bis 15 Meilen.

Wir betrachten folgende Situation eines Viehtriebs: Die Einheit auf den Achsen eines Koordinatensystems ist 1 Meile. Die x-Achse zeige nach Osten, die y-Achse nach Norden. Auf der y-Achse verläuft der Blue River. Die Rinderherde befindet sich am Ort $A(6|0)$ und soll am ersten Tag zum Ort $B(9|20)$ getrieben werden.

a) Wie lang ist der kürzeste Weg von A nach B?

Die Herde soll am Blue River getränkt werden.

b) Wie lang wäre der Weg von A nach B über $O(0|0)$?

c) Die Cowboys möchten den kürzesten Weg von A nach B über den Punkt $T(0|t)$ des Flusses wählen. Berechne t. Um wie viele Meilen ist dieser kürzer als der Weg von b)?

d) Welchen Winkel zur Nordrichtung muss die Herde bei ihrem Weg von A nach T und dann von T nach B jeweils einschlagen? Was fällt dabei auf? Welcher besondere Punkt ist T?

e) Warum reduzieren die Cowboys die Geschwindigkeit des Viehtriebs nach den ersten drei Tagen ungefähr auf die Hälfte?

11 Rätselhafte Bohrinsel*

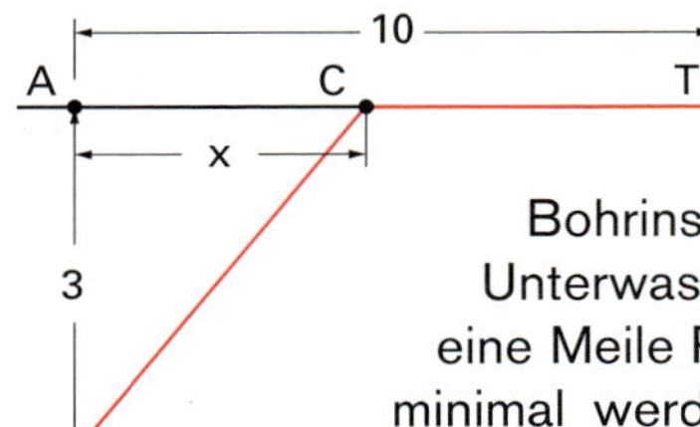

3 Meilen vor dem Ort A an der Küste liegt eine Bohrinsel B. Das Tanklager T befindet sich 10 Meilen von A entfernt ebenfalls an der Küste. Von der Bohrinsel soll eine Pipeline zum Tanklager verlegt werden: Eine Unterwasser-Pipeline kostet 5 Mio. Euro pro Meile. An Land kostet eine Meile Pipeline immerhin noch 4 Mio. Euro. Die Kosten K sollen minimal werden. Gesucht wird die Stelle C an der Küste, wo die Pipeline das Land erreicht (siehe Abbildung).

a) Zeige: $K(x) = 5 \cdot \sqrt{9 + x^2} + 4 \cdot (10 - x)$ gibt die Kosten in Mio. Euro in Abhängigkeit von der Entfernung $\overline{AC} = x$ in Meilen an.

b) Weise nach, dass die Kosten am niedrigsten sind, wenn die Pipeline das Ufer 4 Meilen von A entfernt erreicht.

c) Erläutere, warum in unserer Rechnung die Entfernung $\overline{AT} = d$ des Tanklagers von A überhaupt keine Rolle spielt. Warum kann unser Ergebnis von b) nicht stimmen, wenn das Tanklager z. B. nur 1 Meile von A entfernt ist? Wo steckt der Fehler?

Der Abstand des Tanklagers von A sei nun allgemein d. Dann werden die Kosten in Mio. Euro durch $K_d(x) = 5 \cdot \sqrt{9 + x^2} + 4 \cdot |(d - x)|$ beschrieben.

d) Warum ist im Term $K_d(x)$ der Betrag wichtig?

e) Starte einen Funktionsplotter und definiere einen Schieberegler d von 0 bis 12 mit der Schrittweite 1. Stelle zunächst d = 10 ein. Gib anschließend die Gleichung der Kostenfunktion in die Eingabezeile ein: Eingabe: `f(x)=5*sqrt(9+x^2)+4*abs(d-x)`
Verändere den Parameter d und beobachte, wie sich der Graph der Kostenfunktion verändert und wo jeweils das Minimum auftritt. Aufgrund welcher Eigenschaft der Betragsfunktion liefert unsere Rechung für $d < 4$ nicht den optimalen Wert? Was ist die kostengünstigste Lösung für $d < 4$?

12 Der Schwerpunkt einer Cola-Dose

Betrachtet wird die gebrochenrationale Funktion s mit

$$s(x) = \frac{x^2 + 10}{2(x+1)}.$$

a) Zeige, dass sich s(x) auch in der Form $s(x) = \frac{1}{2}x - \frac{1}{2} + \frac{11}{2(x+1)}$ schreiben lässt. Gib den maximalen Definitionsbereich D_s von s an.

b) Bestimme die Asymptoten des Graphen G_s. Trage diese in ein Koordinatensystem ein und fertige eine Skizze von G_s an.

Eine leere Coladose wiegt 33 g, ihre Füllung 330 g. Die Füllhöhe der vollen Dose beträgt 10 cm. Durch die Funktion s wird die Höhe s(x) des Schwerpunkts S in Abhängigkeit von der Füllhöhe x in Zentimetern beschrieben. Der zugehörige Definitionsbereich ist also D = [0; 10].

c) Wo liegt der Schwerpunkt S_D der leeren Dose? In welcher Höhe liegt der Schwerpunkt S_C des Colas in Abhängigkeit von der Füllhöhe x?

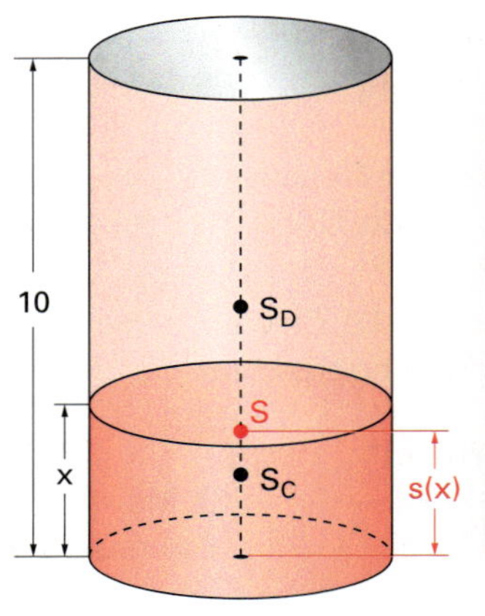

Der gemeinsame Schwerpunkt S liegt auf der Strecke zwischen dem Schwerpunkt S_C des Colas und dem Schwerpunkt S_D der Dose. S teilt die Strecke $[S_C, S_D]$ im Verhältnis der Massen so, dass er näher an der größeren Masse liegt.

d) Überlege an den folgenden Sonderfällen, in welcher Höhe s(x) der gemeinsame Schwerpunkt S liegt und überprüfe, dass der Term s(x) den richtigen Wert liefert: Die Dose ist leer ($x_1 = 0$), voll ($x_2 = 10$), 2 cm hoch mit Cola gefüllt ($x_3 = 2$).

Stellt man leere oder volle Cola-Dosen in den Sand eines Meeresstrandes, fallen diese leicht um, da der Schwerpunkt S ziemlich hoch liegt.

e) Bei welcher Füllhöhe x liegt der Gesamtschwerpunkt S am tiefsten? Wie viel Prozent des Colas müsste man trinken, damit die Standfestigkeit der teilweise gefüllten Dose möglichst groß ist?

4.2 Modelle von Wachstumsprozessen

Zur Steuerung des Wachstums von Populationen können mathematische Modelle wesentliche Beiträge liefern. Wir wiederholen zunächst die uns bekannten einfachen Modelle.

Es sei f die Funktion, die den Bestand f(t) einer Population in einem bestimmten Lebensraum in Abhängigkeit von der Zeit t beschreibt.

Lineares Wachstum

- Die **momentane Änderungsrate f'(t) ist konstant** (Aufgaben 1 und 2):

$$f'(t) = k \quad \Rightarrow \quad f(t) = kt + c$$

Durch Integration ergibt sich der Term einer linearen Funktion f: Zum Anfangsbestand c kommt pro Zeiteinheit die konstante Änderungsrate k hinzu. Der Bestand f(t) wächst gleichmäßig.

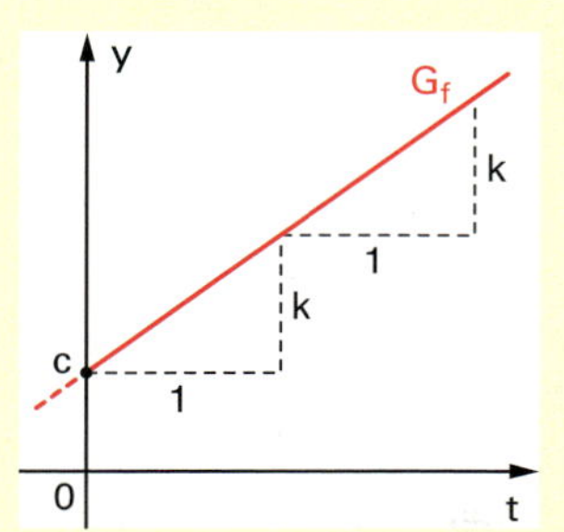

Exponentielles Wachstum

- Die **momentane Änderungsrate f'(t) ist proportional zum aktuellen Bestand f(t)** (Aufgaben 3 und 4):

$$f'(t) = k \cdot f(t) \text{ mit } k > 0$$

Die Ableitung f' der Wachstumsfunktion ist bis auf den Faktor k gleich der Funktion f selbst. Diese Eigenschaft hat die Funktion f mit $f(t) = a \cdot e^{kt}$.

Für das **exponentielle Wachstum** ist charakteristisch: Der Bestand f(t) nimmt innerhalb gleich langer Zeitspannen um den **gleichen Prozentsatz** zu. Es gibt eine Zeitspanne t_V, innerhalb der sich der Bestand f(t) verdoppelt. Für die **Verdoppelungszeit t_V** erhalten wir:

$$f(t_V) = 2 \cdot f(0) = 2a \quad \Rightarrow \quad a \cdot e^{kt_V} = 2a$$

$$\Rightarrow \quad e^{kt_V} = 2 \quad \Rightarrow \quad kt_V = \ln 2 \quad \Rightarrow \quad t_V = \frac{\ln 2}{k}$$

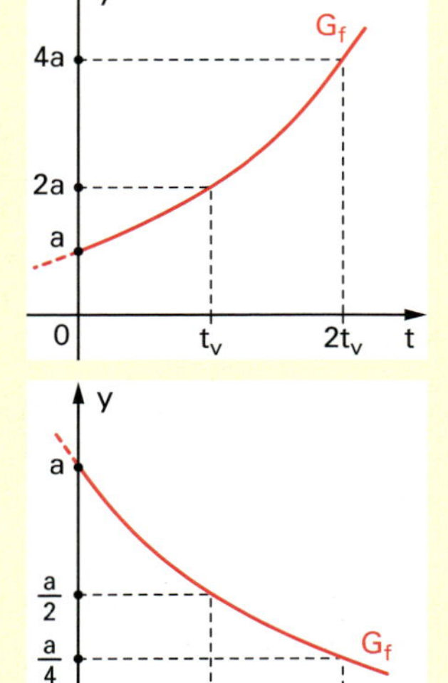

Analog ergibt sich für einen **Abklingprozess**, bei dem der Bestand innerhalb gleich langer Zeitspannen um den gleichen Prozentsatz abnimmt:
Die Bedingung $f'(t) = -k \cdot f(t)$ wird durch die Funktion f mit $f(t) = a \cdot e^{-kt}$ erfüllt.
Die Zeitspanne t_H, innerhalb der sich der Bestand f(t) jeweils halbiert – die **Halbwertszeit** – ist $t_H = \frac{\ln 2}{k}$.

Das lineare und das exponentielle Wachstum sind unbegrenzt. Das ist in der Realität unmöglich. Ein beschränktes Nahrungsangebot oder ein beschränkter Lebensraum stellen begrenzende Einflüsse auf das Wachstum dar.

Aufgaben

1 Lineares Wachstum

In einem Heizöltank mit einem Fassungsvermögen von 6000 Litern befinden sich vor der Befüllung noch 1500 Liter Öl. Pro Minute kommen 200 Liter dazu.

a) Stelle den Term der Funktion V auf, die das Volumen V(t) des Öls im Tank in Abhängigkeit von der Füllzeit t in Minuten beschreibt.

b) Skizziere den Graphen G_V der Volumenfunktion.

c) Wann ist der Tank halbvoll, wann voll?

2 Lineare Abnahme

Die Siedetemperatur T des Wassers hängt von der Höhe h über dem Meeresspiegel ab. In Meereshöhe $h = 0$ Meter beträgt sie 100 °C. Bei einer Zunahme von h um 1 Meter nimmt T um ungefähr 0,0034 °C ab.

a) Stelle den Term der Funktion auf, die den Zusammenhang zwischen T und h beschreibt.

b) Skizziere den Graphen der Funktion ($0 \leq h \leq 10\,000$).

c) Bei welcher Temperatur siedet das Wasser auf der Zugspitze, bei welcher Temperatur auf dem 8850 m hohen Mount Everest?

d) Damit das Einweiß in einem Ei gerinnt, ist eine Temperatur von mindestens 84,5 °C erforderlich. In welcher Höhe bleibt der Versuch, wie gewohnt Eier zu kochen, erfolglos?

3 Exponentielles Wachstum

Bakterien sind Einzeller. Sie vermehren sich ungeschlechtlich. Hat eine Bakterie eine bestimmte Größe erreicht, teilt sich die Bakterie und es entstehen zwei Bakterien. Sind doppelt, dreimal so viele Bakterien vorhanden, teilen sich bei gleich bleibenden Umweltverhältnissen in der Zeiteinheit doppelt, dreimal so viele. Ist f die Funktion, welche die Anzahl der Bakterien in Abhängigkeit von der Zeit t beschreibt, so ist die momentane Änderungsrate f'(t) proportional zum momentanen Bestand f(t). Also: $f'(t) = k \cdot f(t)$.

a) Begründe, dass eine Exponentialfunktion der Form $f(t) = a \cdot e^{kt}$ diese Bedingung erfüllt.

In einer Nährlösung befinden sich zum Zeitpunkt $t = 0$ Minuten 3 Millionen Kolibakterien. Ihre momentane Änderungsrate f'(t) ist 3,5 % des momentanen Bestands f(t) pro Minute.

b) Stelle den Term der zugehörigen Exponentialfunktion f auf.

c) Skizziere den Graphen G_f.

d) Wann hat sich der Anfangsbestand der Bakterien verdoppelt, wann vervierfacht, wann verachtfacht?

e) Zur Zeit $t = 90$ Minuten entnimmt ein Biologe der Nährlösung eine Probe und betrachtet sie unter dem Mikroskop. Er zählt 143 Bakterien. Wie viele davon teilen sich in der ersten Minute der Beobachtung?

4 Radioaktiver Zerfall

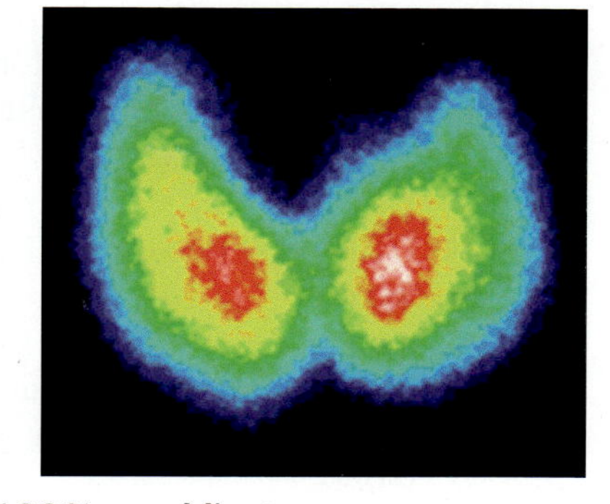

Um die Funktion der Schilddrüse zu testen, entnimmt man einem Patienten etwas Blut, versetzt dieses mit 10^{12} Kernen des radioaktiven Technetiumisotops Tc-99 und spritzt es wieder in den Blutkreislauf. Mit der Strahlung, welche die in der Schilddrüse zerfallenden Tc-99-Kerne aussenden, wird ein Bild – ein Szintigramm – der Schilddrüse erstellt.
Beim radioaktiven Zerfall ist die momentane Änderungsrate $N'(t)$ proportional zum aktuellen Bestand $N(t)$. Also: $N'(t) = -k \cdot N(t)$. Für Tc 99 beträgt die momentane prozentuale Abnahme 0,192 % pro Minute.

a) Stelle den Term $N(t)$ der Exponentialfunktion auf, welche die Anzahl N der unzerfallenen Tc-99-Kerne in Abhängigkeit von der Zeit t in Minuten beschreibt.

b) Skizziere den Graphen der Exponentialfunktion.

c) Berechne die Halbwertszeit von Tc 99, d. h. die Zeit, innerhalb der jeweils die Hälfte der vorhandenen Kerne zerfällt.
Warum sollte ein radioaktives Isotop für die Untersuchung der Schilddrüse weder eine wesentlich kleinere noch eine wesentlich größere Halbwertszeit haben?

5 Radioaktive Milch

Am 26. April 1986 ereignete sich im Kernkraftwerk *Tschernobyl* bei Kiew ein folgenschwerer Unfall. Es wurden radioaktive Stoffe freigesetzt. Der Wind trieb eine radioaktive Wolke über weite Teile Europas. Auf Deutschland – 1600 km von Tschernobyl entfernt – verteilten sich „nur" 1 g des radioaktiven Jods 131 und 300 g des radioaktiven Cäsiums 137 – aber mit Besorgnis erregenden Wirkungen.

a) Jod 131 hat eine Halbwertszeit von 8,0 Tagen und Cäsium 137 von 30 Jahren. Berechne für Jod und dann für Cäsium jeweils die Zerfallskonstante k des Zerfallsgesetzes $N(t) = N_0 \cdot e^{-kt}$ in der Einheit „Zerfälle pro Sekunde". (Ergebnis: $k_J = 1{,}0 \cdot 10^{-6}$; $k_{Cs} = 7{,}3 \cdot 10^{-10}$)

b) Am 5. Mai 1986 wurden im Münchner Raum in einem Liter Frischmilch von Kühen die Zerfallsrate $N'(0) = 600$ Zerfälle pro Sekunde registriert. Jod trug 400 Zerfälle pro Sekunde bei und Cäsium 200 Zerfälle pro Sekunde. Wie viele Jod-131-Kerne und wie viele Cäsium-137-Kerne enthielt 1 Liter Milch am 5. Mai? Vor dem Unfall war es weniger als 1 Zerfall pro Sekunde.

c) Wie viele Jod-131-Kerne bzw. Cäsium-137-Kerne enthielt der betrachtete Liter Milch aufgrund der Halbwertszeiten 8,0 Tage später? Welche Zerfallsrate $N'(8\,d)$ wies er noch auf?

d) Geht vom *Fallout*, den die radioaktive Wolke von Tschernobyl bei uns hinterließ, noch immer eine Gefahr aus?

6 Beschränktes Wachstum

Am 1. Januar nahm der Supermarkt A Kaffee der Marke „Argentina“ in sein Angebot auf und der Supermarkt B das Konkurrenzprodukt „Brasilia“.
In einem Modell beschreibt die Funktion f mit

$$f(t) = 200 - 200 \cdot e^{-0{,}05t}$$

die Anzahl f(t) der innerhalb der t-ten Woche von Supermarkt A verkauften Packungen Argentina.

a) Wie geht der Graph G_f der Funktion f aus dem Graphen der Funktion $t \mapsto e^{-t}$ hervor? Fertige eine Skizze von G_f an.

b) Berechne f(t) für t = 0 bis t = 50 mit der Schrittweite $\Delta t = 10$. Zeichne mithilfe dieser Werte G_f.
Wie entwickeln sich nach diesem Modell die wöchentlichen Verkaufszahlen während des ersten Jahres? Gib dafür mögliche Gründe an.
Mit welcher Anzahl pro Woche verkaufter Packungen kann der Supermarkt A langfristig rechnen?

c) Zeige, dass die momentane Änderungsrate f'(t) proportional zur Differenz 200 − f(t) ist. Was bedeutet dies anschaulich?

d) Berechne mithilfe eines Integrals, wie viele Packungen Argentina der Supermarkt A ungefähr im ersten Jahr verkauft hat. Vergleiche mit der Zahl, die in den folgenden Jahren zu erwarten ist.

Der Supermarkt B hat in der 5. Woche 50 Packungen Brasilia verkauft und in der 10. Woche 80 Packungen. Seine wöchentlichen Verkaufszahlen lassen sich durch eine Funktion g der Form

$$g(t) = \frac{at}{t+b}$$

modellieren.

Hundertwasser (691F) Irinaland, 2001

e) Berechne die Werte der Parameter a und b.
Zeige, dass sich g(t) in der Form

$$g(t) = 200 - \frac{3000}{t+15}$$

schreiben lässt.

f) Wie geht der Graph G_g der Funktion g aus dem Graphen der Funktion $t \mapsto \frac{1}{t}$ hervor?
Beschreibe den Verlauf von G_g für $t \geq 0$.

g) Berechne g(t) für t = 0 bis t = 50 mit der Schrittweite $\Delta t = 10$. Zeichne mithilfe dieser Werte G_g in das gleiche Koordinatensystem wie G_f.
Wie entwickeln sich die wöchentlichen Verkaufszahlen der Marke Brasilia im Vergleich zur Marke Argentina?

h) Wie könnte man anhand der Graphen G_f und G_g abschätzen, wann in den beiden Supermärkte gleich viele Packungen Argentina und Brasilia verkauft wurden?

7 Logistisches Wachstum*

Der Belgier Pierre Francois Verhulst (1804–1849) entwickelte ein Modell, mit dem sich viele Wachstumsvorgänge mit verblüffend hoher Genauigkeit beschreiben lassen. Unter Verwendung des französischen Worts *logistique* für *beschränkt* nannte er es „logistisches Wachstum".

Wir untersuchen zunächst die dem logistischen Wachstum zugrunde liegende Funktion f.

$$f(t) = \frac{1}{1 + e^{-t}} = (1 + e^{-t})^{-1} \quad \text{mit } D = \mathbb{R}.$$

Rechts sind ihr Graph G_f und der Graph $G_{f'}$ ihrer Ableitungsfunktion f' abgebildet.

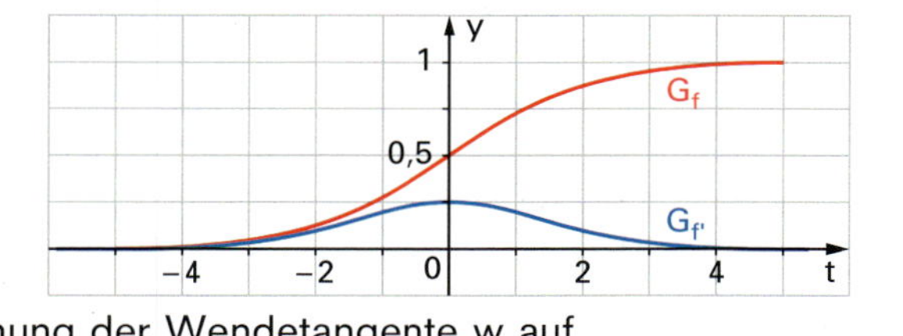

a) Bestätige rechnerisch das Verhalten von f an den Rändern von D, das Monotonieverhalten und die Lage des Wendepunkts. Stelle die Gleichung der Wendetangente w auf.

b) Zur Deutung als Wachstumskurve: Bei der S-förmigen Kurve bedeutet y = 1 = 100 % den Höchstwert der Population. Beschreibe das Wachstum. Gehe insbesondere darauf ein, wann und bei welchem Wert das Wachstum am größten ist.

Durch eine lineare Transformation lässt sich die logistische Grundfunktion dem jeweiligen logistischen Wachstum anpassen. Wir betrachten die Entwicklung der Masse m einer *Stockente*. Ein männliches Tier, ein *Erpel*, wächst nach dem Schlüpfen zu einem Tier von 1400 g heran. Nach 30 Tagen wiegt er 200 g, nach 50 Tagen 700 g.

c) Erläutere, wie der Ansatz

$$m(t) = \frac{1400}{1 + e^{-a \cdot (t-50)}},$$

der die seine Masse m(t) in Gramm in Abhängigkeit vom Lebensalter t in Tagen beschreibt, aus der logistischen Grundfunktion f hervorgeht. Berechne a.

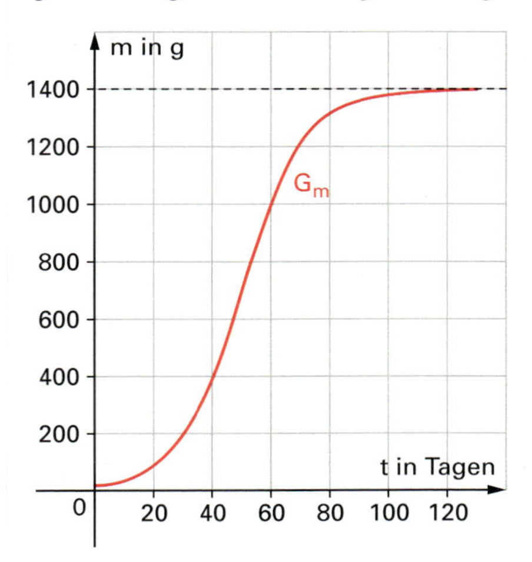

d) Überprüfe, ob sich mit dem Term für m(t) der aus dem Diagramm ablesbare Wert m(60) der Masse nach 60 Tagen berechnen lässt.

e) Nach wie vielen Tagen wiegt der Erpel 1200 g?

8 Logistisches Wachstum der Schafpopulation Tasmaniens*

Wir betrachten das bekannteste Beispiel für ein logistisches Wachstum: Das rechts abgebildete Diagramm zeigt, wie sich die Anzahl der Schafe im 19. Jahrhundert in Tasmanien entwickelt hat. Die Funktion N beschreibe näherungsweise den zeitlichen Verlauf der Anzahl der Schafe (in Mio.) in Abhängigkeit vom Jahr.

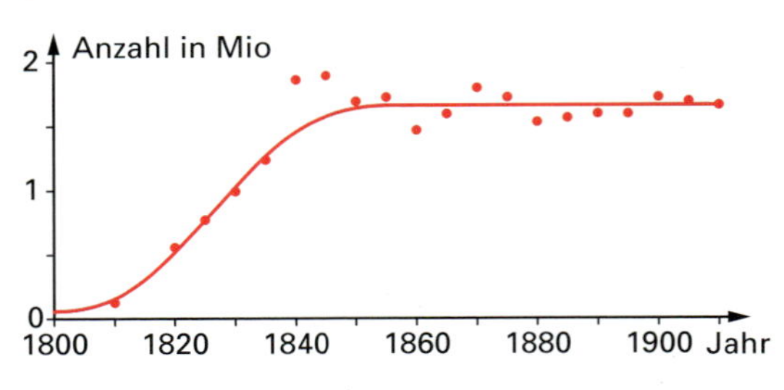

a) Erläutere, wie aus dem in Aufgabe 7 dargestellten Graphen G_f der logistischen Grundfunktion $x \mapsto \frac{1}{1+e^{-t}}$ der Ansatz $N(t) = \frac{1{,}65}{1+e^{-a \cdot (t-1826)}}$ hervorgeht.

b) Berechne a mithilfe des Wertepaars (1836|1,32).

c) Berechne N(1820) und N(1850) und vergleiche mit den Werten des Diagramms. Lass einen Funktionsplotter den Graphen G_N zeichnen und vergleiche mit den realen Werten.

d) Warum schwanken in Wirklichkeit die Werte um den Grenzwert von 1,65 Millionen Schafe?

9 Der Wanderfalke in Hessen*

Wanderfalken sind etwa 50 cm lange Greifvögel, die sich von Mäusen und kleineren Vögeln ernähren. Sie brüten vorwiegend in Kirchtürmen und auf Felswänden. Durch den Einsatz des Insektizids DDT in Land- und Forstwirtschaft waren die Wanderfalken in Hessen im Jahr 1975 ausgerottet. Nach dem Verbot der Verwendung von DDT begann man durch Auswilderung wieder einen Bestand aufzubauen: Im Jahr 1995 brüteten in Hessen 19 Paare, im Jahr 1999 bereits 35 Paare. Aufgrund der begrenzten Nistmöglichkeiten gehen wir von einer Höchstzahl von 120 Paaren aus.
Die Anzahl N(t) der Brutpaare in Abhängigkeit von der Zeit t in Jahren, die seit 1995 verstrichen ist, beschreiben wir durch

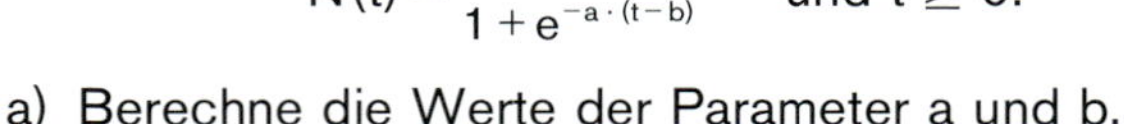

$$N(t) = \frac{120}{1+e^{-a \cdot (t-b)}} \quad \text{und } t \geq 0.$$

a) Berechne die Werte der Parameter a und b.

b) In welchem Jahr nahm die Anzahl der Brutpaare am stärksten zu? Wie viele Paare waren es?

c) Im Jahr 2010 schätze man die Anzahl der Brutpaare auf 90 bis 100. Vergleiche mit der Anzahl N(15), die unser Modell liefert.

d) In welchem Jahr wird der Bestand voraussichtlich 90% seines Höchstwertes erreichen?

4.3* Trainingsaufgaben für das Abitur

1 Ein Grundlagen-Test
Gib jeweils die richtigen Antwort**en**(!) an.

a) Der maximale Definitionsbereich von f mit $f(x) = \frac{\sqrt{x}}{x-4}$ ist

A) $\mathbb{R}^+$ B) $[0;4[$ C) $\mathbb{R}\setminus\{4\}$ D) $\mathbb{R}^+\setminus\{4\}$ E) $\mathbb{R}_0^+\setminus\{4\}$

b) Eine Nullstelle der Funktion f mit $f(x) = (e^x - \frac{1}{2}) \cdot (x^3 - x)$ ist
A) $x_0 = 0$ B) $x_0 = 1$ C) $x_0 = -1$
D) $x_0 = \frac{1}{2}$ E) $x_0 = \ln\frac{1}{2}$ F) $x_0 = -\ln 2$

c) Die Funktion $x \mapsto \frac{2}{x-3} + 4$ ist in ihrem maximalen Definitionsbereich
A) streng monoton steigend B) streng monoton fallend C) nicht monoton.

d) Die Funktion $x \mapsto x \cdot e^x$ hat
A) den Tiefpunkt $T(-1 \mid -\frac{1}{e})$ B) die Wendetangente $y = -\frac{1}{e^2}x - 2$
C) keine Nullstellen D) die y-Achse als Symmetrieachse
E) die Funktion F mit $F(x) = (x-1)\,e^x$ als Stammfunktion

e) Zur Funktion f mit $f(x) = \sqrt{x-1}$ gehört der Graph

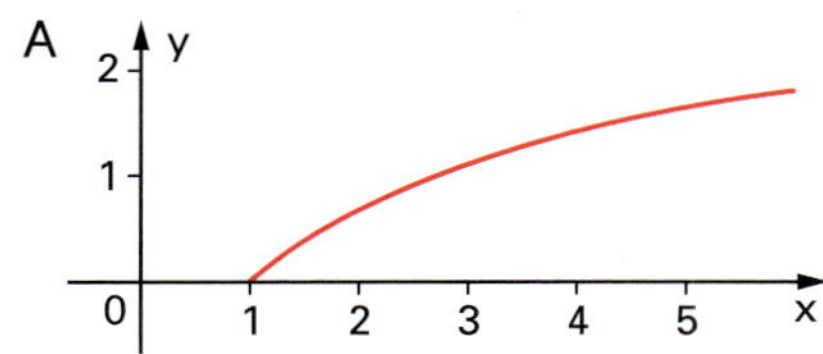

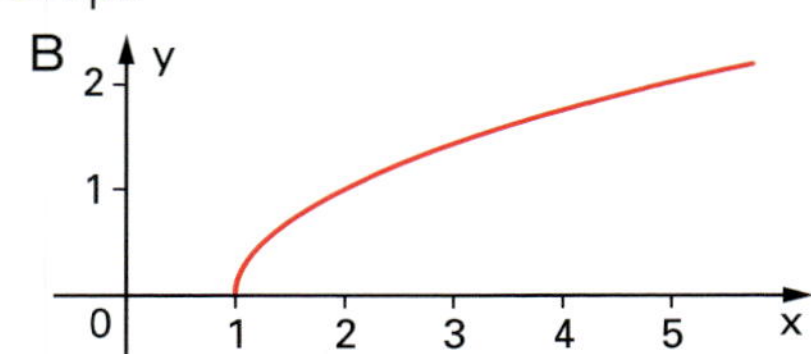

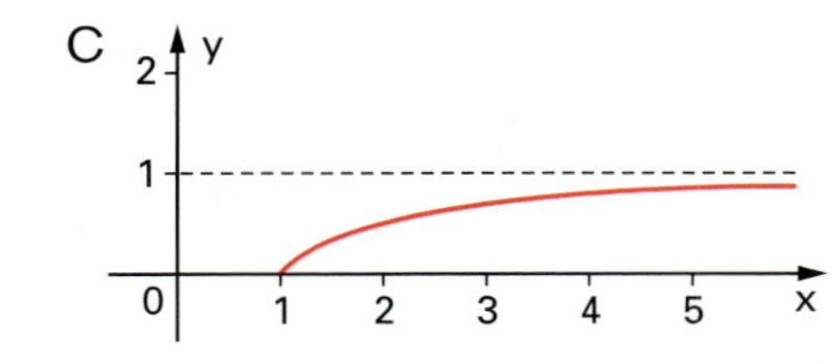

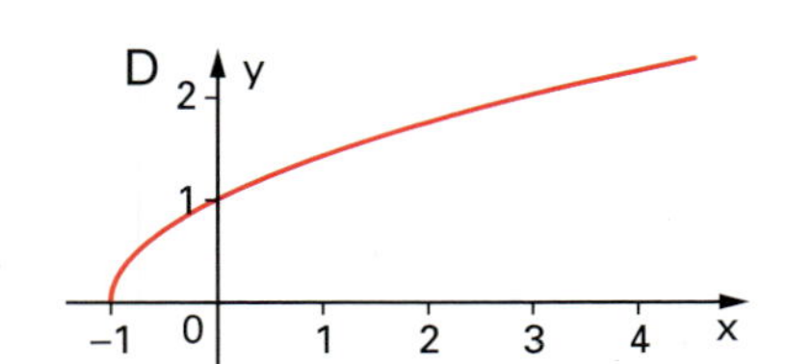

f) Die Funktion f mit $f(x) = \frac{1}{x-2}$
A) ist an der Stelle $x = 2$ nicht differenzierbar.

Der Graph G_f von f
B) ist eine Hyperbel.
C) hat die waagrechte Asymptote $y = 0$.
D) hat die senkrechte Asymptote $x = 2$.

g) Die Funktion f mit $f(x) = \frac{1}{x} + x + 1$ wird für große x am besten genähert durch den Term
A) $\frac{1}{x}$ B) x C) $x + 1$ D) $\frac{1}{x} + 1$ E) $\frac{1}{x} + x$

h) Die Funktion f ist an der Stelle $x = 1$ definiert, aber nicht differenzierbar

A) $f(x) = \frac{1}{x-1}$ B) $f(x) = |x-1| + 3$ C) $f(x) = \sqrt{x-1}$ D) $f(x) = |x^2 - 1|$

i) Der Graph der Funktion f ist punktsymmetrisch zum Ursprung

A) $f(x) = \sin x$ B) $f(x) = \cos x$ C) $f(x) = x^3 - x$ D) $f(x) = -\frac{1}{x}$

j) Die Fläche, die der Graph von f mit $f(x) = x^2 - 4x + 3$ mit der x-Achse einschließt, beträgt

A) $\frac{3}{4}$ B) $-\frac{3}{4}$ C) $\frac{4}{3}$ D) $-\frac{4}{3}$

2 Aufgaben-Potpourri

Bestimme den maximalen Definitionsbereich:

a) $f(x) = \frac{x+1}{x^3+x}$ b) $g(x) = \frac{\ln x}{x-2}$ c) $h(x) = \sqrt{\ln x - 2}$ d) $f(x) = \frac{2+\sin x}{2-\sin x}$

Löse die Gleichung:

e) $(2 - e^x)^2 = 4$ f) $e^x = 3 + \frac{4}{e^x}$ g) $x \cdot \ln x = x$ h) $\sin x = \sqrt{3} \cdot \cos x$

Bilde die erste Ableitung:

i) $f(x) = \frac{x-1}{\sqrt{x}}$ k) $g(x) = \frac{\sin x}{\cos x}$ l) $h(x) = \ln \frac{x}{2}$ m) $f(x) = (x - e^{-\sqrt{x}})^2$

Berechne den Wert des Integrals:

n) $\int_1^2 \frac{dx}{2x+1}$ o) $\int_0^{\ln 2} e^{2x}\,dx$ p) $\int_0^{\ln 2} \frac{e^x}{e^x+1}\,dx$ q) $\int_0^{-1} x \cdot e^{x^2}\,dx$

Fertige eine Skizze des Graphen an:

r) $f(x) = x - \frac{1}{x^2}$ s) $f(x) = |\ln x|$ t) $g(x) = (\ln x)^2$ u) $f(x) = (1 - e^x)^2$

3 Ganzrationale Funktion mit einem Extremwertproblem

Ein Bauer schenkt seiner Gemeinde eine Ackerfläche mit der Auflage, auf diesem Feld einen Bolzplatz für die Jugend anzulegen. Diese Fläche wird von zwei sich unter einem rechten Winkel schneidenden Flurbereinigungswegen (Koordinatenachsen) und einem Bach begrenzt.

Ein Architekt wird beauftragt, die notwendigen Pläne anzufertigen. Er stellt fest, dass der Bach dem Graphen G_f einer ganzrationalen Funktion 3. Grades mit dem Tiefpunkt T(15|0) und dem Wendepunkt W(5|5) folgt.

a) Ermittle den Funktionsterm f(x).

b) Berechne den Inhalt der Ackerfläche.

c) Der Bolzplatz soll rechteckig werden, wobei zwei Rechteckseiten auf den Koordinatenachsen liegen. Zeichne den Bolzplatz mit der Breite x = 6 (in Meter) in das Koordinatensystem ein und berechne seine Fläche.

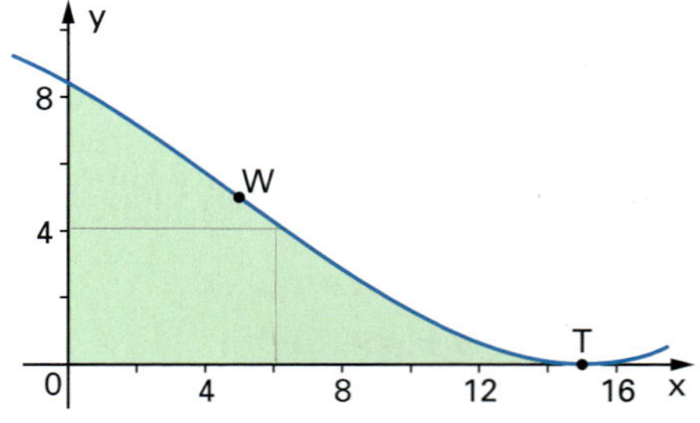

d) Ermittle die Funktion $x \mapsto A$, die die Fläche des Bolzplatzes in Abhängigkeit von der Breite x beschreibt. Bestimme mithilfe des Newton-Verfahrens die Breite x_1, für die diese Fläche maximal wird, auf eine Nachkommastelle genau. Überprüfe dein Ergebnis mithilfe eines dynamischen Geometrieprogramms.

e) Wie viel Prozent der Ackerfläche beträgt die maximale Bolzplatzfläche?

4 Grundtechniken beim Untersuchen einer gebrochenrationalen Funktion

Gegeben ist die Funktion f mit $f(x) = \frac{x^2+1}{(x+1)^2}$ und $x \in D_{max}$.

a) Zeige, dass sich f(x) in der Form $f(x) = 1 - \frac{2}{x+1} + \frac{2}{(x+1)^2}$ schreiben lässt.

b) Bestimme den maximalen Definitionsbereich D_{max}. Was liegt an der Definitionslücke vor? Gib die waagrechte und die senkrechte Asymptote des Graphen G_f an. Wie nähert sich G_f den Asymptoten?

c) Leite f zweimal ab. Bestimme Art und Lage des Extrempunkts von G_f. Warum hat G_f genau einen Wendepunkt W? Wo liegt dieser?

d) Berechne $f(-3)$ und skizziere G_f unter Verwendung aller Ergebnisse.

e) Der Graph G_f, die waagrechte Asymptote und die Parallele zur y-Achse durch W schließen eine Fläche ein. Berechne ihren Inhalt.

5 Umkehrbarkeit

Gegeben ist die gebrochenrationale Funktion f durch $f(x) = \frac{4x}{2x+1}$.

a) Zeige, dass sich f(x) auch in der Form $f(x) = -\frac{1}{x+\frac{1}{2}} + 2$ schreiben lässt. Gib den maximalen Definitionsbereich D_f von f an.

b) Wie geht der Graph G_f von f aus der Grundfunktion $x \mapsto \frac{1}{x}$ hervor? Welche Asymptoten hat G_f? Zeichne in ein Koordinatensystem die Asymptoten und G_f.

c) Warum ist G_f umkehrbar? Gib den Definitionsbereich der Umkehrfunktion f^{-1} an. Wie lautet der Term $f^{-1}(x)$ der Umkehrfunktion f^{-1}?

d) Zeichne in das Koordinatensystem von Teilaufgabe b) den Graphen $G_{f^{-1}}$ der Umkehrfunktion f^{-1}.

e) G_f und $G_{f^{-1}}$ schließen im I. Quadranten ein Flächenstück ein. Berechne seinen Flächeninhalt.

6 Wurzelfunktion

Rechts ist der Graph G_f der Wurzelfunktion f mit $f(x) = \sqrt{3-x}$ abgebildet.

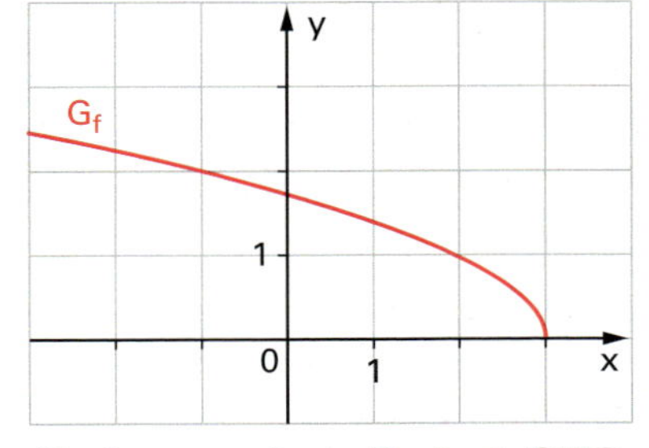

a) Gib den maximalen Definitionsbereich D_f von f an. Bestimme die gemeinsamen Punkte des Graphen G_f mit den Koordinatenachsen.

b) G_f schließt im I. Quadranten mit den Koordinatenachsen ein Flächenstück ein. Berechne seinen Inhalt.

c) Die Punkte $O(0|0)$, $P(p|0)$ und $Q(p|f(p))$ bilden für $0 < p < 3$ ein Dreieck OPQ. Für welchen p-Wert ist der Flächeninhalt des Dreiecks am größten? Wie viel Prozent des Inhalts des Flächenstücks von Aufgabe b) sind das?

Die Funktion g ist gegeben durch $g(x) = \sqrt{3} - \sqrt{x}$ und $x \geq 0$.

d) Wie geht ihr Graph G_g aus dem Graphen der Grundfunktion $x \mapsto \sqrt{x}$ hervor? Skizziere G_f und G_g in ein gemeinsames Koordinatensystem.

e) Berechne den Inhalt des Flächenstücks, das G_f und G_g einschließen.

7 Grundtechniken beim Untersuchen einer „e-Funktion"

Gegeben ist die Funktion f mit

$$f(x) = x^2 e^{-x} \quad \text{und} \quad D_f = \mathbb{R}.$$

a) Bestimme das Verhalten von f an den Rändern des Definitionsbereichs und die Nullstelle von f einschließlich ihrer Vielfachheit.

b) Leite f zweimal ab.
Untersuche das Monotonieverhalten von f. Gib Art und Lage der Extrempunkte von G_f an.
Warum hat der Graph G_f genau zwei Wendepunkte? Wo liegen diese?

c) Berechne $f(-1)$ und skizziere G_f unter Verwendung aller Ergebnisse.

d) Setze für eine Stammfunktion F von f an: $F(x) = (ax^2 + bx + c) \cdot e^{-x}$
Ermittle die Werte der Parameter a, b und c durch den Vergleich von $F'(x)$ mit $f(x)$.

e) Zeige, dass die Fläche, die von G_f und der x-Achse im I. Quadranten begrenzt wird und ins Unendliche reicht, einen endlichen Inhalt hat.

f) $O(0|0)$, $P(p|0)$ und $Q(p|f(p))$ mit $p > 0$ sind die Eckpunkte eines Dreiecks. Für welchen Wert von p ist der Flächeninhalt des Dreiecks am größten? Wie viel Prozent des Wertes von Teilaufgabe e) sind das?

8 Hoch- und Tiefpunkte von e-Funktionen (nach Abitur 1997)

Wir betrachten die in $\mathbb{R}$ definierten Funktionen f mit $f(x) = (x+1)^2 \cdot e^{1-x}$ und g mit $g(x) = 2(x+1) \cdot e^{1-x}$.

a) Bestimme jeweils das Verhalten für $x \to +\infty$ und $x \to -\infty$.

b) Ermittle die Schnittpunkte der Graphen G_f und G_g mit den Koordinatenachsen.

c) Bestimme Art und Lage der Extrempunkte von G_f bzw. G_g.
Gib die jeweilige Wertebereiche von f und g an.

d) Bestimme die Schnittpunkte von G_f und G_g.

e) Welches der drei Bilder gibt G_f und G_g wieder? „Who is who?" Begründe deine Antwort.

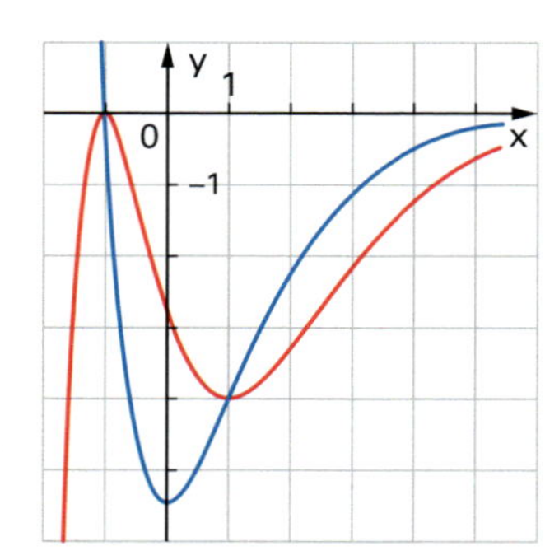

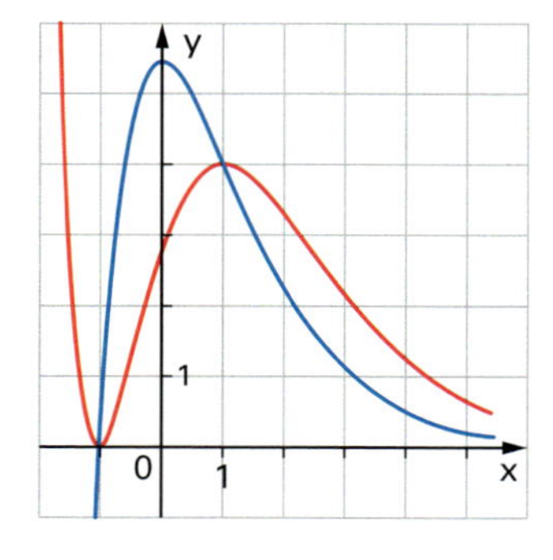

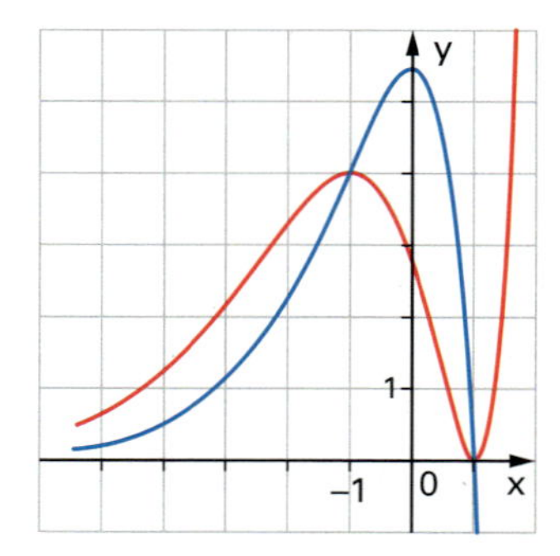

f) Zeige, dass für alle $x \in \mathbb{R}$ gilt: $g(x) - f(x) = f'(x)$.
Berechne damit den Inhalt der Fläche, die von den beiden Graphen zwischen ihren Schnittpunkten begrenzt wird.

9 Grundtechniken beim Untersuchen einer „ln-Funktion"

Gegeben ist die Funktion f mit

$$f(x) = \frac{1 + \ln x}{x} \quad \text{und} \quad x \in D_{max}.$$

a) Gib den maximalen Definitionsbereich D_{max} an. Untersuche das Verhalten von f an den Rändern des Definitionsbereichs. Begründe deine Überlegungen.

b) Bestimme die Nullstelle.

c) Leite f zweimal ab. Bestimme Art und Lage des Extrempunkts von G_f. Warum hat G_f genau einen Wendepunkt W? Wo liegt dieser?

d) Skizziere G_f unter Verwendung aller Ergebnisse.

e) Leite $g(x) = (\ln x)^2$ ab. Verwende das Ergebnis zum Ermitteln des unbestimmten Integrals $\int f(x)\,dx$.

f) Der Graph G_f, die x-Achse und die Parallele zur y-Achse durch den Extrempunkt schließen ein Flächenstück ein. Berechne seinen Inhalt.

10 „ln-Funktionen"

Gegeben sind die Funktionen f und g durch

$$f(x) = \ln(1 - x^2) \quad \text{und} \quad g(x) = \ln(x^2 - 1).$$

a) Bestimme die maximalen Definitionsbereiche D_f und D_g von f und g sowie die Symmetrie ihrer Graphen G_f und G_g. Untersuche jeweils das Verhalten der Funktionen an den Rändern ihrer Definitionsbereiche.

b) Berechne die Nullstellen von f und g.

c) Untersuche das Monotonieverhalten von f und von g.

d) Skizziere unter Verwendung der Asymptoten die Graphen G_f und G_g.

11 Umkehrung einer mit der e-Funktion verknüpften Funktion

Die Abbildung zeigt den Graphen G_f der Funktion f mit

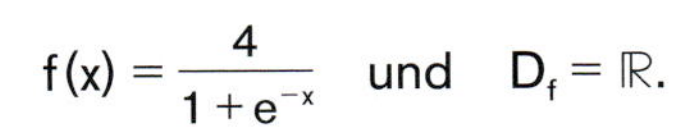

$$f(x) = \frac{4}{1 + e^{-x}} \quad \text{und} \quad D_f = \mathbb{R}.$$

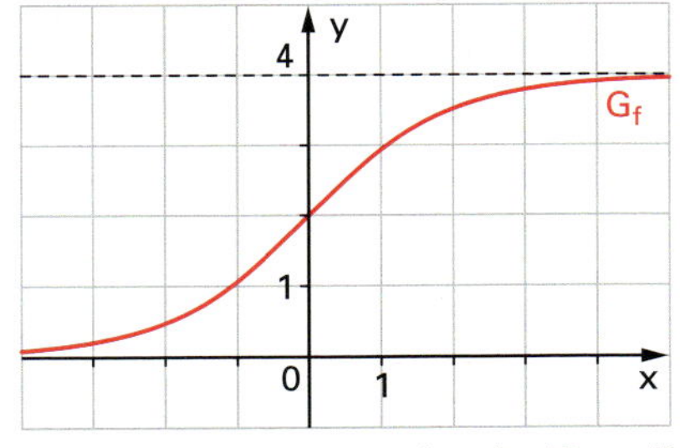

a) Begründe, dass f umkehrbar ist. Gib den Definitionsbereich der Umkehrfunktion f^{-1} an. Wie lautet ihr Term $f^{-1}(x)$?

b) Zeichne die Graphen G_f und $G_{f^{-1}}$ einschließlich ihrer Asymptoten in ein Koordinatensystem.

c) Erweitere den Term von f mit e^x und bestimme das Integral $\int f(x)\,dx$.

d) Der Schnittpunkt von G_f und $G_{f^{-1}}$ hat näherungsweise die Koordinaten $(3{,}9 \mid 3{,}9)$. Berechne damit einen Näherungswert für den Inhalt des Flächenstücks, das von G_f, $G_{f^{-1}}$, der x-Achse und der y-Achse im I. Quadranten eingeschlossen wird.

12 Modelle der Ausbreitung eines Gerüchts

In einem Betrieb mit 100 Mitarbeitern wird am Montagmorgen ein kleiner Kreis von 5 Personen vertraulich darüber informiert, dass die Firma in einen 50 km entfernten Ort verlegt werden soll. Trotz der Vertraulichkeit wissen es eine Woche später am Montagmorgen bereits 20 Betriebsangehörige.

Wir modellieren die Ausbreitung des Gerüchts als *beschränktes Wachstum*. Zur Beschreibung der Anzahl N(t) der informierten Personen in Abhängigkeit von der Zeit t in Wochen setzen wir an: $N(t) = g - a \cdot e^{-kt}$ wobei $0 < a < g$ und $k > 0$ sind.

a) Fertige eine Skizze des Graphen der Funktion $t \mapsto N$ an.

b) Bestimme die Werte der Parameter g, a und k.

c) Nach wie vielen Wochen kennt die Hälfte der Beschäftigten das Gerücht?

d) Wann breitet sich das Gerücht am stärksten aus? Wie groß ist die größte momentane Zuwachsrate?

Wir wollen diesem Problem nun ein verbessertes Wachstumsmodell zugrunde legen:

$$N(t) = \frac{g}{1 + e^{-a \cdot (t-b)}} \quad \text{und} \quad t \geq 0.$$

e) Skizziere ein t-N-Diagramm. Lies den Wert des Parameters g aus dem Aufgabentext ab. Berechne mithilfe von zwei Gleichungen die Werte der Parameter a und b.

f) Nach wie vielen Wochen kennt nach diesem Modell die Hälfte der Beschäftigten das Gerücht?

g) Wann breitet sich das Gerücht am stärksten aus? Wie groß ist die größte momentane Zuwachsrate?

13 Wachstum von Mais

Betrachtet wird das Wachstum von Maispflanzen ab dem 1. Mai, nachdem die Saat aufgegangen war. Die Pflanzen erreichen eine größte Höhe von 230 Zentimetern. Ihre durchschnittliche Höhe in Abhängigkeit von der Zeit t in Wochen, die seit dem 1. Mai verstrichen sind, lässt sich durch eine Funktion h der Form

$$h(t) = \frac{230}{1 + e^{-a \cdot (t-b)}} \quad \text{und} \quad t \geq 0$$

beschreiben.

a) Zeige, dass $h'(t)$ proportional zu $h(t) \cdot (230 - h(t))$ ist. Was bedeutet dies für das Wachstum der Maispflanzen?

b) Nach 7 Wochen sind die Maispflanzen durchschnittlich 42 cm hoch, nach 13 Wochen 188 cm. Berechne die Werte der Parameter a und b.

c) Wie hoch waren die Maispflanzen am 1. Mai? Skizziere aufgrund der bisherigen Ergebnisse ein t-h-Diagramm.

d) Eine Woche bevor die Pflanzen die größte Wachstumsgeschwindigkeit haben, sollen sie gedüngt werden. Wann muss die Düngung erfolgen?

e) Nach 25 Wochen wird der Mais geerntet. Wie hoch sind dann die Maispflanzen im Durchschnitt?

14 Innen- und Außentemperatur eines Hauses

Während eines Tages wird die Temperatur T_a (in °C) außerhalb eines Hauses in Abhängigkeit von der Uhrzeit t (in Stunden) durch

$T_a(t) = 6 \cdot \sin \frac{\pi}{12}(t-8) + 20$ mit $0 \le t \le 24$

beschrieben. Die Abbildung zeigt ihren Graphen G_a und den Graphen G_i der Temperatur T_i innerhalb des Hauses.

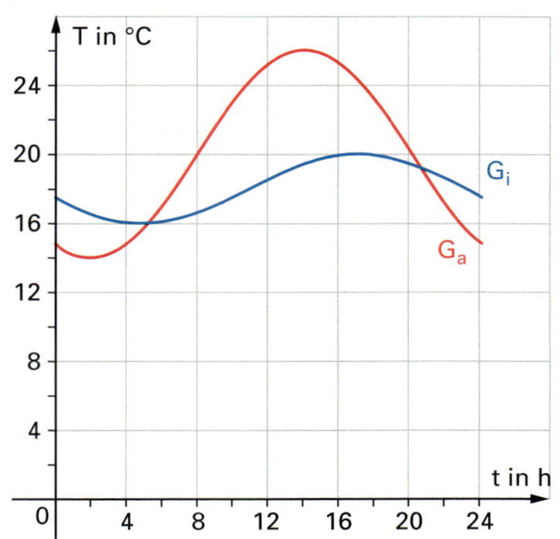

a) Wann ist die Außentemperatur am höchsten, wann am niedrigsten? Wie viele Stunden beträgt die Außentemperatur mindestens 24 °C?

b) Wann ist der Temperaturanstieg im Freien am größten?

Wir betrachten nun den Verlauf der Innentemperatur T_i.

c) Wie geht der Graph G_i der Funktion T_i aus der Sinuskurve $y = \sin x$ hervor? Stelle den Term $T_i(t)$ der Innentemperatur T_i auf.

d) Beschreibe, mit 0 Uhr beginnend, den Temperaturverlauf der Außentemperatur und wie sich diese jeweils auf die Innentemperatur auswirkt.

15 Die Geschwindigkeit eines Fallschirmspringers

Beim freien Fall mit Luftwiderstand wächst die Geschwindigkeit nicht unbegrenzt an. Wir untersuchen zunächst die zugrunde liegende Funktion v mit

$$v(t) = \frac{e^t - e^{-t}}{e^t + e^{-t}} \quad \text{und} \quad D_v = \mathbb{R}.$$

a) Bestimme die Symmetrie des Graphen G_v und sein Verhalten an den Rändern von D_v. Gib seine Asymptoten an.

b) Untersuche das Monotonieverhalten von G_v.

c) Ermittle die Lage des Wendepunkts W und die Gleichung der Wendetangente w.

d) Berechne v(1) und skizziere G_v unter Verwendung aller Ergebnisse.

Die Geschwindigkeit eines Fallschirmspringers in m/s bei nicht geöffnetem Fallschirm und gleichbleibender Haltung in Abhängigkeit von der Zeit t in s wird durch eine Funktion v_a der Form

$$v_a(t) = \frac{10}{a} \cdot \frac{e^{at} - e^{-at}}{e^{at} + e^{-at}} \quad \text{mit} \quad t \in \mathbb{R}_0^+,\ a > 0$$

beschrieben. a hängt vom Gewicht des Springers und seinem „Luftwiderstand“ ab.

e) Wie geht der Graph G_a der Funktion v_a aus G_v hervor? Welcher Zusammenhang besteht zwischen a und dem Grenzwert $\lim\limits_{t \to \infty} v_a(t)$, der sogenannten Endgeschwindigkeit? Skizziere G_2 in das vorhandene Koordinatensystem.

Die Endgeschwindigkeit eines Fallschirmspringers beträgt $50 \frac{m}{s}$.

f) Berechne a und gib die Gleichung für $v_a(t)$ an.

g) Welche Strecke hat der Fallschirmspringer nach 10 Sekunden durchfallen?

16 **Die Kettenlinie des Gateway Arch**

Eine an zwei Punkten aufgehängte Kette nimmt nicht die Form einer Parabel, sondern einer „Kettenlinie“ an. Wir betrachten zunächst die den Kettenlinien zugrunde liegende Funktion f mit

$$f(x) = \frac{e^x + e^{-x}}{2} \quad \text{und} \quad D_f = \mathbb{R}.$$

a) Wir zerlegen f(x) in die Summanden $f_1(x) = \frac{e^x}{2}$ und $f_2(x) = \frac{e^{-x}}{2}$. Zeichne den Graphen G_{f_1} von f_1 im Bereich $[-3; 3]$ mithilfe einer Wertetabelle.
Erläutere, wie man aus G_{f_1} den Graphen G_{f_2} und schließlich aus G_{f_1} und G_{f_2} den Graphen G_f von f erhält. Zeichne G_{f_2} und G_f in das vorhandene Koordinatensystem.

In einem geeigneten Koordinatensystem lässt sich jede Kettenlinie durch eine Funktion f_a der Form

$$f_a(x) = \frac{e^{ax} + e^{-ax}}{2a} \quad \text{mit} \quad a \neq 0$$

beschreiben.

b) Wie entsteht der Graph der Funktion f_a, die Kettenlinie G_a, aus dem Graphen G_f? Welche Koordinaten hat der Extrempunkt von G_a?

c) Lass einen Funktionsplotter die Kettenlinien $G_{-3}, G_{-2}, \ldots, G_3$ zeichnen. Überprüfe deine Lösung von Aufgabe b) anhand der gezeichneten Kurven.

Der rechts abgebildete Rundbogen „Gateway Arch“ ist das Wahrzeichen von St. Louis, Missouri. Er ist 631 feet hoch und an der breitesten Stelle 631 feet breit. Die Bogenform ist eine Kettenlinie.

d) In einem Koordinatensystem mit der Längeneinheit 1 foot kann die Kettenlinie durch eine Funktion f_a beschrieben werden. Warum gelingt es uns nicht, den zugehörigen Parameterwert a genau zu berechnen? $a = -2^{-7}$ ist ein guter Näherungswert.
Wie verläuft das zugehörige Koordinatensystem? Überprüfe in diesem die Koordinaten der beiden Endpunkte des Bogens.

e) Berechne den Flächeninhalt der vom Bogen des Gateway Arch aufgespannten Fläche in square feet.
Rechne den Flächeninhalt in m^2 um (1 foot = 30,5 cm).

Die Binomialverteilung

5 Zufallsgrößen

Beim mehrmaligen Würfeln interessiert man sich z. B. für die Anzahl der Sechser, beim Schafkopf für die Anzahl der Ober, bei einem Glücksspiel für die Höhe des Gewinns, bei der Fahrkartenkontrolle in der U-Bahn für die Anzahl der Schwarzfahrer (Aufgabe 1). Bei diesen Betrachtungen steht nicht das einzelne Ergebnis im Vordergrund, sondern eine Eigenschaft der Ergebnisse, die man durch Zahlen beschreibt. Damit befassen wir uns in diesem Kapitel.

5.1 Zufallsgrößen und ihre Wahrscheinlichkeitsverteilungen

Wirft man zwei unterscheidbare Würfel, erhält man als Ergebnisse Zahlenpaare wie (2|3). Der Ergebnisraum Ω enthält insgesamt 36 Zahlenpaare $\omega_1, \ldots, \omega_{36}$:

$$\Omega = \{(1|1), (1|2), (1|3), (1|4), (1|5), (1|6), (2|1), (2|2), \ldots, (6|6)\}$$

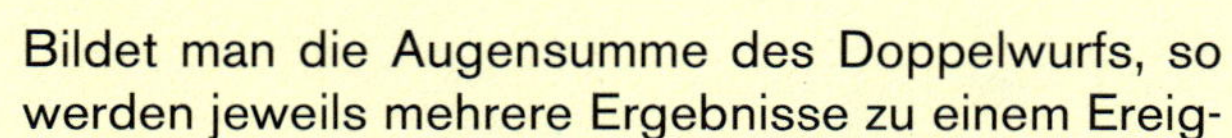

Bildet man die Augensumme des Doppelwurfs, so werden jeweils mehrere Ergebnisse zu einem Ereignis zusammengefasst. Beispielsweise besteht das Ereignis E: „Augensumme 4" aus drei Ergebnissen: $E = \{(1|3),(2|2),(3|1)\}$.

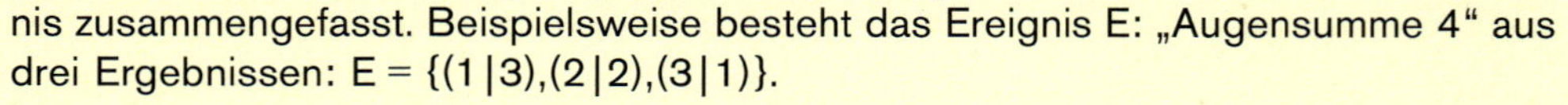

Durch das Bilden der Augensumme wird jedem $\omega \in \Omega$ eindeutig eine der natürlichen Zahlen von 2 bis 12 zugeordnet, z. B. $(1|3) \mapsto 4$. Eine eindeutige Zuordnung nennt man in der Mathematik Funktion. Solche Funktionen in der Stochastik heißen Zufallsgrößen und werden mit großen lateinischen Buchstaben bezeichnet:

> Eine Funktion X, die jedem Ergebnis ω eines Ergebnisraumes Ω eine reelle Zahl x zuordnet, heißt **Zufallsgröße** X.

Das Ereignis $E = \{(1|3),(2|2),(3|1)\}$, die Menge aller Zahlenpaare mit Augensumme 4, wird kurz durch $X = 4$ beschrieben.
Da jedes der 36 möglichen Ergebnisse des Doppelwurfs mit der Wahrscheinlichkeit $\frac{1}{36}$ eintritt, ist $P(E) = \frac{3}{36} = \frac{1}{12}$. Unter Verwendung von X schreiben wir $P(X = 4) = \frac{3}{36} = \frac{1}{12}$.

Die Werte der Zufallsgröße X sind die natürlichen Zahlen von 2 bis 12, die Wertemenge ist also $W = \{2, 3, 4, \ldots, 11, 12\}$. Für jeden Wert x dieser Menge lässt sich die zugehörige Wahrscheinlichkeit $P(X = x)$ unmittelbar aus der Anzahl der zugehörigen Ergebnisse ablesen:

x	2	3	4	5	6	7	8	9	10	11	12
$P(X = x)$	$\frac{1}{36}$	$\frac{2}{36}$	$\frac{3}{36}$	$\frac{4}{36}$	$\frac{5}{36}$	$\frac{6}{36}$	$\frac{5}{36}$	$\frac{4}{36}$	$\frac{3}{36}$	$\frac{2}{36}$	$\frac{1}{36}$

Die Summe aller Wahrscheinlichkeiten $P(X = x)$ ist gleich 1.

Jeder Wert x einer Zufallsgröße X tritt mit einer bestimmten Wahrscheinlichkeit $P(X = x)$ auf. Die Funktion, die jedem Wert x einer Zufallsgröße X die Wahrscheinlichkeit $P(X = x)$ zuordnet, heißt **Wahrscheinlichkeitsverteilung** der Zufallsgröße X.

Die folgende Abbildung zeigt den Zusammenhang zwischen einer Zufallsgröße X und ihrer Wahrscheinlichkeitsverteilung.

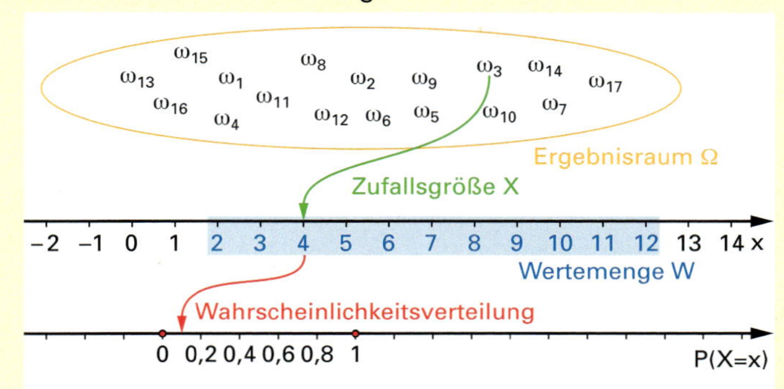

Graphische Darstellung der Wahrscheinlichkeitsverteilung

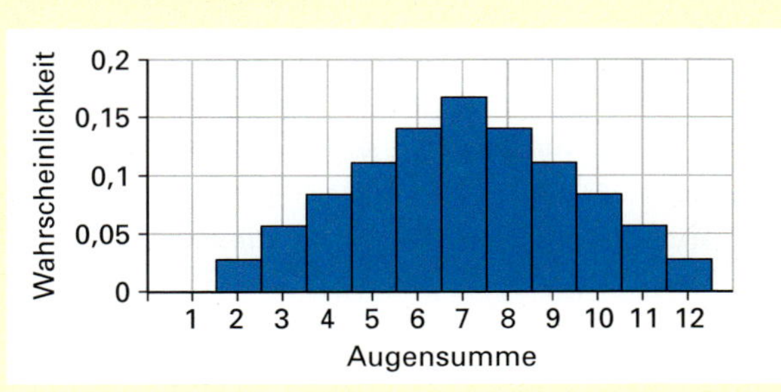

Der Graph der Wahrscheinlichkeitsverteilung $x \mapsto P(X = x)$ besteht aus 12 Punkten. Um größere Anschaulichkeit und Übersichtlichkeit zu erhalten, zeichnet man stattdessen häufig ein Diagramm aus Säulen, das man **Histogramm** nennt. Dabei wird über jedem x-Wert ein Rechteck gezeichnet, dessen Flächeninhalt gleich der Wahrscheinlichkeit $P(X = x)$ ist. Meist verwendet man die Breite 1; dann ist die Höhe des Rechtecks gleich $P(X = x)$.

Aufgaben

1 U-Bahn-Kontrolle

In einem U-Bahn-Waggon befinden sich 10 Fahrgäste. Darunter sind 2 Schwarzfahrer (S). Es werden 2 Personen kontrolliert.

a) Zeichne ein vollständig beschriftetes Baumdiagramm zu diesem Zufallsexperiment.

b) Beschreibe den Unterschied der Wahrscheinlichkeiten $P(SS)$ und $P_S(S)$ in Worten. Begründe, warum immer gilt: $P(SS) < P_S(S)$

c) Berechne die Wahrscheinlichkeit für die Ereignisse A_k: „Genau k Schwarzfahrer werden erwischt“ für alle möglichen Werte von k.

2 Münzwurf

Gib den Ergebnisraum Ω des folgenden Zufallsexperiments an. Welche Werte kann die Zufallsgröße X annehmen? Erstelle eine Tabelle zur Wahrscheinlichkeitsverteilung von X. Zeichne ein Histogramm.

a) Eine Laplace-Münze wird dreimal geworfen. X gibt an, wie oft Zahl fällt.

b) Eine Laplace-Münze wird so lange geworfen, bis eine der beiden Seiten zum zweiten Mal erscheint. X sei die Anzahl der Würfe.

c) Eine Laplace-Münze wird so lange geworfen, bis zum ersten Mal Zahl erscheint, höchstens aber viermal. X sei die Anzahl der Würfe bis zum Spielende.

3 Chuck a luck

Beim Glücksspiel „chuck a luck" setzt man auf eine der 6 möglichen Augenzahlen beim Würfeln. Anschließend werden drei Würfel geworfen. Erscheint die gesetzte Zahl 1-, 2- oder 3-mal, so erhält der Spieler das 1-, 2- oder 3-fache seines Einsatzes und zusätzlich noch seinen Einsatz zurück. Andernfalls verliert er seinen Einsatz. Der Gewinn ist die Differenz zwischen Auszahlung und Einsatz. Betrachtet wird die Zufallsgröße X: „Gewinn bei Einsatz von 1 Euro".

a) Welche Werte nimmt die Zufallsgröße X an?

b) Bestimme mithilfe eines Baumdiagramms die Wahrscheinlichkeitsverteilung von X und halte sie in einer Tabelle fest.

4 Warten auf die Sechs

Beim „Mensch ärgere dich nicht" braucht man eine Sechs, um anfangen zu können. In jeder Runde darf man höchstens dreimal würfeln. X sei die Anzahl der Würfe, bis man ins Spiel kommt.

a) Berechne die Wahrscheinlichkeit, dass genau beim dritten Wurf zum ersten Mal eine Sechs fällt, also $P(X = 3)$.

b) Gib den Term für die Wahrscheinlichkeit $P(X = n)$ an.

c) Berechne die Wahrscheinlichkeit, dass in der ersten Serie eine Sechs fällt, d. h. $P(X \leq 3)$.

d) Was bedeutet $4 \leq X \leq 6$ für das Spiel? Berechne $P(4 \leq X \leq 6)$.

5 Roulette

Julia und Jan setzen beim Roulette jeweils einen Jeton. Julia setzt auf das *carré* $\{1, 2, 4, 5\}$ und Jan auf die *colonne* $\{2, 5, 8, \ldots, 35\}$. Für das Eintreten von *carré* erhält man $\frac{36}{4} = 9$ Jetons zurück, für das Eintreten von *colonne* $\frac{36}{12} = 3$ Jetons. Der Gewinn ist die Differenz aus Auszahlung und Einzahlung.

a) Welche Werte kann die Zufallsgröße X: „Gewinn von Julia" annehmen? Bestimme ihre Wahrscheinlichkeitsverteilung.

b) Welche Werte kann die Zufallsgröße Y: „Gewinn von Jan" annehmen? Bestimme ihre Wahrscheinlichkeitsverteilung.

c) Welche Werte kann die Zufallsgröße Z: „Gewinn von Jan und Julia" annehmen? Bestimme ihre Wahrscheinlichkeitsverteilung.

5.2 Erwartungswert und Varianz

Chuck a luck – ein altes amerikanisches Glücksspiel

Der Spieler setzt zunächst auf einem Tableau auf eine der 6 möglichen Augenzahlen beim Würfeln. Anschließend wirft er drei Würfel in einem Käfig.
Zeigt mindestens ein Würfel die gesetzte Augenzahl, erhält der Spieler seinen Einsatz zurück und zusätzlich für *jeden* Würfel, der diese Zahl zeigt, noch einmal den Einsatz.

Wir setzen 1 Euro und betrachten die Zufallsgröße X: „Gewinn beim *chuck a luck* (in Euro)". Der Gewinn ist die Differenz zwischen Auszahlung und Einzahlung. X kann also die Werte −1, 1, 2 oder 3 annehmen. Dabei bedeutet der Wert −1, dass wir 1 Euro verlieren. Nach Aufgabe 3 auf Seite 82 erhalten wir für X folgende Wahrscheinlichkeitsverteilung:

Gewinn x	−1	1	2	3
P(X = x)	$\frac{125}{216}$	$\frac{75}{216}$	$\frac{15}{216}$	$\frac{1}{216}$

Die Wahrscheinlichkeit für einen Verlust ist etwas größer als 50 %. Führt das Spiel langfristig zu Verlusten? Gleichen die Gewinne von 1, 2 oder gar 3 Euro diese aus? Aufgrund der Wahrscheinlichkeiten können wir erwarten, dass wir in einer Serie von sehr vielen Spielen im Mittel von 216 Spielen ungefähr 125-mal 1 € verlieren, 75-mal 1 €, 15-mal 2 € und einmal 3 € gewinnen. Im Mittel erwarten wir also einen Gewinn von ungefähr

$$\frac{(-1)\cdot 125 + 1\cdot 75 + 2\cdot 15 + 3\cdot 1}{216}\,€ = -\frac{17}{216}\,€ \approx -0{,}08\,€$$

Der Spieler hat also im Mittel pro Spiel einen Verlust von 8 Cent zu erwarten.

Der zu erwartende Mittelwert wird als **Erwartungswert** E(X) der Zufallsgröße X bezeichnet. Zerlegen wir den Bruch in einzelne Summanden, erhalten wir den Term (Aufgabe 1)

$$E(X) = -1\cdot\frac{125}{216} + 1\cdot\frac{75}{216} + 2\cdot\frac{15}{216} + 3\cdot\frac{1}{216} = -\frac{17}{216}.$$

Der Erwartungswert ist also der Mittelwert der mit den Wahrscheinlichkeiten gewichteten Werte der Zufallsgröße.

Eine Zufallsgröße X nehme die Werte $x_1, x_2, \ldots, x_n$ mit den Wahrscheinlichkeiten $P(X = x_1), P(X = x_2), \ldots, P(X = x_n)$ an. Dann heißt der zu erwartende Mittelwert

$$E(X) = x_1\cdot P(X = x_1) + \ldots + x_n\cdot P(X = x_n) = \sum_{i=1}^{n} x_i\cdot P(X = x_i)$$

Erwartungswert von X. Der Erwartungswert wird auch mit μ bezeichnet.

Spiele, bei denen der Erwartungswert des Gewinns Null ist, heißen **fair**.

Beachte: Der Erwartungswert μ einer Zufallsgröße X ist häufig kein Wert, den die Zufallsgröße annimmt.

Varianz und Standardabweichung

Beim Roulette setzt Yannick 10 € auf die Zahl 13. Zita setzt 10 € auf rouge. Für die Zufallsgrößen Y und Z, die den jeweiligen Gewinn von Yannick und Zita beschreiben, erhalten wir folgende Wahrscheinlichkeitsverteilungen

y	−10	350
P(Y = y)	$\frac{36}{37}$	$\frac{1}{37}$

z	−10	10
P(Z = z)	$\frac{19}{37}$	$\frac{18}{37}$

und damit die Erwartungswerte:

$$E(Y) = -10 \cdot \tfrac{36}{37} + 350 \cdot \tfrac{1}{37} = -\tfrac{10}{37};$$
$$E(Z) = -10 \cdot \tfrac{19}{37} + 10 \cdot \tfrac{18}{37} = -\tfrac{10}{37}.$$

Überraschenderweise sind beide Erwartungswerte gleich, d. h., auf lange Sicht verlieren beide Spieler dasselbe, nämlich im Mittel $\frac{1}{37}$ ihres Einsatzes. Trotzdem unterscheiden sich die beiden Wahrscheinlichkeitsverteilungen deutlich: Yannick gewinnt zwar mit kleiner Wahrscheinlichkeit sehr viel, verliert aber mit großer Wahrscheinlichkeit seinen Einsatz. Zita hingegen gewinnt und verliert mit etwa gleich großer Wahrscheinlichkeit ihren Einsatz. Yannick geht also ein größeres Risiko ein. Wie können wir dieses Risiko mathematisch beschreiben?

Die Tabellen zeigen, dass bei der Zufallsgröße Y die Abweichungen vom Erwartungswert E(Y) wesentlich größer sind als die Abweichungen der Zufallsgröße Z von E(Z). Diese Abweichungen verwenden wir, um ein Maß für das Risiko zu definieren.

Für die mittlere Abweichung der Werte einer Zufallsgröße X von ihrem Erwartungswert μ bieten sich die mit den Wahrscheinlichkeiten gewichteten Abweichungen $(x_i - \mu) \cdot P(X = x_i)$ an. Für Y ergibt sich:

$$\left(-10 + \tfrac{10}{37}\right) \cdot \tfrac{36}{37} + \left(350 + \tfrac{10}{37}\right) \cdot \tfrac{1}{37} = -10 \cdot \tfrac{36}{37} + \tfrac{10}{37} \cdot \tfrac{36}{37} + 350 \cdot \tfrac{1}{37} + \tfrac{10}{37} \cdot \tfrac{1}{37}$$
$$= \left(-10 \cdot \tfrac{36}{37} + 350 \cdot \tfrac{1}{37}\right) + \tfrac{10}{37} \cdot \left(\tfrac{36}{37} + \tfrac{1}{37}\right) = E(Y) - E(Y) \cdot 1 = 0$$

Analog erhalten wir auch für Z den Wert 0.
Das muss auch so sein, denn im Mittel müssen die Abweichungen vom Mittelwert μ gleich 0 sein – sonst wäre es ja nicht der Mittelwert.
Die mittleren Abweichungen sind also ein untaugliches Maß für das Risiko, da es nur auf den Betrag der Abweichungen ankommt und nicht auf ihr Vorzeichen. Wir könnten die absolute mittlere Abweichung mithilfe von $|x_i - \mu| \cdot P(X = x_i)$ berechnen. Wegen der Unhandlichkeit des Betrags nimmt man stattdessen $(x_i - \mu)^2 \cdot P(X = x_i)$ für die Berechnung. Das Quadrat sorgt zum einen dafür, dass das Vorzeichen der Abweichung keine Rolle spielt und zum anderen dafür, dass größere Schwankungen stärker ins Gewicht fallen.

> Eine Zufallsgröße X mit dem Erwartungswert μ nehme die Werte $x_1, x_2, \ldots, x_n$ mit den Wahrscheinlichkeiten $P(X = x_1), P(X = x_2), \ldots, P(X = x_n)$ an. Dann heißt die zu erwartende mittlere quadratische Abweichung von μ **Varianz** von X:
>
> $$\mathrm{Var}(X) = (x_1 - \mu)^2 \cdot P(X = x_1) + \ldots + (x_n - \mu)^2 \cdot P(X = x_n) = \sum_{i=1}^{n} (x_i - \mu)^2 \cdot P(X = x_i)$$

Für die Zufallsgrößen Y und Z unseres Beispiels erhalten wir:

$$\mathrm{Var}(Y) = (-10 + \tfrac{10}{37})^2 \cdot \tfrac{36}{37} + (350 + \tfrac{10}{37})^2 \cdot \tfrac{1}{37} \approx 3408$$
$$\mathrm{Var}(Z) = (-10 + \tfrac{10}{37})^2 \cdot \tfrac{19}{37} + (10 + \tfrac{10}{37})^2 \cdot \tfrac{18}{37} \approx 100$$

Die Werte der Zufallsgrößen Y und Z sind Maßzahlen der Größe „Gewinn", die in Euro gemessen wird. Die mittleren quadratischen Abweichungen Var(Y) und Var(Z) sind Maßzahlen einer Größe, die in $(\text{Euro})^2$ gemessen wird. Das ist unanschaulich und als Maß für das Risiko eines Glücksspiels ungeeignet. Um eine Maßzahl von der gleichen Einheit wie Y bzw. Z zu erhalten, zieht man deshalb die Wurzel.

> Die Wurzel aus der Varianz einer Zufallsgröße X heißt **Standardabweichung** σ:
>
> $$\sigma = \sqrt{\mathrm{Var}(X)}$$

Für Y und Z ergeben sich die Standardabweichungen

$$\sigma(Y) = \sqrt{\mathrm{Var}(Y)} \approx 58 \quad \text{und} \quad \sigma(Z) = \sqrt{\mathrm{Var}(Z)} \approx 10.$$

Die Standardabweichung von Y ist wesentlich größer als die Standardabweichung von Z. Sie ist ein Maß für Yannicks bzw. Zitas Risiko.
Zitas Standardabweichung von ungefähr 10 € ist anschaulich: Mit ungefähr gleicher Wahrscheinlichkeit wird bei einem Spiel entweder ein Verlust von 10 € oder ein Gewinn von 10 € eintreten. Yannicks Standardabweichung von 58 € bringt deutlich zum Ausdruck, dass seine Werte erheblich stärker vom gemeinsamen Mittelwert abweichen, „langfristig" im Mittel um ungefähr 58 € (Aufgabe 7).

Aufgaben

1 Notendurchschnitt

In der Klasse 10c wird die Mathe-Schulaufgabe zurückgegeben. Der Lehrer sagt: „Unter allen 30 Arbeiten gab es genau so viele Einser wie Sechser. Zweier gab es doppelt so viele wie Einser, leider waren es drei Fünfer mehr als Zweier und doppelt so viele Vierer wie Fünfer. Es gab nur einen Dreier."

a) Wie viele Einser, Zweier, ..., Sechser gab es?

b) Berechne den Notendurchschnitt.

c) Stelle die Wahrscheinlichkeitsverteilung der Zufallsgröße X: „Note der Mathe-Schulaufgabe eines zufällig ausgewählten Schülers" auf. Wie kann man aus den einzelnen Noten und den zugehörigen relativen Häufigkeiten den Durchschnitt berechnen?

② Auf dem Jahrmarkt

In einer „Glücksbude" wird folgendes Spiel angeboten: Beim Werfen zweier normaler Würfel erhält der Spieler 1 € für Augensumme 10, 2 € für Augensumme 11 und 3 € für Augensumme 12 ausbezahlt. Sonst erhält er nichts. Der Spieleinsatz ist 0,40 €.
Die Zufallsgröße X sei der Gewinn pro Spiel.

a) Erstelle eine Tabelle der Wahrscheinlichkeitsverteilung von X.

b) Berechne den Erwartungswert E(X). Lohnt sich das Spiel für den Budenbesitzer?

③ Faires Spiel

a) Georg bietet auf dem Schulfest folgendes Glücksspiel an: Es werden zwei Laplace-Würfel geworfen. Als Gewinn erhält man so viele Cent, wie die Summe der beiden Augenzahlen beträgt. Welchen Einsatz muss Georg verlangen, damit das Spiel fair ist?

b) Svenja bietet auf dem Schulfest folgendes Spiel an:
Nachdem ein Spieler einen Einsatz von 20 Cent in eine Schale gelegt hat, darf er zweimal am abgebildeten Glücksrad drehen. Zeigt der Zeiger auf 2, so verdoppelt Svenja den in der Schale liegenden Betrag, weist der Zeiger auf $\frac{1}{2}$, so halbiert sie ihn. Der Spieler erhält nach zweimaligem Drehen den Betrag aus der Schale zurück.
Wie groß ist der Erwartungswert für den Gewinn bei diesem Spiel?
Wie müssen die Größen der beiden Kreissektoren auf dem Glücksrad geändert werden, damit das Spiel fair ist?

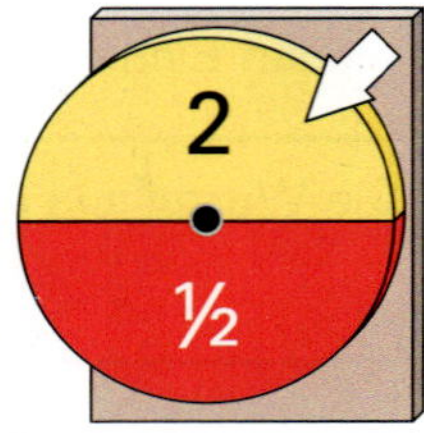

④ Spiel 77

Beim „Spiel 77" nimmt ein Spielteilnehmer mit der 7-stelligen, auf dem Spielschein aufgebrachten Losnummer teil. Für jede Ziehung wird eine 7-stellige Glückszahl ermittelt. Der Vergleich von Losnummer und Gewinnzahl erfolgt von rechts nach links bis man auf die erste nicht übereinstimmende Ziffer trifft. Die Anzahl der übereinstimmenden Ziffern bestimmt die Gewinnklasse: Gewinnklasse 1 bei 7 Ziffern, 2 bei 6 Ziffern, ..., 7 bei 1 Ziffer. Der Einsatz beträgt 1,50 €. Die Abbildung zeigt den Gewinnplan im Spiel 77 vom 1.8.2009:

SPIEL 77

Spieleinsatz: 10.429.623,00 €

Klasse	Anzahl der Gewinne	Quote
1	1	1.070.000,00 €
2	3	70.000,00 €
3	57	7.000,00 €
4	649	700,00 €
5	6128	70,00 €
6	50156	7,00 €
7	477827	2,50 €

a) Wie viel Prozent der teilgenommenen Spieler haben an diesem Tag die Gewinnklasse 6 erreicht? Vergleiche diesen Wert mit der theoretischen Wahrscheinlichkeit für die Gewinnklasse 6.

b) Der Gewinn z.B. in Spielklasse 7 beträgt 2,50 € − 1,50 € = 1,00 €. Berechne den Erwartungswert der Zufallsgröße X: „Gewinn beim Spiel 77 am 1.8.2009". Verwende dazu die relativen Häufigkeiten der einzelnen Gewinnklassen als Näherungswerte für die Wahrscheinlichkeiten.

5 Losbude

In einer Lostrommel befinden sich 1000 Lose. Darunter ein Hauptgewinn, 30 Mittelgewinne und 70 Kleingewinne. Der Rest sind Nieten. Ein Kleingewinn ist 1 €, ein Mittelgewinn 5 € wert. Wie viel darf der Hauptgewinn maximal wert sein, wenn ein Los 1 € kostet und der Budenbesitzer pro Lostrommel mindestens 80 € Gewinn erzielen möchte?

6 Fruchtjoghurt

In einem Supermarkt werden 85% der Joghurtbecher regulär verkauft. Bei diesen liegt der Verkaufspreis jeweils um 22 Cent höher als der Einkaufspreis. Diejenigen Becher, die bis einen Tag vor Ablauf des Mindesthaltbarkeitsdatums nicht verkauft wurden, werden für die Hälfte des ursprünglichen Verkaufspreises angeboten. Von diesen können dann erfahrungsgemäß 40% doch noch verkauft werden. Für die Beseitigung der Becher, die wegen Beschädigung oder wegen Ablaufs des Mindesthaltbarkeitsdatums unverkäuflich sind, fallen keine zusätzlichen Entsorgungsgebühren an.
Aus diesen Informationen errechnet sich für den Supermarkt im Mittel ein Gewinn von 11,2 Cent pro Becher. Berechne den Einkaufspreis eines Bechers.

7 Varianz und Standardabweichung beim Werfen eines Laplace-Würfels

Wir betrachten die Zufallsgröße X: „Augenzahl beim Wurf eines idealen Würfels“.

a) Zeichne ein Histogramm und berechne den Erwartungswert μ.

b) Berechne für jede Augenzahl x den Betrag ihrer Abweichung vom Erwartungswert μ und damit die mittlere absolute Abweichung. Trage diese von μ aus nach links und rechts ins Histogramm ein.

c) Berechne die Varianz Var(X) und die Standardabweichung σ. Trage σ von μ aus ins Histogramm ein. Vergleiche die mittlere absolute Abweichung mit σ.

8 Wurf eines Tetraeders

Wir betrachten die Zufallsgröße X: „Augenzahl beim Wurf eines idealen Tetraeders“.

a) Zeichne ein Histogramm und berechne den Erwartungswert μ.

b) Berechne die Varianz Var(X) und die Standardabweichung σ. Trage σ von μ aus nach links und rechts ins Histogramm ein.

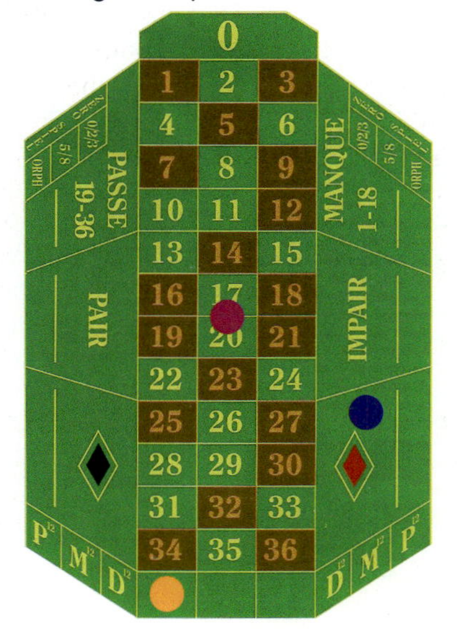

9 Roulette

Beim Roulette setzen Anna, Benny und Curt ihre Jetons wie abgebildet. Die Zufallsgrößen A, B und C stehen für die jeweiligen Gewinne.

a) Berechne die Erwartungswerte von A, B und C.

b) Zeichne jeweils ein Histogramm der Verteilungen von A, B und C.

c) Vergleiche die Standardabweichungen der drei Zufallsgrößen.

10 Stockfinster

Ein Nachtwächter möchte im Dunkeln eine Tür aufsperren: Von seinen 5 Schlüsseln passen für diese Tür genau 2. Er probiert in zufälliger Reihenfolge einen nach dem anderen bis der Schlüssel passt. Dabei steckt er jeweils nicht passende Schlüssel weg. X sei die Anzahl der Schlüssel, die der Nachtwächter ausprobiert, bis sich die Tür öffnen lässt.

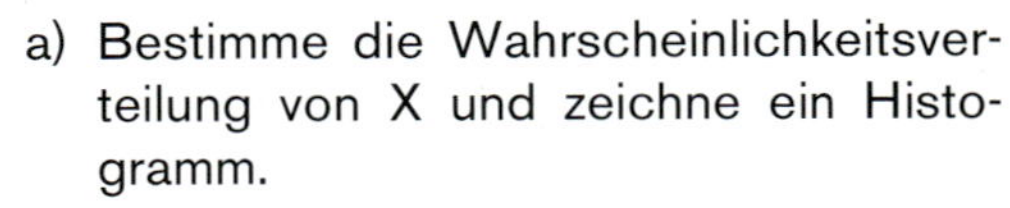

a) Bestimme die Wahrscheinlichkeitsverteilung von X und zeichne ein Histogramm.

b) Berechne den Erwartungswert E(X) und die Standardabweichung σ. Trage σ von μ aus nach links und rechts ins Histogramm ein.

11 Parameter gesucht

Eine Zufallsgröße X hat die folgende Wahrscheinlichkeitsverteilung:

x	0	1	2	3	4	5
P(X = x)	0,11	0,32	0,35	0,12	a	b

a) Berechne die Werte der Parameter a und b, wenn die Zufallsgröße X den Erwartungswert 1,8 hat.

b) Berechne die Varianz und die Standardabweichung von X.

12 Notenverteilungen im Vergleich

Eine Mathe-Schulaufgabe in der 10a und eine Spanisch-Schulaufgabe in der 10b erbrachten folgende Notenverteilungen:

Note	1	2	3	4	5	6
Schüleranzahl in 10a	4	4	5	3	3	1
Schüleranzahl in 10b	–	–	5	10	5	–

a) Berechne zu den beiden Zufallsgrößen A „Note in 10a“ und B „Note in 10b“ jeweils die Durchschnittswerte μ_A und μ_B sowie die Standardabweichungen σ_A und σ_B.

b) Anna aus der 10a hat die Note 2, Bea aus der 10b die Note 3. Anna ist der Meinung, dass sie besser als Bea ist. Bea dagegen argumentiert, dass beide gleich gut abgeschnitten hätten, da jede um genau eine Note über dem jeweiligen Durchschnitt liegt. Wer hat Recht?
Drücke die Abweichungen von Annas bzw. Beas Note vom jeweiligen Erwartungswert als Vielfaches der jeweiligen Standardabweichung aus. Wer hat im Vergleich zu ihren Mitschülern besser abgeschnitten?

5.3 Ziehen ohne Zurücklegen

Die Wahrscheinlichkeitsverteilungen von Zufallsgrößen haben wir häufig mithilfe von Baumdiagrammen bestimmt. Das ist bei mehrstufigen Zufallsexperimenten oft recht aufwändig. Bei Laplace-Experimenten müssen wir „nur" die günstigen und die möglichen Ergebnisse zählen und den Quotienten berechnen. Bei mehrstufigen Zufallsexperimenten ist das Zählen aber eine Kunst. Hilfreich ist dabei das Zählprinzip (Aufgabe 1). Wir werden daraus zwei einfache, leistungsfähige Zählregeln gewinnen.

Permutationen

Das Zählprinzip besagt, dass wir bei einem mehrstufigen Zufallsexperiment die Anzahl der möglichen Ergebnisse erhalten, indem wir die Anzahl der Möglichkeiten der einzelnen Stufen miteinander multiplizieren. Dazu ein Beispiel!

Bei der *Dreierwette beim Pferderennen* setzt man darauf, welches Pferd den 1., welches Pferd den 2. und welches Pferd den 3. Platz belegen wird. Sind 10 Pferde am Start, gibt es für das erste Pferd 10 Möglichkeiten, für das zweite 9 Möglichkeiten und für das dritte 8 Möglichkeiten; nach dem Zählprinzip insgesamt also

$$10 \cdot 9 \cdot 8 = 720 \quad \text{Möglichkeiten.}$$

Für den Zieleinlauf gibt es für alle 10 Pferde

$$10 \cdot 9 \cdot 8 \cdot 7 \cdot 6 \cdot 5 \cdot 4 \cdot 3 \cdot 2 \cdot 1 = 3\,628\,800 \quad \text{Möglichkeiten.}$$

Es gibt also etwa dreieinhalb Millionen verschiedene Anordnungen von 10 Pferden – eine überraschend große Zahl.

Als Abkürzung für das Produkt der Zahlen von 1 bis 10 schreibt man 10! (gelesen: 10 Fakultät). Es wird sich als zweckmäßig erweisen auch $1! = 1$ und $0! = 1$ festzulegen.

Wir verallgemeinern:

Eine Anordnung von n verschiedenen Objekten nennt man **Permutation**. Es gibt

$$n! = n \cdot (n-1) \cdot (n-2) \cdot \ldots \cdot 3 \cdot 2 \cdot 1 \quad \text{(gelesen: n Fakultät)}$$

Permutationen von n Objekten. Es sei $0! = 1$ und $1! = 1$.

Beachte: In Tabellenkalkulationsprogrammen benutzt man zur Berechnung von n! die Funktion FAKULTÄT(n).

Kombinationen

Wir betrachten das Lottospiel „6 aus 49“. Wie groß ist die Wahrscheinlichkeit, einen „Sechser“ zu erzielen?

X sei die „Anzahl der Richtigen“. Wir suchen somit die Wahrscheinlichkeit $P(X = 6)$.
Jedes der vielen möglichen Ergebnisse ist gleichwahrscheinlich. Deshalb können wir die Wahrscheinlichkeit mithilfe der Formel

$$P(X = 6) = \frac{\text{Anzahl der günstigen Ergebnisse}}{\text{Anzahl aller möglichen Ergebnisse}}$$

berechnen.

Nur eines der vielen Ergebnisse ist günstig:

$$P(X = 6) = \frac{1}{\text{Anzahl aller möglichen Ergebnisse}}.$$

Wie viele Möglichkeiten gibt es, einen Lottoschein auszufüllen?

Man hat zunächst 49 Möglichkeiten für das erste Kreuz, dann 48 Möglichkeiten für das zweite Kreuz, ... und schließlich 44 Möglichkeiten für das 6. Kreuz, nach dem Zählprinzip also insgesamt $49 \cdot 48 \cdot 47 \cdot 46 \cdot 45 \cdot 44$ Möglichkeiten.
Dabei würden wir aber unterscheiden, ob wir z. B. die Zahl 2 als erste, als zweite, ... oder als sechste Zahl angekreuzt haben (Aufgabe 4). Im Gegensatz zum Tippen beim Pferderennen spielt aber die Reihenfolge beim Ausfüllen des Lottoscheines keine Rolle. Alle möglichen Permutationen der sechs getippten Zahlen fallen zu einem einzigen Ergebnis zusammen. Für die Permutationen von sechs Zahlen gibt es $6! = 1 \cdot 2 \cdot 3 \cdot 4 \cdot 5 \cdot 6$ Möglichkeiten.
Jeweils 6! Möglichkeiten von $49 \cdot 48 \cdot 47 \cdot 46 \cdot 45 \cdot 44$ Möglichkeiten liefern nur einen Tipp. Also gibt es

$$\frac{49 \cdot 48 \cdot 47 \cdot 46 \cdot 45 \cdot 44}{1 \cdot 2 \cdot 3 \cdot 4 \cdot 5 \cdot 6} \text{ Möglichkeiten.}$$

6 aus 49 Zahlen **ohne Beachtung der Reihenfolge** auszuwählen. Im Zähler und Nenner stehen jeweils 6 Faktoren.
Man kann den Term noch umformen:

$$\frac{49 \cdot 48 \cdot 47 \cdot 46 \cdot 45 \cdot 44}{6!} = \frac{49!}{6!\,43!}$$

Damit können wir die Wahrscheinlichkeit für einen „Sechser“ im Lotto berechnen:

$$P(X = 6) = \frac{1}{\frac{49 \cdot 48 \cdot 47 \cdot 46 \cdot 45 \cdot 44}{6!}} = \frac{1}{13\,983\,816} \approx \frac{1}{14\,000\,000}$$

Die Wahrscheinlichkeit für einen Sechser im Lotto ist sehr, sehr klein, nämlich nur ca. 1 zu 14 Millionen.

Wir verallgemeinern:

Eine Auswahl von k Objekten ohne Beachtung der Reihenfolge aus n verschiedenen Objekten nennt man **Kombination**. Dafür gibt es

$$\frac{n \cdot (n-1) \cdot (n-2) \cdot \ldots \cdot (n-k+1)}{1 \cdot 2 \cdot 3 \cdot \ldots \cdot k} = \frac{n \cdot (n-1) \cdot (n-2) \cdot \ldots \cdot (n-k+1)}{k!}$$

$$= \frac{n!}{k! \cdot (n-k)!} \quad \text{Möglichkeiten.}$$

Für diesen Bruch hat man eine Abkürzung und einen besonderen Namen eingeführt:

Für natürliche Zahlen n und k mit $k \leq n$ heißt

$$\binom{n}{k} = \frac{n!}{k!(n-k)!} = \frac{n \cdot (n-1) \cdot (n-2) \cdot \ldots \cdot (n-k+1)}{k!}$$

gesprochen: „k aus n“

Binomialkoeffizient.

Es gibt $\binom{n}{k}$ Möglichkeiten k Objekte ohne Berücksichtigung der Reihenfolge aus n verschiedenen Objekten auszuwählen.

Beispiele: a) $\binom{49}{6} = \frac{49!}{6!43!} = 13\,983\,816$ „6 aus 49“

b) $\binom{7}{3} = \frac{7!}{3!4!} = 35$ und $\binom{7}{4} = \frac{7!}{4!3!} = 35$

Beim letzten Beispiel werden im Nenner des Bruchs nur die beiden Faktoren vertauscht. Diese Erkenntnis verallgemeinern wir (Aufgabe 6). Ferner sollte man die Sonderfälle $k = 0$, $k = 1$ und $k = n$ auswendig wissen.

Für Binomialkoeffizienten gilt das Symmetrie-Gesetz: $\binom{n}{k} = \binom{n}{n-k}$

Besondere Werte: $\binom{n}{0} = 1$, $\binom{n}{1} = n$ und $\binom{n}{n} = 1$

Beachte: Binomialkoeffizienten berechnet man

- in Tabellenkalkulationsprogrammen mit der Funktion KOMBINATIONEN(n;k)
- auf dem Taschenrechner mit der nCr-Taste;
  z. B. $\binom{7}{3}$ mit der Tastenfolge [7] [nCr] [3].

Da bei den von uns bisher betrachteten Zufallsexperimenten keine Zahl mehrfach vorkommt, kann man sie durch das **„Ziehen ohne Zurücklegen“** aus einer Urne modellieren. Da die Reihenfolge bei unseren Ergebnissen keine Rolle spielt, können diese Zufallsexperimente durch das Modell **„gleichzeitiges Ziehen aus einer Urne“** simuliert werden.

Die hypergeometrische Verteilung

Katharina und Tobias gehen zum Essen in ein Gasthaus. In einem Krug auf dem Tisch befinden sich 5 Gabeln und 5 Messer so, dass nur ihre nicht unterscheidbaren Griffe zu sehen sind. Katharina und Tobias entnehmen dem Krug 4 Besteckteile. Mit welcher Wahrscheinlichkeit erhalten sie 2 Gabeln und 2 Messer?

X sei die „Anzahl der Gabeln“. Wir suchen somit die Wahrscheinlichkeit $P(X = 2)$.

Die Berechnung von $P(X = 2)$ mithilfe eines Baumdiagramms aus $2^4 = 16$ Ästen ist sehr aufwändig (Aufgabe 7). Wir bestimmen die gesuchte Wahrscheinlichkeit mithilfe des Modells „gleichzeitiges Ziehen“ unter Verwendung der Binomialkoeffizienten. Dazu stellen wir uns vor, dass die fünf Gabeln mit den Nummern 1 bis 5 und die fünf Messer mit den Nummern 6 bis 10 versehen sind.

Für die gesuchte Wahrscheinlichkeit setzen wir an:

$$P(X = 2) = \frac{\text{Anzahl der günstigen Ergebnisse}}{\text{Anzahl aller möglichen Ergebnisse}}$$

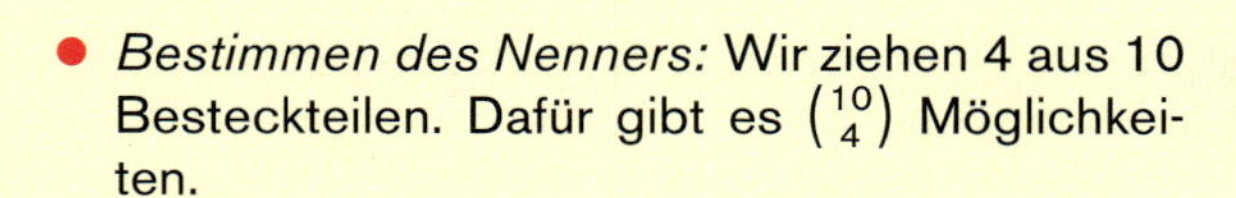

- *Bestimmen des Nenners:* Wir ziehen 4 aus 10 Besteckteilen. Dafür gibt es $\binom{10}{4}$ Möglichkeiten.

- *Bestimmen des Zählers:* Günstig ist, wenn wir 2 Gabeln, d. h. zwei der Zahlen von 1 bis 5, und zwei Messer, d. h. zwei der Zahlen von 6 bis 10, ziehen. Für die Gabeln gibt es also $\binom{5}{2}$ Möglichkeiten, für die Messer ebenfalls $\binom{5}{2}$ Möglichkeiten. Nach dem Zählprinzip haben wir $\binom{5}{2} \cdot \binom{5}{2}$ Möglichkeiten 4 Besteckteile aus 2 Gabeln und 2 Messern zu ziehen.

- Damit erhalten wir: $P(X = 2) = \frac{\binom{5}{2} \cdot \binom{5}{2}}{\binom{10}{4}} = \frac{10 \cdot 10}{210} = \frac{10}{21} \approx 47{,}6\,\%$

Die Wahrscheinlichkeit, zwei Gabeln und zwei Messer zu ziehen, ist also fast 50 %.

Die Wahrscheinlichen der anderen Werte der Zufallsgröße X ergeben sich analog:

x	0	1	2	3	4
$P(X = x)$	$\frac{\binom{5}{0} \cdot \binom{5}{4}}{\binom{10}{4}} = \frac{5}{210}$	$\frac{\binom{5}{1} \cdot \binom{5}{3}}{\binom{10}{4}} = \frac{50}{210}$	$\frac{\binom{5}{2} \cdot \binom{5}{2}}{\binom{10}{4}} = \frac{100}{210}$	$\frac{\binom{5}{3} \cdot \binom{5}{1}}{\binom{10}{4}} = \frac{50}{210}$	$\frac{\binom{5}{4} \cdot \binom{5}{0}}{\binom{10}{4}} = \frac{5}{210}$

Verallgemeinerung:

Aus einer Urne mit N Kugeln, wovon S schwarz sind, werden n Kugeln **ohne Zurücklegen** gezogen. Die Zufallsgröße X beschreibt die Anzahl der gezogenen schwarzen Kugeln.
Dann gilt für die Wahrscheinlichkeitsverteilung dieser Zufallsgröße

$$P(X = k) = \frac{\binom{S}{k} \cdot \binom{N-S}{n-k}}{\binom{N}{n}}, \quad (k \leq n \quad \text{und} \quad k \leq S)$$

Diese Wahrscheinlichkeitsverteilung wird **hypergeometrische Verteilung** genannt.

Aufgaben

1 Grundwissen: Das Zählprinzip

a) Wie lässt sich die Anzahl der möglichen Ergebnisse eines mehrstufigen Zufallsexperiments aus der Anzahl der Möglichkeiten der einzelnen Stufen berechnen?

Wie viele dreistellige

b) Zahlen kann man aus den Ziffern 1, 2, 3, 4 und 5 bilden?
c) Zahlen mit lauter ungeraden Ziffern gibt es?
d) ungerade Zahlen gibt es?

Auf wie viele Arten können sich

e) Alfred, Beate und Carolin auf 5 Stühle setzen?
f) eine Stubenfliege, eine Eintagsfliege und eine Fruchtfliege auf 5 Kuchenstücke setzen?

2 Gentlemen an der Rolltreppe

An einer schmalen Rolltreppe kommen drei Ehepaare an. Wie viele Möglichkeiten gibt es für die sechs Personen hintereinander die Rolltreppe hochzufahren, wenn

a) die Reihenfolge beliebig ist?
b) die Ehepaare die Rolltreppe hintereinander betreten und jeder Mann seiner Frau Vortritt lässt?
c) die Männer den drei Frauen Vortritt lassen?

3 Permutationen

Berechne:

a) $2!$ b) $3!$ c) $4!$ d) $5!$ e) $(9!) : (7!)$ f) $(1!) : (0!)$

g) Auf einem Tisch liegen 4 adressierte Briefkuverts und die dazugehörigen Briefe. Jemand steckt rein zufällig jeden Brief in ein Kuvert. Mit welcher Wahrscheinlichkeit befindet sich jeder Brief im richtigen Kuvert?

4 Mini-Lotto

Die Klasse 8c hat für das Schulfest ein Minilotto gebaut. Dazu sind in einer Urne 5 Kugeln mit der Aufschrift 1, 2, 3, 4 und 5. Auf Spielscheinen muss man 3 Zahlen ankreuzen. Bei der anschließenden Ziehung werden 3 Kugeln gleichzeitig gezogen.

a) Gib den Ergebnisraum für dieses Minilotto an. Warum ist die Anzahl der möglichen Ergebnisse in diesem Fall kleiner als bei Aufgabe 1b? Welche Ergebnisse von 1b fallen jeweils zu einem Ergebnis zusammen?

X ist die Anzahl der Richtigen.

b) Berechne die Wahrscheinlichkeit für einen Hauptgewinn, also einen „Dreier", beim Mini-Lotto.

c) Die Ziehung lautet 2–3–5. Gib die zu $X = 3$, $X = 2$, $X = 1$ und $X = 0$ gehörenden Ereignisse an und erstelle eine Tabelle der Wahrscheinlichkeitsverteilung von X!

d) Wie groß ist der Erwartungswert der Zufallsgröße X?

5 Binomialkoeffizienten

Berechne folgende Binomialkoeffizienten.

a) $\binom{8}{3}$ b) $\binom{5}{2}$ c) $\binom{5}{3}$ d) $\binom{5}{4}$ e) $\binom{5}{5}$ f) $\binom{5}{1}$

g) $\binom{5}{0}$ h) $\binom{10}{1}$ i) $\binom{10}{10}$ k) $\binom{10}{0}$ l) $\binom{10}{3}$ m) $\binom{10}{7}$

6 Zugabteil

Ein Zugabteil hat 6 Plätze. Auf wie viele Arten können

a) Anton, Beate, Carmen und Dieter Platz nehmen?

b) vier Plätze reserviert werden?

c) zwei Plätze frei bleiben?

d) Zeige, dass allgemein gilt: $\binom{n}{k} = \binom{n}{n-k}$.

7 Ziehen aus einer Urne

In einer Urne befinden sich fünf weiße und fünf schwarze Kugeln.

a) Es werden zwei Kugeln ohne Zurücklegen gezogen. Zeichne ein Baumdiagramm. Berechne die Wahrscheinlichkeit für „Eine schwarze und eine weiße Kugel werden gezogen".

b) Es werden vier Kugeln ohne Zurücklegen gezogen. Stelle dir dazu ein Baumdiagramm vor und berechne die Wahrscheinlichkeit für „Zwei schwarze und zwei weiße Kugeln werden gezogen".

8 Verflixte Kiste

In einer Streichholzschachtel befinden sich neben 30 neuen auch 10 bereits gebrauchte Streichhölzer. Udo will ein Streichholz entzünden. Wie groß ist die Wahrscheinlichkeit, dass bei der rein zufälligen Entnahme

a) von einem Streichholz ein bereits benutztes erwischt wird?

b) von 3 Hölzern mit einem Griff alle 3 schon benutzt sind?

c) von 3 Hölzern mit einem Griff genau ein unbenutztes Streichholz gezogen wird?

9 **Grenzen des Taschenrechners**

In einer Urne befinden sich 200 Kugeln, die von 1 bis 200 durchnummeriert sind. Es werden 50 Kugeln gleichzeitig gezogen. Wie groß ist die Wahrscheinlichkeit, dass man dabei die Unglückszahl 13 nicht erwischt?

10 **Gewinn-Wahrscheinlichkeiten beim Lotto „6 aus 49"**

Beim Lotto gewinnt man auch mit einem „Fünfer" ($X = 5$), einem „Vierer" ($X = 4$) und einem „Dreier" ($X = 3$), wobei X die Anzahl der Richtigen ist. Wir wollen die Wahrscheinlichkeiten für diese Ereignisse berechnen.

Angenommen am letzten Samstag wurden die Zahlen der Abbildung gezogen:

4 20 11 16 30 36 29

a) Was bedeutet das Ereignis „Fünfer" (bzw. „Vierer" und „Dreier") für die sechs angekreuzten Zahlen auf einem Lottoschein?

b) Wie viele Möglichkeiten gibt es, einen Lottoschein mit einem „Fünfer" (bzw. „Vierer" oder „Dreier") auszufüllen?

c) Wie groß sind die Wahrscheinlichkeiten für einen „Fünfer", „Vierer" bzw. „Dreier" im Lotto?

d) Berechne den Erwartungswert der Zufallsgröße X.

11 **Schafkopf**

Schafkopf ist eines der beliebtesten Kartenspiele Bayerns. Ein Blatt besteht aus 32 Karten. Jede der vier „Farben" Herz, Schellen, Grün und Eichel besteht aus einem Satz der Karten 7, 8, 9, 10, Unter, Ober, König und Ass. Alle Herz-Karten sowie alle Unter und Ober sind die Trümpfe. Jeder der vier Spieler bekommt zu Beginn 8 Karten. Die Abbildung zeigt das höchste Blatt, das ein Spieler bekommen kann.

a) Mit welcher Wahrscheinlichkeit erhält einer der vier Spieler dieses Blatt?

b) X sei die Anzahl der Ober, die ein Spieler erhält. Wie lautet die Wahrscheinlichkeitsverteilung von X? Berechne den Erwartungswert der Zufallsgröße X.

c) Y sei die Anzahl der Trümpfe, die ein Spieler zu Beginn erhält. Erstelle mithilfe einer Tabellenkalkulation eine Tabelle der Wahrscheinlichkeitsverteilung von Y und berechne den Erwartungswert E(Y) sowie die Standardabweichung σ:

D2 | fx =HYPGEOMVERT(2;14;8;32)

	A	B	C	D	E	F
1	y	0	1	2	3	...
2	P(Y=y)	...	...	0,16060808	...	...

Beachte: „=HYPERGEOMVERT(2;14;8;32)" steht für $P(Y = 2) = \frac{\binom{14}{2} \cdot \binom{18}{6}}{\binom{32}{8}}$.

Training der Grundkenntnisse

12 Grundwissen: Bedingte Wahrscheinlichkeit

Aufgrund langjähriger Beobachtungen weiß man, dass 0,3 % der beschwerdefreien Frauen im Alter zwischen 50 und 60 Jahren Brustkrebs (K) haben. Eine Mammographie (Röntgenuntersuchung der weiblichen Brust) liefert bei 90 % der an Brustkrebs erkrankten Frauen einen positiven Befund (B). 5 % der Frauen, die keinen Brustkrebs haben, erhalten bei dieser Untersuchung ebenfalls einen positiven Befund.

a) Stelle dazu eine vollständige Vierfeldertafel auf.

b) Frau Meier unterzieht sich der Mammographie und erhält einen positiven Befund. Mit welcher Wahrscheinlichkeit hat sie Brustkrebs?

c) Frau Müller erhält bei der Mammographie einen negativen Befund. Mit welcher Wahrscheinlichkeit hat sie trotzdem Brustkrebs?

13 Dopingsünder (nach Abitur 1994)

Nach einem Endspiel, in dem sich die Mannschaften A und B mit je acht Spielern gegenüberstanden, werden vier der 16 Spieler zu einer Dopingprobe per Los ausgewählt. In der Mannschaft A sei ein Spieler, in B seien zwei Spieler gedopt. X sei die Anzahl der dabei überführen Dopingsünder.

a) Erstelle eine Tabelle und ein Histogramm der Wahrscheinlichkeitsverteilung von X.

b) Wie viele Dopingsünder werden mit diesem Verfahren im Durchschnitt überführt?

c) Für die Auswahl der Spieler zur Dopingprobe wird ein neues Verfahren diskutiert. Dabei sollen aus jeder der beiden Mannschaften je zwei Spieler ausgelost werden. Vergleiche die Chance, dass man mit diesem neuen Verfahren nach obigem Endspiel genau zwei Dopingsünder überführt, mit der aus Teilaufgabe a).

14 Berühmte Staatsmänner

Bei einem Fernseh-Quiz werden Fotos der drei Staatsmänner Konrad Adenauer, Winston Churchill und Charles de Gaulle gezeigt. Der Kandidat soll jedem der drei Bilder eines der drei Todesjahre 1965, 1967 und 1970 zuordnen. Da er die Antwort nicht weiß, rät er. X sei die Anzahl der richtigen Lösungen.

a) Unten sind die drei Staatsmänner abgebildet. Who is who?

b) Erstelle eine Tabelle und ein Histogramm der Wahrscheinlichkeitsverteilung von X.

c) Wie viele richtige Lösungen sind zu erwarten?

d) Berechne die Varianz und die Standardabweichung der Zufallsgröße X. Deute das Ergebnis am Histogramm.

6 Bernoulli-Kette und Binomialverteilung

6.1 Die Bernoulli-Kette

Bei vielen Vorgängen des Alltags interessiert man sich nur dafür, ob sie erfolgreich oder erfolglos ausgehen, z. B. bei der Fahrprüfung, bei der Untersuchung auf eine Infektion, bei der Heilung durch ein Medikament usw. Mit Zufallsexperimenten, bei denen nur das Ereignis A und sein Gegenereignis $\overline{A}$ interessieren, hat sich der Schweizer Mathematiker Jakob **Bernoulli** (1655–1705) eingehend befasst. Sie wurden deshalb nach ihm benannt.

> Ein Zufallsexperiment mit nur zwei möglichen Ergebnissen heißt **Bernoulli-Experiment**. Die beiden Ergebnisse nennt man **Treffer „1"** und **Niete „0"**.
> Die **Trefferwahrscheinlichkeit** bezeichnet man mit p, die Nietenwahrscheinlichkeit mit q: $P(1) = p$ und $P(0) = q = 1 - p$

Als Beispiel betrachten wir Radfahrer auf einem schmalen Radweg. Wir interessieren uns nur dafür, ob ein Radfahrer Helmträger ist oder nicht. Die Radfahrer mit Helm bezeichnen wir als Treffer, die ohne Helm als Nieten. Erfahrungsgemäß sind auf diesem Radweg 60 % der Radfahrer Helmträger. Folglich ist die Trefferwahrscheinlichkeit $p = 60\,\%$ und die Nietenwahrscheinlichkeit $q = 40\,\%$.

Von Interesse ist aber nicht nur der einzelne Radfahrer, sondern auch eine Folge von Radfahrern. Handelt es sich dabei z. B. um eine Familie, dessen erstes Mitglied einen Helm trägt, könnten alle anderen Mitglieder zwangsläufig auch einen Helm tragen. Beim Übergang vom ersten Glied zu den nächsten würde dann die Trefferwahrscheinlichkeit von 60 % auf 100 % springen. Wir setzen voraus, dass das nicht der Fall ist und die Radfahrer den Helm *unabhängig* voneinander tragen. Dann ist die Trefferwahrscheinlichkeit stets $p = 60\,\%$, also konstant. In diesem Fall spricht man von einer Bernoulli-Kette. Allgemein:

> Wird ein Bernoulli-Experiment n-mal unabhängig durchgeführt, spricht man von einer **Bernoulli-Kette** der Länge n. Die Trefferwahrscheinlichkeit p bleibt dabei konstant.

Wir betrachten eine Kette aus 5 Radfahrern. Dabei können folgende Ergebnisse auftreten: Kein Fahrer trägt einen Helm (00000); der Erste trägt einen Helm, die anderen nicht (10000), …, alle tragen Helm (11111). Für jede der fünf Stellen gibt es die beiden Möglichkeiten 0 oder 1.
Insgesamt gibt es also $2^5 = 32$ Möglichkeiten:

$$\Omega = \{(00000), (10000), (01000), \ldots, (11111)\}$$

Wir interessieren uns für die Anzahl X der Treffer in einer Kette und ihre Wahrscheinlichkeitsverteilung. Zur Verdeutlichung schreiben wir an das Zeichen P für Wahrscheinlichkeit oben die Kettenlänge n und unten die Trefferwahrscheinlichkeit p, also etwa $P^5_{0,6}(X = 3)$ für die Wahrscheinlichkeit von genau 3 Helmträgern in einer Kette von 5 Radlern. Die Wahrscheinlichkeiten lassen sich mit einem fünfstufigen Baumdiagramm berechnen. Da es 32 Pfade hat, sind von ihm nur drei Stufen abgebildet. Die beiden fehlenden Stufen stellen wir uns nur vor.

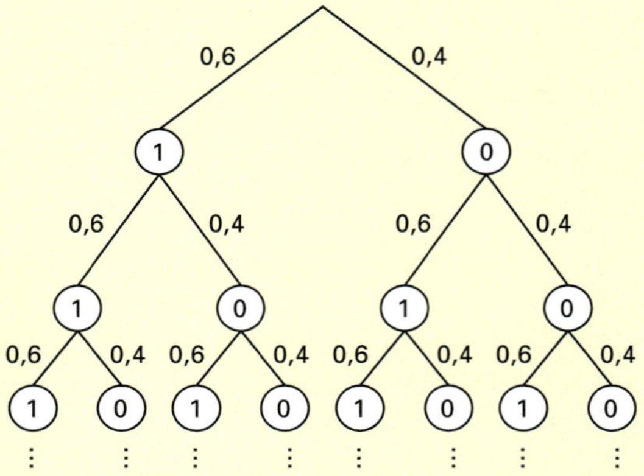

<u>*Wahrscheinlichkeiten*</u>

- *Alle 5 Radfahrer tragen Helm:* $X = 5$
  Am zugehörigen Pfad, der im Baumdiagramm links außen verläuft, steht 5-mal $p = 0{,}6$:
  $P^5_{0,6}(X = 5) = P^5_{0,6}(11111) = p^5 = 0{,}6^5 \approx 7{,}8\,\%$
- *Alle 5 Radfahrer tragen keinen Helm:* $X = 0$
  Der zugehörige Pfad verläuft rechts außen:
  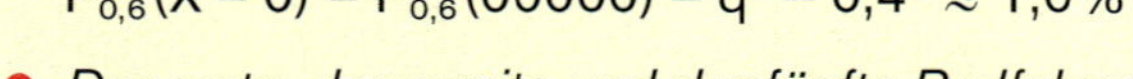
  $P^5_{0,6}(X = 0) = P^5_{0,6}(00000) = q^5 = 0{,}4^5 \approx 1{,}0\,\%$
- *Der erste, der zweite und der fünfte Radfahrer sind Helmträger, die anderen nicht* (siehe Foto):
  Am zugehörigen Pfad steht an 3 Stufen, nämlich an der ersten, der zweiten und der fünften Stufe, $p = 0{,}6$ und an den 2 anderen Stufen $q = 0{,}4$:
  $P^5_{0,6}(11001) = p^3q^2 = 0{,}6^3 \cdot 0{,}4^2 \approx 3{,}5\,\%$
- *Es sind genau drei Helmträger, die hintereinander fahren.*
  Ein Pfad gehört zu (11100). Dann lassen sich die drei Einsen noch zweimal um eine Stelle weiter schieben: (01110), (00111). Es gibt also drei zugehörige Pfade mit je drei Treffern und zwei Nieten:
  $P^5_{0,6}(11100, 01110, 00111) = 3 \cdot p^3q^2 = 3 \cdot 0{,}6^3 \cdot 0{,}4^2 \approx 10{,}4\,\%$
- *Es sind genau drei Helmträger:* $X = 3$
  An wie vielen Pfaden steht an 3 Stufen $p = 0{,}6$ und an den übrigen 2 Stufen $q = 0{,}4$? Es gibt $\binom{5}{3}$ Möglichkeiten, aus 5 Stufen 3 Stufen für die Treffer auszuwählen. Die beiden Stufen für die Nieten ergeben sich dann zwangsläufig:
  $P^5_{0,6}(X = 3) = \binom{5}{3} \cdot p^3q^2 = \binom{5}{3} \cdot 0{,}6^3 \cdot 0{,}4^2 \approx 34{,}6\,\%$
- *Der erste und zwei der restlichen 4 Radfahrer sind Helmträger* (Ereignis E):
  $P^5_{0,6}(E) = 0{,}6 \cdot P^4_{0,6}(X = 2) = 0{,}6 \cdot \binom{4}{2} \cdot 0{,}6^2 \cdot 0{,}4^2 \approx 20{,}7\,\%$

Wir verallgemeinern:
Treten in einem Ergebnis ω einer Bernoulli-Kette der Länge n genau k Treffer auf, so gibt es noch $n-k$ Nieten.

Jedes Ergebnis ω einer Bernoulli-Kette der Länge n mit genau k Treffern hat die Wahrscheinlichkeit

$$P_p^n(\omega) = \underbrace{p^k}_{\text{Trefferwahrscheinlichkeit}} \cdot \underbrace{q^{n-k}}_{\text{Nietenwahrscheinlickeit}} .$$

Die Wahrscheinlichkeit für genau k Treffer beträgt

$$P_p^n(X = k) = \underbrace{\binom{n}{k}}_{\text{Anzahl der Pfade mit k Treffern}} \cdot p^k \cdot q^{n-k}$$

Bernoulli'sche Formel.

Diese Formel wurde von Jakob Bernoulli aufgestellt und in seinem Buch *Ars conjectandi* (Kunst des Vermutens) 8 Jahre nach seinem Tod veröffentlicht.

Mindestens ein Treffer

Häufig interessiert die Wahrscheinlichkeit, dass in einer Bernoulli-Kette mindestens ein Treffer auftritt. Das ist die Summe der Wahrscheinlichkeiten für 1 Treffer, 2 Treffer, 3 Treffer, ..., n Treffer. Viel leichter zu handhaben ist das *Gegenereignis* „kein Treffer" (Aufgabe 4):

$$P_p^n(X \geq 1) = 1 - P_p^n(X = 0) = 1 - q^n$$

Dabei trifft man auch auf Aufgaben, bei denen entweder die Trefferwahrscheinlichkeit p oder die Kettenlänge n gesucht ist. (Da in der Fragestellung dreimal das Wort mindestens auftritt, nennen wir sie kurz 3-m-Aufgaben.) Wir greifen dazu unser Beispiel „Radfahrer mit oder ohne Helm" wieder auf.

- Berechnung der Mindest-Trefferwahrscheinlichkeit p bei gegebenem n

  Wie groß muss die Wahrscheinlichkeit p für einen Helmträger **mindestens** sein, damit sich unter 5 Radfahrern mit einer Wahrscheinlichkeit von **mindestens** 90 % **mindestens** ein Helmträger befindet?

  $$P_p^5(X \geq 1) \geq 0{,}9$$
  $$1 - P_p^5(X = 0) \geq 0{,}9 \qquad \text{Übergang zum Gegenereignis}$$
  $$1 - q^5 \geq 0{,}9 \quad | -1$$
  $$-q^5 \geq -0{,}1 \quad | \cdot (-1) \qquad \text{Zeichenumkehr}$$
  $$q \leq \sqrt[5]{0{,}1} \approx 63\,\%$$
  $$p \geq 37\,\%$$

  Die Wahrscheinlichkeit für einen Helmträger muss mindestens 37 % betragen.

- Berechnung der Mindest-Anzahl an Versuchen n bei gegebenem p

Die Wahrscheinlichkeit, dass ein Radfahrer einen Helm trägt, ist 60 %. Wie viele Radfahrer muss man **mindestens** betrachten, damit sich darunter mit einer Wahrscheinlichkeit von **mindestens** 99,9 % **mindestens** ein Helmträger befindet?

$$P_{0,6}^{n}(X \geq 1) \geq 0{,}999$$

$$1 - P_{0,6}^{n}(X = 0) \geq 0{,}999 \quad \text{Übergang zum Gegenereignis}$$

$$1 - 0{,}4^n \geq 0{,}999 \quad |-1$$

$$-0{,}4^n \geq -0{,}001 \quad |\cdot(-1) \quad \text{Zeichenumkehr}$$

$$0{,}4^n \leq 0{,}001 \quad |\ln\ldots$$

$$n \cdot \ln 0{,}4 \leq \ln 0{,}001 \quad |:\ln 0{,}4 \quad < 0;\ \text{Zeichenumkehr}$$

$$n \geq \frac{\ln 0{,}001}{\ln 0{,}4} \approx 7{,}5$$

Es müssen mindestens 8 Radfahrer betrachtet werden.

Aufgaben

1 Bernoulli-Kette oder nicht?

Finde Beispiele aus dem Alltag, die man als Bernoulli-Kette auffassen kann. Gib jeweils eine Kettenlänge n und eine Trefferwahrscheinlichkeit p an.

2 Gurtmuffel

Nach Untersuchungen des Bundesamtes für Straßenwesen beträgt die Anschnallquote für Fahrer eines Pkw innerhalb geschlossener Ortschaften 90 %. Eine Verkehrskontrolle überprüft 10 Fahrer, ob sie angeschnallt sind oder nicht. Treffer sind bei dieser Kontrolle die Gurtmuffel: X ist die Anzahl der Gurtmuffel.
Wie groß ist die Wahrscheinlichkeit, dass

a) alle 10 Fahrer angeschnallt sind?
b) genau die ersten beiden Fahrer nicht angeschnallt sind?
c) genau der zweite und der letzte Fahrer nicht angeschnallt sind?
d) genau zwei aufeinander folgende Fahrer nicht angeschnallt sind?
e) genau zwei der 10 kontrollierten Fahrer nicht angeschallt sind?
f) die ersten vier Fahrer angeschnallt sind und von den folgenden noch genau zwei nicht angeschallt sind?
g) Beschreibe die Folgen für einen Gurtmuffel bei einem Verkehrsunfall.

3 Bernoulli-Ketten-Potpourri

Achte auf die richtige Schreibweise für die Wahrscheinlichkeit und berechne sie.

a) 8-maliges Würfeln
A: Genau der erste und der letzte Wurf sind Sechser.
B: Genau zwei aufeinander folgende Würfe sind Sechser.
C: Genau zwei Sechser fallen.

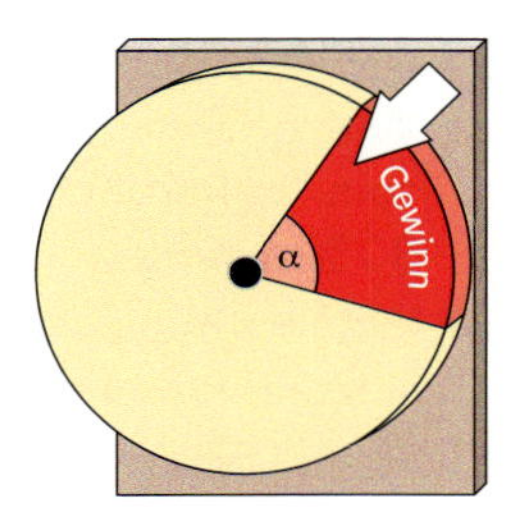

b) 5-maliger Münzwurf
   A: Genau der erste und der dritte Wurf sind Zahl.
   B: Genau der erste und der dritte Wurf sind Kopf.
   C: Genau zwei Würfe sind Zahl.
   D: Genau drei Würfe sind Zahl.

c) 50-maliges Drehen des abgebildeten Glücksrades mit $\alpha = 72°$
   A: Genau 10 Gewinne

4 Zufallsgröße X

X sei die Anzahl der Treffer einer Bernoulli-Kette. Beschreibe die folgenden Wahrscheinlichkeiten in Worten und berechne ihren Wert.

a) $P_{0,4}^{10}(X = 10)$ b) $P_{0,4}^{10}(X = 0)$ c) $P_{0,4}^{10}(X = 2)$ d) $P_{0,4}^{10}(X < 3)$

e) $P_{0,4}^{10}(X \leq 3)$ f) $P_{0,4}^{10}(X > 4)$ g) $P_{0,4}^{10}(X \geq 1)$ h) $P_{0,4}^{10}(2 \leq X \leq 8)$

5 Biathlon

Beim Sprint-Wettbewerb im Biathlon muss man 4 Schussserien auf jeweils 5 Zielscheiben abgeben. Kati hat eine Trefferquote von 90 %.
Wie groß ist die Wahrscheinlichkeit,

a) dass Kati in einer 5er-Serie alle Scheiben trifft? Schätze zuerst und rechne anschließend.
b) dass Kati im gesamten Wettbewerb alle Scheiben trifft?
c) dass Kati in der ersten 5er-Serie keine Scheibe trifft?
d) dass Kati in der ersten 5er-Serie genau drei Scheiben trifft?
e) dass Kati in der ersten 5er-Serie mindestens vier Scheiben trifft?
f) dass Kati in der ersten 5er-Serie mindestens eine Scheibe trifft?
g) dass Kati in der ersten 5er-Serie die erste Scheibe nicht trifft?
h) dass Kati in genau zwei 5er-Serien des Wettbewerbs alle Scheiben trifft? Betrachte dazu die Zufallsgröße Y: „Anzahl der fehlerfreien Serien“.

In Wirklichkeit muss man beim Sprint zwei 5er-Serien liegend und zwei 5er-Serien stehend schießen. Kati hat im Stehend-Schießen nur eine Trefferquote von 85 %, gegenüber 95 % im Liegend-Schießen.

i) Wie groß ist jetzt die Wahrscheinlichkeit, dass sie im gesamten Wettbewerb alle Scheiben trifft?

6 „3-m-Aufgaben"

a) Wie groß muss die Gewinnwahrscheinlichkeit p bei einer Lotterie mindestens sein, damit sich unter 10 Losen mit einer Wahrscheinlichkeit von mindestens 80 % mindestens ein Treffer befindet?

b) Wie oft muss man einen Würfel mindestens werfen, um mit einer Wahrscheinlichkeit von mindestens 99 % mindestens eine Sechs zu erzielen?

c) Nach Untersuchungen des Bundesamtes für Verkehr schnallen sich auf Autobahnen 3 % der Pkw-Fahrer nicht an, auf Landstraßen 6 %.
Wie viele Fahrer muss eine Verkehrskontrolle auf der Landstraße mindestens überprüfen, dass sich darunter mit einer Wahrscheinlichkeit von mehr als 99 % mindestens ein Gurtmuffel befindet?
Wie viele Fahrer müssten im Vergleich dazu auf der Autobahn kontrolliert werden?

d) Ein Fotokopiergerät ist in die Jahre gekommen: 15 % seiner Kopien sind nicht mehr einwandfrei. Ab wie vielen Kopien ist die Wahrscheinlichkeit, dass alle einwandfrei sind, kleiner als 10 %?

e) Wie groß darf die Ausschusswahrscheinlichkeit eines Fotokopiergeräts höchstens sein, damit sich unter 10 Kopien mit einer Wahrscheinlichkeit von mindestens 75 % keine unbrauchbaren befinden?

7 Verlängerung der Ladenschlusszeiten

Die Wahrscheinlichkeit, dass Mitarbeiter in Kaufhäusern bereit sind, auch abends zu arbeiten, sei p.
Wie groß ist für $p = 0{,}8$ die Wahrscheinlichkeit dafür, dass von 12 Mitarbeitern

a) genau 10, b) mindestens 10, c) höchstens 10

bereit sind, auch abends zu arbeiten?

d) Wie groß müsste p mindestens sein, damit mit einer Wahrscheinlichkeit von mindestens 50 % alle 12 Mitarbeiter bereit sind, auch abends zu arbeiten?

8 Tulpenzwiebeln

Eine Abfüllmaschine eines Tulpenzüchters wurde mit gleich vielen Zwiebeln rot, gelb und weiß blühender Tulpen gefüllt. Von diesen äußerlich nicht unterscheidbaren Zwiebeln werden auf zufällige Weise 12 in eine Tüte gepackt.
Wie groß ist die Wahrscheinlichkeit dafür, dass die Tüte

a) genau eine Zwiebel der rot blühenden Tulpensorte enthält?

b) wenigstens zwei Zwiebeln der rot blühenden Tulpensorte enthält?

c) genau 4 Zwiebeln der rot blühenden Tulpensorte enthält?

Die Wahrscheinlichkeit für einen bestimmten Tüteninhalt ist

d) $P(A) = 12 \cdot \left(\frac{1}{3}\right)^{11} \cdot \frac{2}{3}$, e) $P(B) = \left(\frac{2}{3}\right)^{12}$.
Beschreibe jeweils einen Tüteninhalt zur angegebenen Wahrscheinlichkeit.

f) Der Tulpenzüchter garantiert, dass bei sachgerechter Pflanzung einer Tulpenzwiebel diese im nächsten Frühjahr mit einer Wahrscheinlichkeit von 98 % zur Blüte kommt. Wie viele Zwiebeln kann man höchstens pflanzen, damit die Wahrscheinlichkeit, dass es bei allen Zwiebeln zu einer Blüte kommt, größer als 75 % ist?

9 Vronis Geburtstagsparty (aus Abitur 1999)

Vroni hat zu ihrer Geburtstagsparty 3 Freundinnen und 4 Freunde eingeladen. Max und Peter kommen erfahrungsgemäß (unabhängig voneinander) mit den Wahrscheinlichkeiten 30 % bzw. 40 % zu spät. Berechne die Wahrscheinlichkeit, dass

a) beide zu spät kommen.

b) mindestens einer zu spät kommt.

Bei dem Spiel „Flaschenglücksrad“ sitzen alle 8 Jugendlichen in einem Kreis um eine am Boden liegende Flasche. Die Flasche wird gedreht und zeigt anschließend zufällig auf einen der Mitspieler, der dann ein Pfand abgeben muss.

c) Wie groß ist die Wahrscheinlichkeit dafür, dass Peter bei 12-maligem Drehen der Flasche mindestens zwei Pfandstücke abgeben muss?

d) Wie oft muss die Flasche mindestens gedreht werden, damit Vroni mit einer Wahrscheinlichkeit von mehr als 95 % wenigstens ein Pfand abgeben muss?

10 Elfmeterschießen

Zwischen den Mannschaften A und B findet ein Elfmeterschießen statt. Dabei kann vereinfachend davon ausgegangen werden, dass jeder Spieler von A mit einer Wahrscheinlichkeit von 75 % einen Elfmeter verwandelt.

a) Wie viele Elfmeter muss Mannschaft A mindestens schießen, damit sie mit einer Wahrscheinlichkeit von mehr als 99,9 % mindestens einen verwandelt?

b) Wie groß muss die Trefferquote der Spieler von Mannschaft B mindestens sein, damit die Wahrscheinlichkeit dafür, dass sie von 5 Elfmetern mindestens einen verwandeln, mindestens 92,0 % beträgt?

Als Alternativen zum üblichen Ablauf eines Elfmeterschießens werden die beiden folgenden Verfahren vorgeschlagen. Dabei habe jeder Spieler von B eine Trefferquote von 70 %.

c) Beide Mannschaften schießen je dreimal. Mit welcher Wahrscheinlichkeit endet dieses „Elfmeterduell“ unentschieden?

d) Die Schützen der beiden Mannschaften treten paarweise gegeneinander an: Ein Spieler von A und einer von B schießen je einmal. Liegt danach eine Mannschaft in Führung, endet das Spiel sofort, anderenfalls wird das Verfahren mit dem nächsten Spielerpaar wiederholt. Mit welcher Wahrscheinlichkeit würde bei diesem Vorgehen nach drei angetretenen Paaren noch kein Sieger feststehen?

11 Manhattan – knifflig!

Peter hat in Manhattan sein Hotel verlassen (grüner Punkt) und geht zunächst entlang der Park Avenue in Richtung 50th Street. Ab jetzt entscheidet er sich an jeder Kreuzung rein zufällig, ob er in „nördliche“ Richtung oder in „westliche“ Richtung geht. Wie groß ist die Wahrscheinlichkeit, dass er nach 11 solchen Entscheidungen an der südöstlichen Ecke des Central Parks (roter Punkt) ankommt?

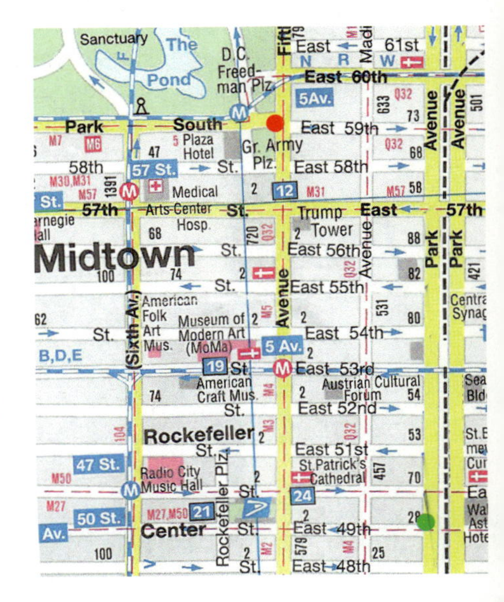

6.2 Die Binomialverteilung

Binomialverteilung

Bisher haben wir uns nur punktuell für Wahrscheinlichkeiten der Zufallsgröße X: „Anzahl der Treffer einer Bernoulli-Kette“ interessiert. Nun wollen wir uns einen Überblick verschaffen, wie sich die Wahrscheinlichkeiten auf alle möglichen Trefferzahlen k verteilen. Diese Wahrscheinlichkeitsverteilung, die von der Länge n der Kette und der Trefferwahrscheinlichkeit p abhängt, bekommt einen besonderen Namen:

> Gegeben ist eine Bernoulli-Kette der Länge n mit der Trefferwahrscheinlichkeit p. Die Wahrscheinlichkeitsverteilung der Zufallsgröße X: „Anzahl der Treffer“ heißt **Binomialverteilung** B(n;p). Die Wahrscheinlichkeit für k Treffer berechnet sich mit der Bernoulli'schen Formel:
>
> $$P_p^n(X=k) = \binom{n}{k} \cdot p^k \cdot q^{n-k}, \quad k \in \{0, 1, \dots, n\}$$

Wir betrachten als Beispiel die Binomialverteilung B(10; 0,3). Mit der Bernoulli'schen Formel erhalten wir:

k	0	1	2	3	4	5	6	7	8	9	10
$P_{0,3}^{10}(X=k)$	0,03	0,12	0,23	0,27	0,20	0,10	0,04	0,01	0,00	0,00	0,00

Die Summe der Wahrscheinlichkeiten ist gleich 1,00.

Das zugehörige Histogramm ist rechts abgebildet.

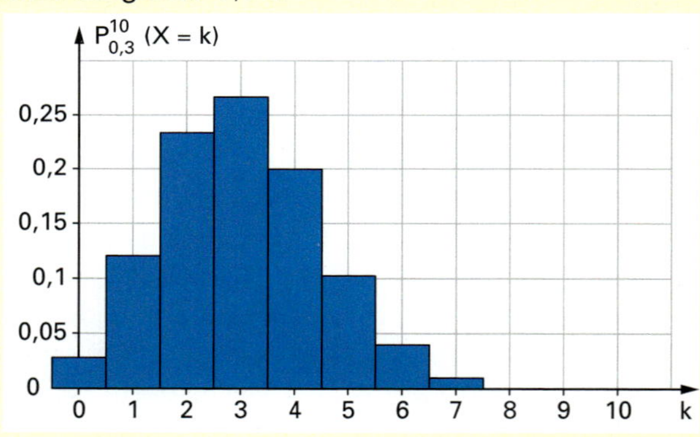

Wenn wir ein Bernoulli-Experiment 10-mal durchführen und die Treffer mit der Wahrscheinlichkeit 30 % eintreten, dann erwarten wir 3 Treffer. Am Histogramm sehen wir, dass bei X = 3 das Maximum der Wahrscheinlichkeiten der Verteilung liegt. Benachbarte Werte von X = 3 haben vergleichsweise große Wahrscheinlichkeiten, weiter entfernte geringe Wahrscheinlichkeiten.

Verändern wir die Parameter n und p der Binomialverteilung und betrachten die zugehörigen Histogramme (Aufgaben 2, 3 und 4), erkennt man, dass das Maximum ungefähr bei np liegt und infolgedessen mit wachsendem p nach rechts wandert:

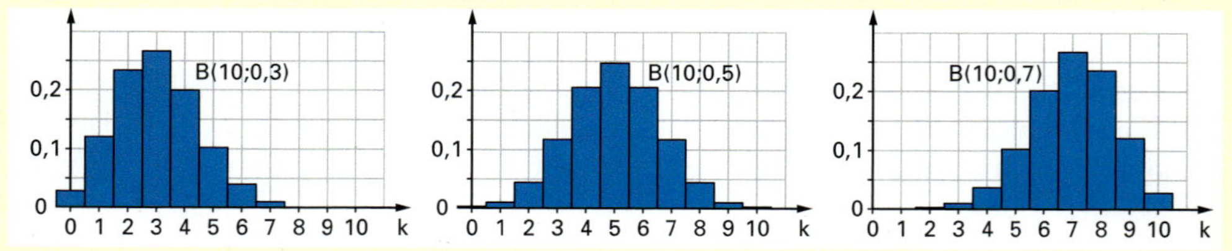

Mit wachsendem n werden die Histogramme immer breiter und flacher:

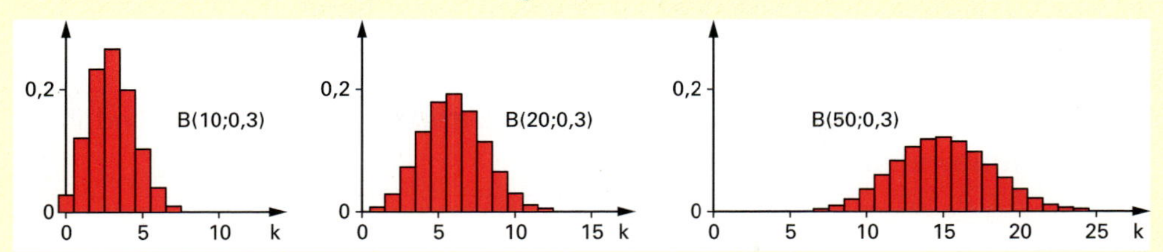

Erwartungswert und Varianz einer Binomialverteilung

Das Beispiel und die Histogramme der Aufgaben 2 bis 4 legen für den Erwartungswert die Formel $E(X) = np$ nahe. Der Nachweis ist formal anspruchsvoll. Wir begnügen uns damit, die Beweisidee an Bernoulli-Ketten der Länge $n = 1, 2, 3$ und beliebiger Trefferwahrscheinlichkeit p herauszuarbeiten.

Mit der Definition des Erwartungswerts $E(X) = \sum_{i=1}^{n} x_i \cdot P(X = x_i)$ erhalten wir:

$n = 1$: Die Wahrscheinlichkeit für 0 Treffer ist q, für einen Treffer p. Also: $E(X) = 0 \cdot q + 1 \cdot p = p$

$n = 2$: Die Wahrscheinlichkeiten liefert die Bernoulli'sche Formel:

$$E(X) = 0 \cdot \binom{2}{0} \cdot q^2 + 1 \cdot \binom{2}{1} \cdot pq + 2 \cdot \binom{2}{2} \cdot p^2 = 0 \cdot q^2 + 2pq + 2p^2 = 2p \cdot \underbrace{(p+q)}_{=1} = 2p$$

$n = 3$:

$$E(X) = 0 \cdot \binom{3}{0} \cdot q^3 + 1 \cdot \binom{3}{1} \cdot pq^2 + 2 \cdot \binom{3}{2} \cdot p^2q + 3 \cdot \binom{3}{3} \cdot p^3$$
$$= 0 \cdot q^3 + 3pq^2 + 6p^2q + 3p^3 = 3p \cdot (q^2 + 2pq + p^2) = 3p \cdot \underbrace{(p+q)^2}_{=1} = 3p$$

Allgemein ergibt sich:

$$E(X) = np \cdot \underbrace{(p+q)^{n-1}}_{=1} = np$$

Die Varianz ist die mittlere quadratische Abweichung vom Erwartungswert μ:

$$\operatorname{Var}(X) = \sum_{i=1}^{n} (x_i - \mu)^2 \cdot P(X = x_i)$$

Für die Binomialverteilung erhalten wir:

$n = 1$: $\operatorname{Var}(X) = (0 - p)^2 \cdot q + \underbrace{(1 - p)^2}_{=q} \cdot p = p^2q + q^2p = pq\underbrace{(p+q)}_{=1} = pq$

$n = 2$: Hier ist die Umformung schon etwas trickreicher.

$$\operatorname{Var}(X) = (0 - 2p)^2 \cdot q^2 + (\underbrace{1 - 2p}_{=1-p-p=q-p})^2 \cdot 2pq + (\underbrace{2 - 2p}_{2(1-p)=2q})^2 \cdot p^2$$
$$= 4p^2q^2 + (q-p)^2 \cdot 2pq + 4p^2q^2 = 2pq(4pq + p^2 - 2pq + q^2)$$
$$= 2pq\underbrace{(p+q)^2}_{=1} = 2pq$$

Allgemein ergibt sich: $\operatorname{Var}(X) = npq$

Erwartungswert und Varianz einer Binomialverteilung
Gegeben ist eine Bernoulli-Kette der Länge n mit der Trefferwahrscheinlichkeit p.
Für die Zufallsgröße X: „*Anzahl der Treffer*" gilt:
Ihr **Erwartungswert** ist $\mu = E(X) = np$, ihre **Varianz** $Var(X) = npq$ und ihre **Standardabweichung** $\sigma = \sqrt{npq}$.

Tabellierte Binomialverteilungen

Da sich die Wahrscheinlichkeiten für große n nur mühsam berechnen lassen, hat man häufig auftretende Verteilungen tabelliert. Dabei wird anstatt der Bezeichnung $P_p^n(X = k)$ die Schreibweise $B(n; p; k)$ benutzt. Zum Berechnen der Wahrscheinlichkeit für Bereiche von Werten wurden die Einzelwahrscheinlichkeiten von $X = 0$ bis $X = k$ summiert und in der Zeile für k festgehalten:

$$P(X \leq k) = \sum_{i=0}^{k} P_p^n(X = i) = \sum_{i=0}^{k} B(n; p; i)$$

Beispiel: Ein Laplace-Würfel wird 50-mal geworfen. X sei die Anzahl der Sechser.

Die Trefferwahrscheinlichkeit ist $p = \frac{1}{6}$, die Nietenwahrscheinlichkeit $q = \frac{5}{6}$,
$E(X) = np = 50 \cdot \frac{1}{6} \approx 8{,}33$ und $\sigma = \sqrt{npq} = \sqrt{50 \cdot \frac{1}{6} \cdot \frac{5}{6}} \approx 2{,}64$.
Mithilfe des Tafelwerks bestimmen wir die Wahrscheinlichkeit des Ereignisses

- genau 8 Sechser: $P_{\frac{1}{6}}^{50}(X = 8) = B(50; \frac{1}{6}; 8) = 0{,}15103 \approx 15{,}1\,\%$,
- weniger als 8 Sechser: $P_{\frac{1}{6}}^{50}(X < 8) = P_{\frac{1}{6}}^{50}(X \leq 7) = \sum_{i=0}^{7} B(50; \frac{1}{6}; i) = 0{,}39106 \approx 39{,}1\,\%$,
- mehr als 8 Sechser: $P_{\frac{1}{6}}^{50}(X > 8) = 1 - P_{\frac{1}{6}}^{50}(X \leq 8) = 1 - 0{,}54209 \approx 45{,}8\,\%$
- X weicht vom Erwartungswert μ höchstens um σ ab:
  $P_{\frac{1}{6}}^{50}(8{,}33 - 2{,}64 \leq X \leq 8{,}33 + 2{,}64) = P_{\frac{1}{6}}^{50}(6 \leq X \leq 10)$
  $= P_{\frac{1}{6}}^{50}(X \leq 10) - P_{\frac{1}{6}}^{50}(X \leq 5) = 0{,}79863 - 0{,}13882 \approx 66{,}0\,\%$

Eine Alternative zum Tafelwerk sind Tabellenkalkulationsprogramme (Aufgabe 8).

Das Urnenmodell der Binomialverteilung: Ziehen mit Zurücklegen

Bei der mehrfachen Durchführung eines Benoulli-Experiments ändert sich die Trefferwahrscheinlichkeit p nicht. Bei der Simulation des Experiments mit einer Urne sind zwei Sorten von Kugeln (z. B. rote und grüne) in einem solchen Mengenverhältnis vorhanden, dass der Zug einer roten Kugel (Treffer) die Wahrscheinlichkeit p hat. Damit die Trefferwahrscheinlichkeit p konstant bleibt, müssen die einzelnen Kugeln nach jedem Zug wieder zurückgelegt werden. Eine Bernoulli-Kette kann man also durch **Ziehen** aus einer Urne **mit Zurücklegen** modellieren (Aufgabe 13a). Eine Bernoulli-Kette der Länge 5 mit $p = 40\,\%$ wird z. B. durch das fünfmalige Ziehen mit Zurücklegen aus der abgebildeten Urne simuliert.

Meinungsbefragungen werden so durchgeführt, dass jede ausgewählte Person nur einmal befragt wird. Müssen wir deshalb die hypergeometrische Verteilung ("Ziehen ohne Zurücklegen") heranziehen oder dürfen wir die wesentlich einfachere Binomialverteilung ("Ziehen mit Zurücklegen") benutzen? Zieht man aus einer großen Gesamtheit nur wenige Elemente, ergeben sich rechnerisch fast die gleichen Wahrscheinlichkeiten (Aufgabe 13):

> Werden aus einer großen Gesamtheit wenige Elemente rein zufällig ausgewählt, darf man die interessierenden Wahrscheinlichkeiten näherungsweise mit der Bernoulli'schen Formel berechnen.

Aufgaben

1 Binomialverteilung

Erstelle eine Tabelle der Binomialverteilung B(8; 0,25) und zeichne das zugehörige Histogramm.

a) Welche Trefferanzahl k hat die größte Wahrscheinlichkeit?

b) Beschreibe folgende Wahrscheinlichkeiten in Worten und berechne sie:
(i) $P^8_{0,25}(X \leq 1)$ (ii) $P^8_{0,25}(X \geq 7)$ (iii) $P^8_{0,25}(X \geq 2)$ (iv) $P^8_{0,25}(2 \leq X \leq 5)$

2 Histogramme mit Tabellenkalkulation

Das Berechnen der Wahrscheinlichkeiten einer Binomialverteilung B(n; p) ist mühsam. Die Arbeit kann man sich mit einer Tabellenkalkulation erleichtern.
Die Funktion zur Berechnung von B(n; p; k) lautet fx =BINOMVERT(k;n;p;0) .
Die Abbildung zeigt die Tabelle und das Histogramm von B(15; 0,3).

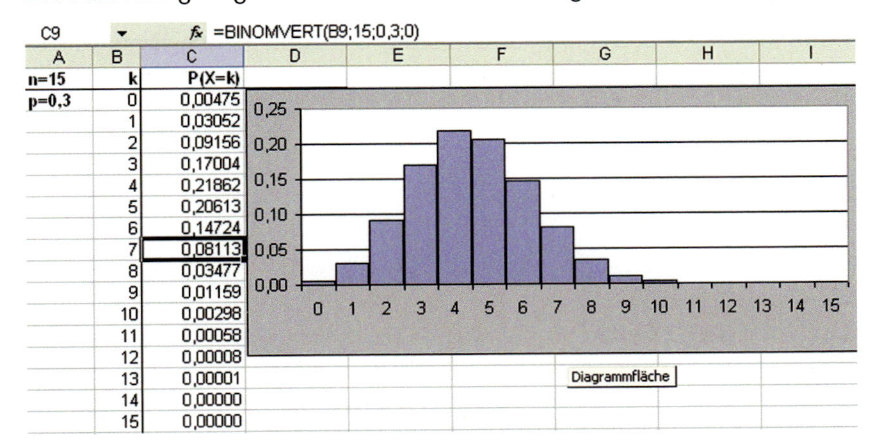

C9 fx =BINOMVERT(B9;15;0,3;0)

A	B	C
n=15	k	P(X=k)
p=0,3	0	0,00475
	1	0,03052
	2	0,09156
	3	0,17004
	4	0,21862
	5	0,20613
	6	0,14724
	7	0,08113
	8	0,03477
	9	0,01159
	10	0,00298
	11	0,00058
	12	0,00008
	13	0,00001
	14	0,00000
	15	0,00000

Erstelle eine Tabelle und ein Histogramm von B(17; 0,3). Vergleiche die Histogramme von B(15; 0,3) und B(17; 0,3) mit dem von B(10; 0,3) von Seite 104. Welche Veränderungen sind zu sehen? Wo liegt das Maximum? Erhöhe n weiter und untersuche, wie sich die Histogramme von B(n; 0,3) mit wachsendem n verändern!

3 Histogramme mit GeoGebra

Gibt man in GeoGebra den Befehl
Balkendiagramm[−0.5, 6.5,BinomialKoeffizient[6,k]*0.25^k*0.75^(6−k), k, 0, 6]
ein, so erhält man das abgebildete Histogramm der Binomialverteilung B(6; 0,25), wobei das Verhältnis der Einheiten der x-Achse und der y-Achse 10 : 1 ist.

a) Versuche, die einzelnen Punkte des Eingabebefehls nachzuvollziehen. Gib den obigen Befehl in die Eingabe-Zeile von GeoGebra ein und verändere die Zahlen −0,5 und 6,5. Was bewirken diese Veränderungen?

b) Zeichne mit GeoGebra das Histogramm der Binomialverteilung B(12; 0,3). Beschreibe den Verlauf mit eigenen Worten.

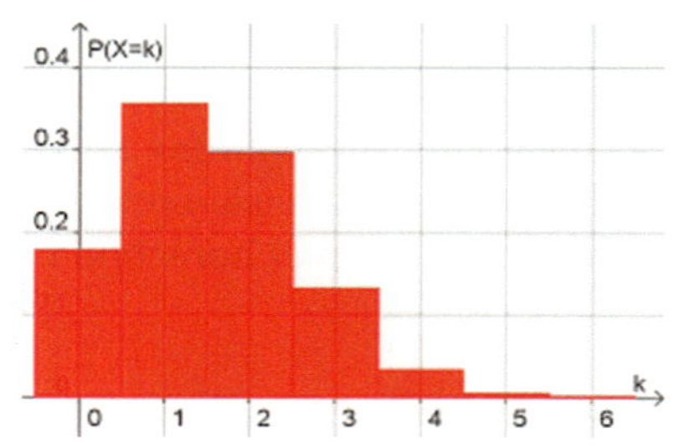

4 Histogramme bei wachsenden Parametern

Zeichne mit einer Tabellenkalkulation oder mit GeoGebra die Histogramme der Binomialverteilungen

a) B(10; p) für p = 0,2, p = 0,4, p = 0,6 bzw. p = 0,8.
Wie verhält sich dabei das Maximum? Welche Histogramme sind symmetrisch zueinander? Wo liegt die Symmetrieachse?
Wiederhole die Aufgabe mit einem anderen Wert für n.

b) B(n; 0,2) für n = 10, n = 20, n = 50 und n = 100.
Wie verhält sich dabei das Maximum? Wie verändern sich die Histogramme in ihrer Form?
Wiederhole die Aufgabe mit einem anderen Wert für p.

5 Stochastische Tabellen

Berechne Erwartungswert und Standardabweichung der zugehörigen Binomialverteilung. Bestimme die Wahrscheinlichkeit mithilfe einer Tabelle.

a) $B(100; \frac{1}{6}; 12)$ b) $B(100; \frac{5}{6}; 88)$ c) $\sum_{k=0}^{14} B(100; \frac{1}{6}; k)$ d) $\sum_{k=0}^{9} B(100; \frac{1}{6}; k)$

e) $\sum_{k=10}^{14} B(100; \frac{1}{6}; k)$ f) $\sum_{k=12}^{100} B(100; \frac{1}{6}; k)$ g) $P_{0,45}^{30}(X = 16)$ h) $P_{0,45}^{30}(X \leq 16)$

i) $P_{0,45}^{30}(X < 16)$ k) $P_{0,45}^{30}(X \geq 16)$ l) $P_{0,45}^{30}(X > 16)$ m) $P_{0,55}^{30}(X = 14)$

n) $P_{0,55}^{30}(X \leq 14)$ o) $P_{0,55}^{30}(X > 0)$ p) $P_{0,45}^{30}(11 \leq X \leq 16)$ q) $P_{0,45}^{100}(10 \leq X \leq 50)$

6 σ-Umgebung

Die Werte der Zufallsgröße X, die höchstens um σ vom Erwartungswert μ abweichen, bilden die **σ-Umgebung**. Berechne zu n = 100 und p = 0,2; 0,4; 0,6; 0,8 jeweils den Erwartungswert μ und die Standardabweichung σ. Bestimme mithilfe eines Tafelwerks die Wahrscheinlichkeit, dass X Werte aus der σ-Umgebung annimmt. Was fällt beim Vergleich der Werte auf?

7 Basketball

Dirk trifft beim Basketball mit 85 % Sicherheit von der Freiwurflinie den Korb. Er nimmt an drei Freiwurfwettbewerben teil. Beim ersten Wettbewerb trifft er 8 von 10 Freiwürfen, beim zweiten Wettbewerb 12 von 15 und beim dritten Wettbewerb 16 von 20 Freiwürfen. In welchem Wettbewerb war er relativ am besten bzw. am schlechtesten?

8 Wahrscheinlichkeiten mit Tabellenkalkulation

Für eine Fernsehshow werden 10 Kandidaten benötigt. Da erfahrungsgemäß ein eingeladener Kandidat mit einer Wahrscheinlichkeit von 7 % nicht zur Sendung erscheint, werden 12 Personen eingeladen.

a) Mit welcher Wahrscheinlichkeit kommen genau 10 Personen?

b) Bestätige dein Ergebnis von Teilaufgabe a) mithilfe einer Tabellenkalkulation. Verwende dazu die Funktion `fx =BINOMVERT(k;n;p;0)`.

Die Berechnung von Wahrscheinlichkeiten mit nichttabellierten Parametern n oder p kann insbesondere bei der Summation über Bereiche sehr mühevoll sein. Auch in diesem Fall kann eine Tabellenkalkulation helfen. Durch die Funktion `fx =BINOMVERT(k;n;p;1)` wird die Wahrscheinlichkeit $P_p^n(X \leq k) = \sum_{i=0}^{k} B(n; p; i)$ berechnet.

c) Berechne die Wahrscheinlichkeit dafür, dass mindestens 10 Personen zu der Sendung kommen mithilfe einer Tabellenkalkulation.

d) Wie groß wird die Wahrscheinlichkeit aus Teilaufgabe c) wenn nicht 12 sondern 13 Personen zur Sendung eingeladen werden?

9 Das Galton-Brett

FRANCIS GALTON (1822–1911) hat ein Gerät gebaut, mit dem man Binomialverteilungen mit der Trefferwahrscheinlichkeit $p = \frac{1}{2}$ experimentell realisieren kann. Rechts ist ein achtstufiges Galton-Brett abgebildet. Die senkrecht auf das oberste Hindernis auftreffenden Kugeln werden mit der Wahrscheinlichkeit $\frac{1}{2}$ nach links (0) oder rechts (1) abgelenkt. Das Gerät ist so konstruiert, dass die Kugeln auch senkrecht auf die Hindernisse der folgenden Reihen auftreffen und jeweils mit der gleichen Wahrscheinlichkeit nach links oder rechts abgelenkt werden.

a) Mit welcher Wahrscheinlichkeit fällt eine Kugel schließlich ins 0-te bzw. ins 8-te Fach? Gib die Formel für die Wahrscheinlichkeit an, mit der sie ins k-te Fach fällt.

b) In welchem Verhältnis müsste die Anzahl der Kugeln in den Fächern theoretisch stehen, wenn genügend viele Kugeln das Galton-Brett durchlaufen haben? Welche Säulen unserer Abbildung weichen vom theoretischen Wert am stärksten ab?

10 **Multiple-Choice-Test**

Ein Test besteht aus 20 Fragen. Bei jeder Frage muss aus jeweils drei Antworten die einzig richtige ausgewählt werden. Der Test gilt als bestanden, wenn mindestens die Hälfte aller Fragen richtig beantwortet wurde. Ein Schüler beantwortet die Fragen durch reines Raten.

a) Wie viele richtige Antworten darf er dabei erwarten? Wie groß ist die Wahrscheinlichkeit dafür?

b) Wie groß ist die Wahrscheinlichkeit, dass er mehr als 4, aber weniger als 10 Fragen richtig beantwortet?

c) Mit welcher Wahrscheinlichkeit besteht er den Test?

d) Wie muss die Anzahl der Antworten pro Frage abgeändert werden, damit die Wahrscheinlichkeit von Teilaufgabe c) unter 1 % sinkt?

e) Auf welche Zahl muss die Bestehensgrenze von bisher 10 richtigen Antworten erhöht werden, wenn pro Frage weiterhin 3 Antworten zur Auswahl stehen und die Wahrscheinlichkeit, dass der Test durch reines Raten bestanden wird, höchstens 1 % betragen soll?

11 **Gesangverein** (nach Abitur 2001)

Ein Gesangverein hat 30 weibliche und 20 männliche Mitglieder. Die Zahl der Anwesenden bei der wöchentlichen Chorprobe schwankt von Mal zu Mal. Um diese Schwankungen durch ein Modell zu beschreiben, soll davon ausgegangen werden, dass die Mitglieder unabhängig voneinander und jeweils mit einer Wahrscheinlichkeit von 80 % an einer Probe teilnehmen.

a) Wie viele anwesende Mitglieder sind bei einer Chorprobe zu erwarten? Wie groß ist dafür die Wahrscheinlichkeit? Mit welcher Wahrscheinlichkeit sind mindestens so viele Mitglieder anwesend?

b) Mit welcher Wahrscheinlichkeit fehlen bei einer Chorprobe 5 Sängerinnen? Mit welcher Wahrscheinlichkeit fehlen 5 Sängerinnen und 5 Sänger?

c) Für die nächste Chorprobe haben sich 5 Mitglieder entschuldigt. Mit welcher Wahrscheinlichkeit fehlen bei dieser Probe weitere 5 Mitglieder?

d) Mit welcher Wahrscheinlichkeit sind bei einer Probe alle 5 Tenöre anwesend? Wie viele Chorproben müssen mindestens stattfinden, damit mit einer Wahrscheinlichkeit von mehr als 99 % wenigstens einmal alle 5 Tenöre des Vereins gemeinsam anzutreffen sind?

e) Erläutere anhand je eines konkreten Beispiels, dass die beiden anfangs genannten und bisher verwendeten Modellannahmen für das Vorliegen einer Bernoulli-Kette in der Realität unzutreffend sein können.

12 **Ziehen aus einer Urne**

In einer Urne befinden sich 5 schwarze und 4 weiße Kugeln. Es werden zufällig 4 Kugeln gezogen. Berechne für die beiden Fälle „Ziehen **mit** Zurücklegen“ und „Ziehen **ohne** Zurücklegen“ die Wahrscheinlichkeiten folgender Ereignisse:

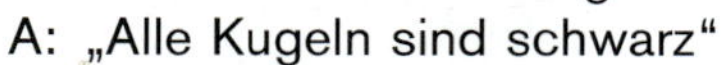

A: „Alle Kugeln sind schwarz“
B: „Alle Kugeln sind weiß“
C: „Zwei Kugeln sind schwarz, zwei sind weiß“.

13 Ziehen mit und ohne Zurücklegen

In einer Urne liegen schwarze (Treffer) und weiße (Nieten) Kugeln. Der Anteil der schwarzen Kugeln sei 40 %. Aus der Urne werden 3 Kugeln gezogen.

a) Berechne die Wahrscheinlichkeit, dabei genau 3 Treffer zu erhalten, einmal für das Ziehen mit und einmal für das Ziehen ohne Zurücklegen, wenn sich in der Urne insgesamt $N = 10$ Kugeln befinden. Vergleiche die beiden Ergebnisse. In welchem der beiden Fälle handelt es sich um eine Bernoulli-Kette?

b) Berechne die beiden Wahrscheinlichkeiten aus Teilaufgabe a) erneut für $N = 100$ und $N = 1000$. Begründe die so erhaltenen Ergebnisse.

14 Gartenmarkt

In einem Gartenmarkt werden Zwiebeln von rot, gelb sowie weiß blühenden Tulpen verkauft. In einer Kiste befinden sich je 50 Tulpenzwiebeln jeder Sorte. Von diesen äußerlich nicht unterscheidbaren Zwiebeln werden auf zufällige Weise 12 in eine Tüte gepackt.

a) Zeige, dass sich die Wahrscheinlichkeiten dafür, dass die Tüte genau eine Zwiebel der rot blühenden Sorte enthält, bei Berechnung mit den Modellen „Ziehen ohne Zurücklegen“ und „Ziehen mit Zurücklegen“ nur um ca. 0,5 % unterscheiden.

Im Folgenden kann mit dem Modell „Ziehen mit Zurücklegen“ gerechnet werden!
Wie groß ist die Wahrscheinlichkeit dafür, dass die Tüte

b) keine Zwiebeln der rot blühenden Tulpensorte enthält?

c) von jeder Zwiebelsorte gleich viele enthält?

15 Raubkopien (nach Abitur 2005)

Ein Musikladen bezieht seine Ware zu gleichen Teilen von den Großhändlern A und B. A liefert ausnahmslos Originalware. Lieferungen des Großhändlers B enthalten im Mittel 15 % willkürlich eingestreute Raubkopien, die nur dadurch erkannt werden können, dass diesen CDs der Kopierschutz fehlt.

a) Wie viel Prozent der CDs des Musikladens sind Raubkopien?

b) Wie viele zufällig aus dem Musikladen ausgewählte CDs muss man mindestens überprüfen, um mit einer Wahrscheinlichkeit von mehr als 90 % mindestens eine Raubkopie zu entdecken? Rechne wie bei „Ziehen mit Zurücklegen“.

Eine Lieferung von 200 CDs von Großhändler B wird untersucht.

c) Mit welcher Wahrscheinlichkeit unterscheidet sich die Zahl der dabei gefundenen Raubkopien von ihrem Erwartungswert um weniger als 10?

d) Bestimme mithilfe der stochastischen Tabellen den kleinstmöglichen Bereich symmetrisch zum Erwartungswert, in dem die Zahl der Raubkopien mit einer Wahrscheinlichkeit von mindestens 80 % liegt.

16 Spiel, Satz und Sieg

Ein Tennis-Match ist entschieden, wenn einer der Spieler 3 Sätze gewonnen hat. Spieler A gewinne einen Satz mit der Wahrscheinlichkeit p. X ist die Anzahl der gespielten Sätze, die bis zur Entscheidung des Matches benötigt werden.

a) Ermittle den Erwartungswert $E(X)$ in Abhängigkeit von p und q.

b) Wie viele Sätze sind beim Spiel gleich starker Gegener zu erwarten?

Training der Grundkenntnisse

17 Perlenfischerei

Außergewöhnlich viele Muscheln des stochastischen Meeres enthalten jeweils eine Perle, nämlich 20 %.
Ein Perlentaucher öffnet 10 Muscheln.

a) Wie viele Perlen sind zu erwarten?

Wie groß ist die Wahrscheinlichkeit, dass von den 10 Muscheln

b) genau drei Muscheln jeweils eine Perle enthalten?

c) mehr als drei Muscheln jeweils eine Perle enthalten?

d) genau drei nacheinander geöffnete Muscheln jeweils eine Perle enthalten,

e) die zehnte Muschel die dritte Perle enthält?

Ein Perlentaucher öffnet so viele Muscheln, bis er die erste Perle findet.

f) Mit welcher Wahrscheinlichkeit muss er genau fünf Muscheln öffnen?

Erfahrungsgemäß sind 25 % der Perlen besonders wertvolle Perlen, sogenannte *Perlaugen*.

g) Wie viele Muscheln muss ein Perltaucher aus dem stochastischen Meer mindestens herausholen, damit sich darunter mit einer Wahrscheinlichkeit von mindestens 99 % wenigstens eine Muschel mit einem Perlauge befindet?

18 Lucky Air (nach Abitur 2005)

Lucky Air bietet pro Flug 10 % der Flugtickets als Billigtickets für Frühbucher an. Die Anzahl der täglich pro Flug eingehenden Buchungswünsche für Billigtickets wurde registriert und statistisch ausgewertet. Dabei zeigte sich, dass diese Anzahlen annähernd binomial verteilt und voneinander unabhängig sind und dass sie während der ersten Woche nach Buchungsbeginn jeweils den Mittelwert 10 und die Varianz 6 haben.

a) Bestimme die Parameter n und p der zugehörigen Binomialverteilung.

b) Wie groß ist die Wahrscheinlichkeit dafür, dass am ersten Tag mindestens 9, aber höchstens 11 Buchungswünsche für Billigtickets für einen Flug eingehen?

19 Mikrochips

Der Konzern „Electronix" stellt Mikrochips in Massenproduktion her. Jeder hergestellte Chip ist mit einer Wahrscheinlichkeit von 15 % fehlerhaft.

a) Mit welcher Wahrscheinlichkeit sind von 100 Chips genau 15 fehlerhaft?

b) Wie viele Chips müssen der Produktion mindestens entnommen werden, damit mit einer Wahrscheinlichkeit von mehr als 99 % wenigstens ein fehlerhafter dabei ist?

c) Zur Aussonderung fehlerhafter Chips wird ein Prüfgerät eingesetzt, von dem Folgendes bekannt ist: Unter allen geprüften Chips beträgt der Anteil der Chips, die einwandfrei sind und dennoch ausgesondert werden, 3 %. Insgesamt werden 83 % aller Chips nicht ausgesondert. Bestimme die Wahrscheinlichkeit dafür, dass ein Chip fehlerhaft ist und ausgesondert wird. Welcher Anteil der fehlerhaften Chips wird ausgesondert?

7 Anwendungen der Binomialverteilung

In der **Wahrscheinlichkeitsrechnung** war die Trefferwahrscheinlichkeit p bekannt und wir haben damit Wahrscheinlichkeiten von Ereignissen berechnet. In der **Statistik** hat man die „umgekehrte Aufgabe“ zu lösen: Der Anteil p der „Treffer“ in einer Gesamtheit ist unbekannt. Man entnimmt der Gesamtheit eine Stichprobe und folgert daraus p.
Dieses Verfahren wird beispielsweise bei Hochrechnungen und Prognosen von Wahlen benutzt. Aufgrund der Umfrageergebnisse schätzt man p ab. Häufig hat man aber von vornherein über den Trefferanteil p gewisse **Hypothesen** (Vermutungen). Aufgrund des Ergebnisses der Stichprobe entscheidet man sich dann, ob man die Hypothese verwerfen muss oder nicht. Mit diesem Problem werden wir uns im folgenden Kapitel beschäftigen.

7.1 Der Signifikanztest

Wetten, dass ...?

Frau Gaby S. behauptet, dass sie rote Stoffe durch blindes Ertasten identifizieren kann. Sie meldet sich als Wettkandidatin bei einer Fernsehshow. Um ihre Fähigkeit zu testen, bekommt sie 6 unterschiedlich farbige Stoffe vorgelegt, aus denen sie den roten Stoff herausfinden soll. Dieser Versuch wird 10-mal wiederholt. Hat die Kandidatin keine besondere Begabung, rät sie. In diesem Fall liegt eine Bernoulli-Kette der Länge 10 mit Trefferwahrscheinlichkeit $p = \frac{1}{6}$ vor. Wenn Gaby besondere Fähigkeiten hat, müsste p dagegen größer als $\frac{1}{6}$ sein.

Der Veranstalter der Sendung zweifelt an Gabys Begabung. Er stellt die Hypothese (Vermutung) auf, dass die Kandidatin nur rät. Die zu testende Hypothese wird als **Nullhypothese** H_0 bezeichnet und mathematisch beschrieben durch

$$H_0 : p = \frac{1}{6}.$$

Die Zufallsgröße X ist die Anzahl der richtig identifizierten Stoffe. Da wir eine Stichprobe der Länge 10 betrachten, kann X die Werte 0, 1, 2, ..., 10 annehmen.

Bevor man den Test durchführt, muss man eine **Entscheidungsregel** aufstellen: Wenn sich Gaby nur aufs Raten verlässt, erwarten wir im Mittel $E(X) = 10 \cdot \frac{1}{6} \approx 1{,}7$ Treffer. Für die Anerkennung einer besonderen Begabung sind wir erst dann bereit, wenn die Anzahl der richtig identifizierten Stoffe **signifikant** (deutlich) höher als 1,7 ist. Wir setzen z. B. willkürlich fest, dass wir glauben, Gaby rät nur, wenn sie höchstens 3 Stoffe richtig erkennt. Wenn sie 4 oder mehr Stoffe richtig identifiziert, schreiben wir ihr besondere Fähigkeiten zu. Den Bereich $X \leq 3$ nennt man **Annahmebereich** A der Hypothese $p = \frac{1}{6}$, den Bereich $X \geq 4$ **Ablehnungsbereich** $\overline{A}$ der Hypothese $p = \frac{1}{6}$.

Wir erhalten folgende Entscheidungsregel:

$X \in A = \{0, 1, 2, 3\} \quad \Rightarrow \quad H_0$ wird beibehalten.
$X \in \overline{A} = \{4, 5, \ldots, 10\} \quad \Rightarrow \quad H_0$ wird verworfen.

Die zu testende Hypothese $p = \frac{1}{6}$ kann wahr oder falsch sein. Das Stichprobenergebnis kann im Annahme- oder Ablehnungsbereich liegen. Insgesamt sind dabei vier Fälle möglich: Zwei sind aber Fehlentscheidungen.

	Stichprobenergebnis im Annahmebereich ($X \leq 3$)	Stichprobenergebnis im Ablehnungsbereich ($X \geq 4$)
Hypothese H_0: $p = \frac{1}{6}$ ist wahr.	H_0 wird beibehalten. Richtige Entscheidung	H_0 wird verworfen. Falsche Entscheidung **Fehler 1. Art**
Hypothese H_0: $p = \frac{1}{6}$ ist falsch.	H_0 wird beibehalten. Falsche Entscheidung **Fehler 2. Art**	H_0 wird verworfen. Richtige Entscheidung

- **Fehler 1. Art:**
  Die wahre Hypothese wird verworfen.
  Die Wahrscheinlichkeit dafür, dass man sich für eine besondere Begabung entscheidet, obwohl keine vorliegt, ist
  $P^{10}_{\frac{1}{6}}(X \geq 4) = 1 - P^{10}_{\frac{1}{6}}(X \leq 3)$
  $= 1 - 0{,}93027 \approx 7{,}0\,\%$

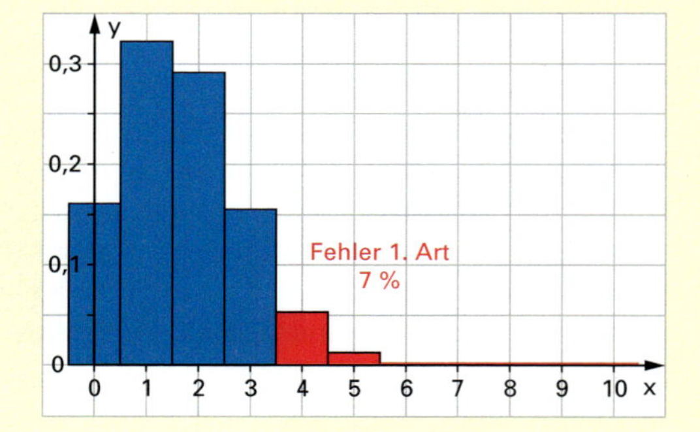

- **Fehler 2. Art:**
  Die falsche Hypothese wird beibehalten.
  Die Wahrscheinlichkeit dafür, dass man die Kandidatin als normal einschätzt, obwohl sie die besondere Begabung hat, kann zunächst nicht berechnet werden, da die Trefferwahrscheinlichkeit p der Kandidatin unbekannt ist.
  Für beispielsweise $p = 0{,}4$ erhalten wir als Wahrscheinlichkeit für den Fehler 2. Art:
  $P^{10}_{0,4}(X \leq 3) = 0{,}38228 \approx 38{,}2\,\%$

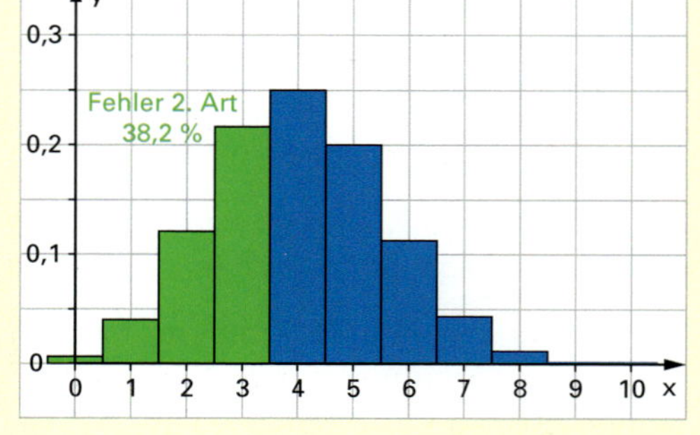

Die Wahrscheinlichkeit des Fehlers 2. Art hängt vom Grad der „besonderen Begabung", d. h. von der unbekannten Trefferwahrscheinlichkeit p der Kandidatin ab: $P^{10}_{p}(X \leq 3)$ (Aufgabe 2c).

Um uns einen Überblick über die Wahrscheinlichkeiten der Fehler 2. Art zu verschaffen, ermitteln wir sie für mehrere Werte $p > \frac{1}{6}$: Je größer p, je höher also der Grad besonderer Begabung ist, desto kleiner ist die Wahrscheinlichkeit, diese nicht zu erkennen. Für p = 0,7 beträgt sie nur noch 1 %.

p	$P_p^{10}(X \le 3)$
0,17	0,92585
0,2	0,87913
0,3	0,64961
0,4	0,38228
0,5	0,17188
0,6	0,05476
0,7	0,01059
0,8	0,00086
0,9	0,00001
1	0,00000

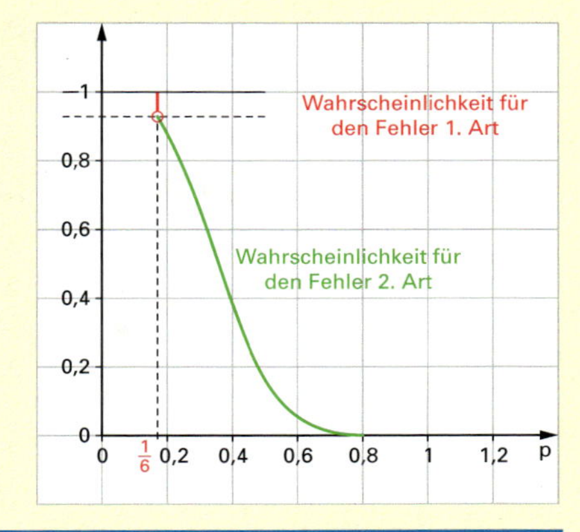

Der **Signifikanztest** ist ein Entscheidungsverfahren, ob eine Hypothese H_0 abgelehnt oder beibehalten wird. Die Hypothese H_0 heißt **Nullhypothese**.
Die Zufallsgröße X gibt an, wie oft das interessierende Merkmal in einer **Stichprobe** des Umfangs n vorkommt. Vor der Durchführung der Stichprobe werden die möglichen Werte von X in einen **Annahmebereich** A und einen **Ablehnungsbereich** $\overline{A}$ der Nullhypothese H_0 aufgeteilt. Damit ist die **Entscheidungsregel** des Tests festgelegt:

$$X \in A \quad \Rightarrow \quad H_0 \text{ wird beibehalten.}$$
$$X \in \overline{A} \quad \Rightarrow \quad H_0 \text{ wird verworfen.}$$

Bei der Durchführung eines Tests können zwei Fehler auftreten:
Beim **Fehler 1. Art** wird die *wahre Hypothese* H_0 irrtümlich *abgelehnt* und beim **Fehler 2. Art** wird die *falsche Hypothese* H_0 irrtümlich *beibehalten*.

Einfluss der Entscheidungsregel auf die Fehler 1. und 2. Art

Die Wahrscheinlichkeit für den Fehler 2. Art ist in unserem obigen Beispiel für p = 0,4 mit 38 % hoch. Man kann sie durch Verändern der Entscheidungsregel verringern (Aufgabe 2d): Glauben wir beispielsweise schon ab 3 Treffern, dass Gaby nicht rät, vergrößert sich der Ablehnungsbereich $\overline{A}$ der Hypothese $p = \frac{1}{6}$. Gleichzeitig verringert sich aber der Annahmebereich A:

$$X \in A = \{0, 1, 2\} \quad \Rightarrow \quad H_0 \text{ wird beibehalten}$$
$$X \in \overline{A} = \{3, 4, 5, \ldots, 10\} \quad \Rightarrow \quad H_0 \text{ wird verworfen.}$$

Dadurch verringert sich die Wahrscheinlichkeit für den Fehler 2. Art um den grünen Balken über X = 3, also um ca. 21 %. Gleichzeitig erhöht sich aber die Wahrscheinlichkeit für den Fehler 1. Art um den blauen Balken über X = 3, also um ca. 16 %.

Durch eine Veränderung der Entscheidungsregel kann man nur die Wahrscheinlichkeit des Fehlers der einen Art auf Kosten der Wahrscheinlichkeit des Fehlers der anderen Art verringern.

Einfluss der Stichprobenlänge n auf die Fehler 1. und 2. Art

Wollen wir beide Fehler verkleinern, müssen wir den Stichprobenumfang n erhöhen (Aufgabe 2e). Wir betrachten dazu eine Stichprobe der Länge n = 20 und passen unsere ursprüngliche Entscheidungsregel an:

$$X \in A = \{0, 1, \ldots, 6\} \quad \Rightarrow \quad H_0 \text{ wird beibehalten.}$$
$$X \in \overline{A} = \{7, 8, \ldots, 20\} \quad \Rightarrow \quad H_0 \text{ wird verworfen.}$$

- **Fehler 1. Art:**
  Die Wahrscheinlichkeit dafür, dass man sich für eine besondere Begabung entscheidet, obwohl keine vorliegt, ist
  $P^{20}_{\frac{1}{6}}(X \geq 7) = 1 - P^{20}_{\frac{1}{6}}(X \leq 6) = 1 - 0{,}96286 \approx 3{,}7\,\%$.
- **Fehler 2. Art:**
  Die Wahrscheinlichkeit dafür, dass man die Kandidatin als normal einschätzt obwohl sie besondere Begabung hat und die roten Stoffe mit p = 0,4 erkennt, ist
  $P^{20}_{0,4}(X \leq 6) = 0{,}25001 \approx 25{,}0\,\%$.

Durch eine Erhöhung des Stichprobenumfangs können bei einem Test die Fehler 1. und 2. Art verringert werden. Allerdings ist eine solche Erhöhung in der Praxis auch mit erhöhten Kosten verbunden.

Wahl der Nullhypothese

Greifen wir unser Anfangsbeispiel „Wetten, dass ...?“ wieder auf!

Der Veranstalter hat die Nullhypothese „Die Kandidatin hat keine besondere Begabung“ H_0: $p = \frac{1}{6}$ aufgestellt. Sobald man sich auf eine Nullhypothese und eine Entscheidungsregel festgelegt hat, ergeben sich die Fehler 1. und 2. Art zwangsläufig. Die Wahrscheinlichkeit des Fehlers 1. Art betrug $P^{10}_{\frac{1}{6}}(X \geq 4) \approx 7{,}0\,\%$. Für die Wahrscheinlichkeit des Fehlers 2. Art erhielten wir Werte zwischen 0 und 93 %.

Die beiden beim Test möglichen Fehler unterscheiden sich grundlegend: Der Fehler 1. Art bedeutet, dass man sich bei der Kandidatin für eine besondere Begabung entscheidet, obwohl keine vorliegt. Das ist für die Veranstalter der Fernsehshow wesentlich gravierender als der Fehler 2. Art, dass man eine begabte Kandidatin zu Unrecht für unbegabt hält und sie deshalb nicht einlädt. Wohl gemerkt, aus Sicht des Veranstalters!

Deshalb muss man sich im Vorfeld die Wahl der Nullhypothese genau überlegen. H_0 sollte immer so gewählt werden, dass der Fehler 1. Art von größerer Bedeutung ist als der Fehler 2. Art. Dann hat man es in der Hand, über die Wahl der Entscheidungsregel die Wahrscheinlichkeit für den Fehler 1. Art gering zu halten. Üblicherweise legt man vorher einen Höchstwert α fest, den der Fehler 1. Art nicht überschreiten darf und ermittelt dazu die Entscheidungsregel.

Den Höchstwert α, den die Wahrscheinlichkeit des Fehlers 1. Art nicht überschreiten darf, nennt man **Signifikanzniveau**.

Vorgehen beim Signifikanztest
1. Formulierung der Nullhypothese H_0
2. Festlegung der Zufallsgröße X zu einer Stichprobe vom Umfang n
3. Vorgabe des Signifikanzniveaus α und Bestimmung der Entscheidungsregel
4. Fällen der Entscheidung aufgrund des Stichprobenergebnisses

Beispiel: Werbekampagne

Ein Produkt hat bisher nur einen geringen Bekanntheitsgrad. Eine Werbeagentur behauptet, sie könne durch entsprechende Kampagnen den Bekanntheitsgrad auf über 70 % steigern. Die Bezahlung der Agentur soll vom Erfolg abhängen. Deshalb wird am Ende der Werbekampagne ein Test durchgeführt, bei dem 200 zufällig ausgewählte Personen befragt werden.

Der Auftraggeber wählt als Nullhypothese

$$H_0 : p \leq 0{,}7,$$

da hier der Fehler 1. Art (irrtümliche Ablehnung, dass der Bekanntheitsgrad höchstens 70 % ist und damit irrtümliche Bezahlung der Agentur) für ihn von größerer Bedeutung ist als der Fehler 2. Art (trotz erfolgreicher Werbekampagne bekommt die Agentur kein Geld). Diese Nullhypothese soll auf dem Signifikanzniveau von 5 % getestet werden. Wie lautet die zugehörige Entscheidungsregel?

Wegen des Kleinerzeichens in H_0 gehört 0 in den Annahmebereich und 200 in den Ablehnungsbereich. Den **kritischen Wert**, ab dem die Hypothese abgelehnt wird, bezeichnen wir mit k. Wir setzen an:

$$X \in A = \{0, 1, \ldots, k-1\} \quad \Rightarrow \quad H_0 \text{ wird beibehalten.}$$
$$X \in \overline{A} = \{k, k+1, \ldots, 200\} \quad \Rightarrow \quad H_0 \text{ wird verworfen.}$$

Wir suchen nun ein $k \in \{0, 1, \ldots, 200\}$, sodass der Ablehnungsbereich möglichst groß wird und für die Wahrscheinlichkeit des Fehlers 1. Art gilt:

$$P_p^{200}(X \geq k) \leq 0{,}05.$$

Die Wahrscheinlichkeit $P_p^{200}(X \geq k)$ nimmt mit sinkendem p ab. Ist die Forderung für $p = 0{,}7$ erfüllt, so ist das für alle $p < 0{,}7$ auch der Fall. Wir bestimmen daher den kritischen Wert k für $p = 0{,}7$:

$$P_{0,7}^{200}(X \geq k) \leq 0{,}05 \quad \Leftrightarrow \quad 1 - P_{0,7}^{200}(X \leq k-1) \leq 0{,}05 \quad \Leftrightarrow \quad P_{0,7}^{200}(X \leq k-1) \geq 0{,}95$$

Aus den stochastischen Tabellen lesen wir ab:

$$P_{0,7}^{200}(X \leq 150) = 0{,}94941 \quad \text{und} \quad P_{0,7}^{200}(X \leq 151) = 0{,}96405.$$

Für $k - 1 = 151$, also für $k = 152$, ist somit die Wahrscheinlichkeit des Fehlers 1. Art kleiner als 5 %. Damit lautet die gesuchte Entscheidungsregel:

$$X \in A = \{0, 1, \ldots, 151\} \quad \Rightarrow \quad H_0 \text{ wird beibehalten.}$$
$$X \in \overline{A} = \{152, 153, \ldots, 200\} \quad \Rightarrow \quad H_0 \text{ wird verworfen.}$$

Sollten also mindestens 152 Personen das Produkt kennen, geht der Auftraggeber von einer erfolgreichen Werbekampagne aus und leistet eine Zahlung an die Agentur. Die Wahrscheinlichkeit, dass dies irrtümlich geschieht, ist kleiner als 5 %.

Aufgaben

1 **Tee mit Milch**

Lady Lo behauptet, sie könne am Geschmack erkennen, ob bei einer Tasse Tee mit Milch zuerst der Tee oder zuerst die Milch in die Tasse gegossen wurde. Wir glauben ihr nicht und vermuten, dass sie nur rät. Diese Hypothese soll getestet werden: Lady Lo werden 10 Tassen Tee mit Milch vorgesetzt. Erkennt sie mindestens 7 Tassen richtig, schreiben wir ihr den feinen Geschmack zu.

a) Gib die Nullhypothese H_0, ihren Annahme- und ihren Ablehnungsbereich an.

Mit welcher Wahrscheinlichkeit wird Lady Lo

b) als Feinschmeckerin eingeschätzt, obwohl sie nur rät,

c) normaler Geschmack zugeschrieben, obwohl sie die Tassen mit 70%-iger Wahrscheinlichkeit richtig erkennt?

2 **Telepathie**

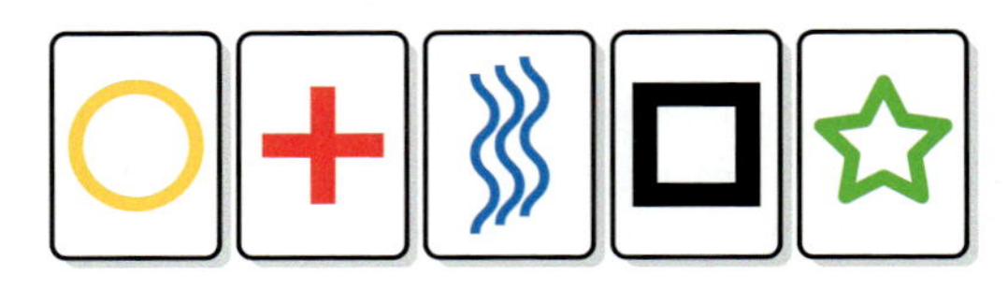

Telepathie ist die Übertragung von Informationen zwischen Lebewesen ohne Beteiligung der fünf Sinne. Bei Untersuchungen zur Existenz von Telepathie werden unter anderem die nach Karl Zener benannten Zenerkarten verwendet (siehe Abbildung). Dabei muss eine Testperson versuchen, eine aus diesen Karten ausgewählte Karte zu identifizieren, ohne sie gesehen zu haben. Zur Entscheidung wird ein Test mit 20 Versuchen durchgeführt. X sei die Anzahl der richtig angegebenen Karten. Die Nullhypothese „die Person hat keine telepathische Begabung“ soll bei mindestens 7 richtig identifizierten Karten verworfen werden.

a) Formuliere die Nullhypothese und die Entscheidungsregel mathematisch. Was bedeuten die Fehler 1. und 2. Art anschaulich?

b) Berechne die Wahrscheinlichkeit für den Fehler 1. Art.

c) Berechne die Wahrscheinlichkeit für den Fehler 2. Art für $p = 0{,}3$ bzw. $p = 0{,}5$.

Wie verändern sich die Wahrscheinlichkeiten für die Fehler 1. und 2. Art,

d) wenn die Nullhypothese erst ab 8 richtig identifizierten Karten verworfen wird?

e) wenn der Stichprobenumfang auf 50 erhöht wird und die Nullhypothese bei mindestens 16 richtig identifizierten Karten verworfen wird?

3 **Studentenleben**

Durch eine Befragung von 100 zufällig ausgewählten Studenten soll die Hypothese getestet werden, dass höchstens 25 % aller Studenten keinen Nebenjob haben. Sollten mehr als 32 der 100 Studenten keinen Nebenjob ausüben, wird die Hypothese abgelehnt.

a) Ermittle die Wahrscheinlichkeit dafür, dass die Hypothese abgelehnt wird, obwohl nur 25 % aller Studenten keinen Nebenjob haben.

b) Beschreibe eine mögliche Situation zu einem Fehler 2. Art. Berechne die Wahrscheinlichkeit des Fehlers 2. Art für ein selbst gewähltes Zahlenbeispiel.

4 Bekanntheitsgrad eines Spitzenkandidaten (nach Abitur 2003)

Der Bekanntheitsgrad p des Spitzenkandidaten einer Partei liegt derzeit bei höchstens 80 %. Die Partei will eine Agentur beauftragen, den Bekanntheitsgrad auf über 80 % zu steigern. Die Partei schlägt der Agentur vor, auf Erfolgsbasis zu arbeiten, d. h., sie wird nur im Erfolgsfall bezahlt. Um über den Erfolgsfall zu entscheiden, möchte die Partei nach einer festgelegten Zeitspanne die Nullhypothese $H_0 : p \leq 0{,}8$ an 200 zufällig ausgewählten Wahlberechtigten testen und H_0 nur ablehnen, wenn mindestens 170 der Befragten den Spitzenkandidaten kennen.

a) Wie hoch ist dabei das Risiko für die Partei, die Agentur irrtümlich zu bezahlen?

b) Wie groß ist dabei das Risiko für die Agentur, trotz eines Bekanntheitsgrades von 85 % kein Geld zu erhalten?

c) Die Agentur ist mit der obigen Entscheidungsregel nicht einverstanden. Sie schlägt vor, diese so zu ändern, dass ihr Risiko, trotz eines Bekanntheitsgrades von 85 % kein Geld zu erhalten, kleiner als 10 % ist. Bestimme dafür den kleinstmöglichen Ablehnungsbereich.

d) Ein Mitarbeiter der Agentur liest in der Zeitung, dass der aktuelle Bekanntheitsgrad des Spitzenkandidaten in A-Stadt bei 78 % und in B-Stadt bei 84 % liegt. Er schließt daraus, dass der Bekanntheitsgrad in den beiden Städten insgesamt bei 81 % liegt. Nimm zu dieser Folgerung Stellung.

5 Qualitätskontrolle

Ein Großhändler hat im Hinblick auf den bevorstehenden Silvester Knallkörper bei einem neuen Lieferanten eingekauft. Dieser verspricht ihm, dass die Lieferung weniger als 15 % Ausschuss enthält.

a) Der Großhändler ist bereit, die Behauptung des Lieferanten zu akzeptieren, wenn von 30 Knallkörpern höchstens 5 unbrauchbar sind. Mit welcher Wahrscheinlichkeit wird die Behauptung des Lieferanten akzeptiert, obwohl die Lieferung in Wirklichkeit 20 % Ausschuss enthält?

b) Die Nullhypothese $H_0 : p \geq 0{,}15$ soll auf dem Signifikanzniveau von 5 % bei einem Stichprobenumfang von 30 getestet werden. Bestimme die zugehörige Entscheidungsregel.

6 Ausbau der Stadtautobahn

Im Stadtrat von Oberhausen wird der Ausbau der Stadtautobahn auf drei Spuren diskutiert. Ein Abgeordneter behauptet, dass mindestens 80 % der Einwohner von Oberhausen für diesen Ausbau seien.

a) Um diese Behauptung zu testen, werden auf der Autobahnraststätte von Oberhausen 100 zufällig ausgewählte Autofahrer befragt. Wie muss die Entscheidungsregel mit einem möglichst großen Ablehnungsbereich lauten, wenn die Behauptung des Abgeordneten mit einer Wahrscheinlichkeit von höchstens 10 % irrtümlich abgelehnt werden soll?

b) Bewerte den in Teilaufgabe a) durchgeführten Test hinsichtlich seiner Eignung, die Behauptung des Abgeordneten zu überprüfen.

7 Seeufer

Auf einem Campingplatz soll das Ufer des Sees neu gestaltet werden. Der Campingplatz-Betreiber vermutet, dass mindestens 75 % der Gäste einen Sandstrand der jetzigen Liegewiese vorziehen würden. Kann diese Nullhypothese auf dem Signifikanzniveau von 5 % abgelehnt werden, wenn bei einer Befragung von 200 zufällig ausgewählten Campern nur 109 einen Sandstrand bevorzugen? Begründe deine Entscheidung.

8 Sportverein

Der Vorsitzende eines Sportvereins möchte mit Vereinsgeldern eine neue Weitsprunganlage finanzieren. Er geht dabei von einer Zustimmungsquote von 70 % unter den Vereinsmitgliedern aus. Der Kassenwart des Vereins spricht sich dagegen aus und möchte die Gelder lieber auf mehrere Abteilungen verteilen, da er mit einer Zustimmungsquote für die Weitsprunganlage von maximal 30 % rechnet.

a) Der Kassenwart schlägt eine Befragung von 50 zufällig ausgewählten Mitgliedern vor. Seine Behauptung soll mit einer Wahrscheinlichkeit von höchstens 4 % irrtümlich verworfen werden. Bestimme die zugehörige Entscheidungsregel mit einem möglichst großen Ablehnungsbereich.

b) Berechne die Wahrscheinlichkeit für den Fehler 2. Art unter der Annahme, dass der Vorsitzende mit seiner Behauptung Recht hat.

9 Bauteile

Eine Firma stellt Bauteile her, von denen eine hohe Passgenauigkeit erwartet wird. Bei der Herstellung treten Abweichungen von der Sollgröße auf. X sei die Obergrenze der Abweichung (in mm). Die folgende Tabelle gibt die zugehörigen Wahrscheinlichkeiten dieser Abweichungen an:

x	0	1	2	3	4
$P(X = x)$	0,50	0,19	0,16	0,12	0,03

a) Bauteile mit Abweichungen um mehr als σ vom Erwartungswert $\mu = E(X)$ gelten als Ausschuss. Zeige, dass die Ausschussquote der Bauteile 15 % beträgt.

b) Eine Konkurrenz-Firma behauptet, dass sie die gleichen Bauteile mit einer Ausschussquote von höchstens 10 % produziert. Um diese Behauptung auf dem Signifikanzniveau von 5 % zu testen, wird eine Stichprobe von 200 Bauteilen entnommen. Ermittle die zugehörige Entscheidungsregel.

c) Bei diesem Test erwiesen sich 27 Bauteile als Ausschuss. Interpretiere dieses Ergebnis im Sinne des in Teilaufgabe b) entworfenen Tests.

d) Mit welcher Wahrscheinlichkeit schenkt die Firma aufgrund des Testergebnisses der Behauptung der Konkurrenz-Firma Glauben, obwohl diese in Wirklichkeit die gleiche Ausschussquote wie die ursprüngliche Firma hat?

7.2* Trainingsaufgaben für das Abitur

1 Ein Grundlagen-Test

Gib jeweils die richtigen Antwort**en** (!) an.

a) Das Gegenereignis von „kein Schüler ist 18 Jahre alt" lautet
A) mindestens ein Schüler ist 18   B) höchstens ein Schüler ist 18
C) alle Schüler sind 18 Jahre alt.

b) Für die Ereignisse A und B gilt:
A) A und B sind unabhängig
B) $P(\overline{A}) = 15\,\%$
C) $P_B(A) = 80\,\%$
D) $P(A \cup B) = 95\,\%$

	A	$\overline{A}$	
B	?	15 %	?
$\overline{B}$	12 %	?	25 %
	?	?	?

c) Bezogen auf das abgebildete Baumdiagramm gilt:
A) $P(\overline{A}) = \frac{3}{4}$ B) $P(B) = \frac{1}{2}$
C) $P(\overline{B}) = \frac{3}{10}$ D) $P(\overline{A} \cap B) = \frac{3}{10}$
E) $P_{\overline{A}}(\overline{B}) = \frac{1}{4}$ F) $P_A(B) = P(B)$
G) $P_A(\overline{B}) = \frac{3}{4}$ H) $P(A \cup B) = \frac{7}{10}$

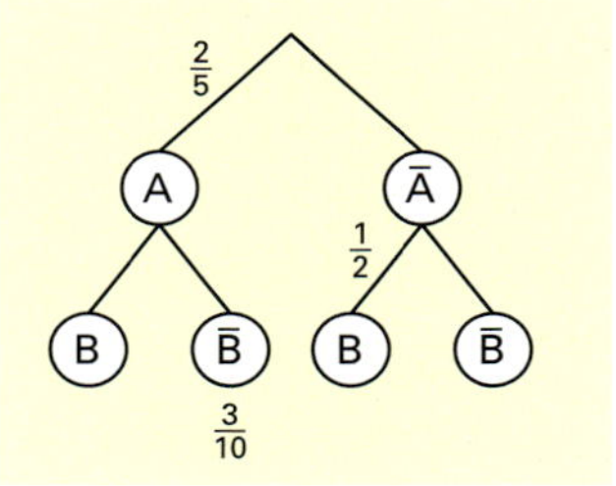

d) A und B sind zwei Ereignisse. Das Ereignis: „Höchstens eines der beiden Ereignisse tritt ein" wird durch folgenden Ausdruck beschrieben:
A) $\overline{A} \cup \overline{B}$ B) $\overline{A} \cap \overline{B}$ C) $\overline{A \cup B}$ D) $\overline{A \cap B}$ E) $(A \cap \overline{B}) \cup (\overline{A} \cap B)$

e) In den Schulaufgaben in Mathe und Deutsch haben sich in einer Klasse folgende Notenverteilungen ergeben:

Note	1	2	3	4	5	6
M	6	4	2	2	4	6
D	2	4	6	6	4	2

A) Der Erwartungswert von M und D ist gleich.
B) Die Standardabweichung von M und D ist gleich.
C) Die Standardabweichung von M ist größer als die von D.

f) Die Wahrscheinlichkeit, dass von 20 zufällig ausgewählten Personen genau 3 Männer sind, beträgt
A) $\binom{20}{3} \cdot 0{,}5^3 \cdot 0{,}5^{17}$ B) $0{,}5^3 \cdot 0{,}5^{17}$ C) $\binom{20}{17} \cdot 0{,}5^3 \cdot 0{,}5^{17}$
D) $\binom{20}{3} \cdot 0{,}5^{20}$ E) $\frac{20 \cdot 19 \cdot 18}{3!} \cdot 0{,}5^3 \cdot 0{,}5^{17}$ F) $\frac{10}{20} \cdot \frac{9}{19} \cdot \frac{8}{18}$

g) In einer Lostrommel befinden sich 60 Nieten und 40 Treffer. Die Wahrscheinlichkeit dafür, dass man beim Ziehen von 12 Losen 3 Treffer erzielt, beträgt:
A) $\binom{12}{3} \cdot 0{,}6^9 \cdot 0{,}4^3$ B) $\frac{40}{100} \cdot \frac{39}{99} \cdot \frac{38}{98}$ C) $\frac{\binom{60}{9}\binom{40}{3}}{\binom{100}{12}}$

h) Bei einem Glücksspiel gibt es vier mögliche Ergebnisse mit den zugehörigen Wahrscheinlichkeiten.

	0 Treffer	1 Treffer	2 Treffer	3 Treffer
Auszahlung	0 €	0 €	1 €	?
Wahrscheinlichkeit	50 %	25 %	20 %	5 %

Damit es sich bei einem Einsatz von 1 Euro pro Spiel um eine faires Spiel handelt, muss die Auszahlung für das Ergebnis „3 Treffer"
A) 2 € B) 4 € C) 8 € D) 16 € betragen.

i) Beim Testen der Nullhypothese $H_0: p \leq 0{,}4$ mit dem Ablehnungsbereich $\overline{A} = \{7, 8, \ldots, 20\}$
A) beträgt die Wahrscheinlichkeit für den Fehler 1. Art ca. 25 %.
B) beträgt die Wahrscheinlichkeit für den Fehler 2. Art ca. 25 %.
C) kann die Wahrscheinlichkeit für den Fehler 2. Art nicht berechnet werden.
D) verringert sich die Wahrscheinlichkeit für den Fehler 1. Art, wenn man den Stichprobenumfang auf 30 erhöht und $\overline{A} = \{11, 12, \ldots, 30\}$ wählt.
Verändert man den Ablehnungsbereich: $\overline{A} = \{9, 10, \ldots, 20\}$, so
E) verringert sich die Wahrscheinlichkeit für den Fehler 1. Art.
F) verringert sich die Wahrscheinlichkeit für den Fehler 2. Art.

k) Die Nullhypothese $H_0: p \leq 75\,\%$ soll auf dem Signifikanzniveau von 5 % bei einem Stichprobenumfang von 30 getestet werden. Der Ablehnungsbereich ist dann
A) $\overline{A} = \{0, 1, \ldots, 25\}$ B) $\overline{A} = \{26, \ldots, 30\}$ C) $\overline{A} = \{27, \ldots, 30\}$

2 Baumdiagramm und bedingte Wahrscheinlichkeit

In der Bevölkerung wird eine Umfrage zum Thema Rauchverbot in Gaststätten durchgeführt. Dabei gibt es nur die zwei Möglichkeiten, für oder gegen das Rauchverbot zu stimmen. 40 % der Befragten sind Nichtraucher (N), 30 % Gelegenheitsraucher (G) und 30 % Raucher (R).
80 % der Nichtraucher und 50 % der Gelegenheitsraucher befürworten ein Rauchverbot (V), während 70 % der Raucher dagegen sind ($\overline{V}$).

a) Zeichne ein Baumdiagramm.
b) Beschreibe $P_N(V)$ und $P(N \cap V)$ in Worten und gib ihren Wert an.
c) Wie viel Prozent der Befragten sind für ein Rauchverbot?
d) Mit welcher Wahrscheinlichkeit stammt eine für das Rauchverbot abgegebene Stimme von einem Gelegenheitsraucher?
e) Mit welcher Wahrscheinlichkeit stammt eine gegen das Rauchverbot abgegebene Stimme von einem Raucher?
f) Das Gesundheitsministerium startet eine Kampagne zur Aufklärung über die Gefahren des Rauchens. Angenommen, diese ändert nur das Abstimmungsverhalten der Gelegenheitsraucher. Wie muss sich $P_G(V)$ ändern, damit die Zustimmung zum Rauchverbot in Gaststätten auf 65 % steigt?

3 Vierfeldertafel sowie abhängige und unabhängige Ereignisse

a) Die Fahrschule Schramm wertet ihre langjährige Statistik aus. Danach sind 55 % der Kandidaten für die Führerscheinprüfung männlich; 25 % der Kandidaten sind Wiederholer der Prüfung; 32 % der Kandidaten sind weiblich und treten die Prüfung erstmalig an. Untersuche die Ereignisse M: „Ein zufällig ausgewählter Kandidat ist männlich" und W: „Ein zufällig ausgewählter Kandidat ist Wiederholer" mithilfe einer Vierfeldertafel auf stochastische Unabhängigkeit.

b) Ein Elektromarkt wertet seine langjährige Statistik aus. Danach sind 38 % seiner Kunden weiblich; 60 % der Kunden wohnen mehr als 10 km entfernt. Die Ereignisse W: „Ein zufällig ausgewählter Kunde ist weiblich" und E: „Ein zufällig ausgewählter Kunde wohnt mehr als 10 km entfernt" können als stochastisch unabhängig betrachtet werden. Mit welcher Wahrscheinlichkeit ist ein zufällig ausgewählter Kunde männlich und wohnt in einem Umkreis von 10 km des Elektromarktes?

4 Bernoulli-Kette

An einem Flughafen wird die Sicherheitskontrolle erfahrungsgemäß von 80 % Erwachsenen und 20 % Minderjährigen passiert.
Wie groß ist die Wahrscheinlichkeit, dass von 10 Personen, die nacheinander die Sicherheitskontrolle passieren,

a) nur die erste und die letzte Person minderjährig sind?

b) genau 2 Personen minderjährig sind?

c) genau 2 Personen minderjährig sind und diese nacheinander kommen?

d) genau 3 Personen minderjährig sind, wobei die 5. Person der erste Minderjährige ist?

e) höchstens 3 Personen minderjährig sind?

f) mindestens 3 Personen minderjährig sind?

g) mindestens 2 und höchstens 5 Personen minderjährig sind?

h) Wie viele Personen müssen die Sicherheitskontrolle mindestens passieren, damit mit einer Wahrscheinlichkeit von mindestens 99 % mindestens ein Minderjähriger dabei ist?

i) Für die obigen Berechnungen wurde das Modell einer Bernoulli-Kette zugrunde gelegt. Begründe, warum in der Realität die Modellannahme einer Bernoulli-Kette in diesem Zusammenhang eher unzutreffend ist.

5 Gurtmuffel (nach Abitur 1985)

Auf einer belebten Straße sei p der Anteil der Gurtmuffel unter den Autolenkern.

a) Bestimme in Abhängigkeit von p die Wahrscheinlichkeit dafür, dass unter 10 vorbeifahrenden Autos

   A) nur das 3. und das 5. Auto von einem Gurtmuffel gelenkt wird.

   B) die ersten vier Autos von keinem Gurtmuffel gelenkt werden, aber trotzdem unter den 10 Fahrern genau zwei Gurtmuffel sind.

b) Wie groß muss der Anteil der Gurtmuffel mindestens sein, wenn unter 10 vorbeifahrenden Autos mit mehr als 95 % Wahrscheinlichkeit mindestens eines von einem Gurtmuffel gelenkt wird? Berechne diesen Anteil auf Promille genau.

c) Es werden 200 Autos auf einer Straße mit dem bekannten Gurtmuffelanteil $p = 15\,\%$ überprüft. X ist die Anzahl der dabei entdeckten Gurtmuffel. Bestimme mithilfe der Binomialtabellen einen möglichst kleinen Bereich symmetrisch um den Erwartungswert von X, in dem die Zahl der entdeckten Gurtmuffel mit einer Wahrscheinlichkeit von mindestens 90 % liegt.

d) Bei einem bekannten Anteil $p = 15\,\%$ kontrolliert man die vorbeifahrenden Autos so lange, bis man einen Gurtmuffel entdeckt, höchstens aber 10 Autos. X ist die Anzahl der bei diesem Vorgehen kontrollierten Autos.
   A) Bestimme $P(X = 6)$ und $P(X = 10)$.
   B) Wie groß ist die Wahrscheinlichkeit dafür, dass man mindestens 6 Autos überprüfen muss?

e) Bei einer Polizeikontrolle von 500 Autos werden 58 Gurtmuffel erwischt. 198 der kontrollierten Personen waren weiblich und angeschnallt. Von den Kontrollierten waren 300 Autofahrer männlich.
   A) Untersuche die Ereignisse G: „Eine bei der Kontrolle zufällig ausgewählte Person ist ein Gurtmuffel“ und W: „Eine bei der Kontrolle zufällig ausgewählte Person ist weiblich“ auf stochastische Unabhängigkeit.
   B) Beschreibe die Wahrscheinlichkeiten $P_W(G)$ und $P_G(W)$ in Worten und berechne sie.

6 Rund um das Glücksrad

a) Mit dem abgebildeten Glücksrad wird 10-mal gespielt. Mit welcher Wahrscheinlichkeit erhält man
   A) mehr Treffer (1) als Nieten (0)?
   B) beim 10. Spiel den 4. Treffer?

b) Es wird nun mit zwei dieser Glücksräder gleichzeitig gespielt. Wie oft müsste man das mindestens tun, damit mit einer Wahrscheinlichkeit von mehr als 98 % wenigstens ein Doppeltreffer auftritt?

c) Das obige Glücksrad wird nun so lange betätigt, bis man einen Treffer erhält, höchstens jedoch viermal. Die Anzahl der Spiele wird durch die Zufallsgröße X angegeben. Berechne die Wahrscheinlichkeitsverteilung, den Erwartungswert, sowie die Varianz von X.

d) Bei dem rechts abgebildeten Glücksrad erhält man nach einem Einsatz von 1,50 € den angezeigten Betrag ausgezahlt.

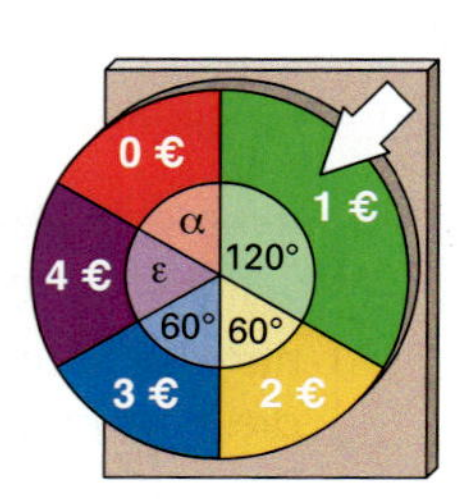

   A) Wie groß müssen die Mittelpunktswinkel α und ε gewählt werden, wenn das Spiel fair sein soll?
   B) Bestimme die Standardabweichung der Zufallsgröße Gewinn bei fairem Spiel.

7 Histogramme binomial verteilter Zufallsgrößen

a) Begründe, ob die folgenden Aussagen richtig oder falsch sind.
Für das Histogramm einer binomial verteilten Zufallsgröße gilt:
A) Mit wachsendem p wandert das Maximum immer weiter nach rechts.
B) Es gibt immer genau ein Maximum.
C) Das Maximum liegt immer genau über dem Erwartungswert.
D) Die zu $B(10;p)$ und $B(10;q)$ gehörenden Histogramme sind zur Achse $k = 5$ symmetrisch.
E) Mit wachsendem n wandert das Maximum immer weiter nach rechts.

b) Suche aus den unten angegebenen Verteilungen $B(n;p)$ die zu den vier rechts abgebildeten Histogramm-Ausschnitten passenden heraus. Begründe!

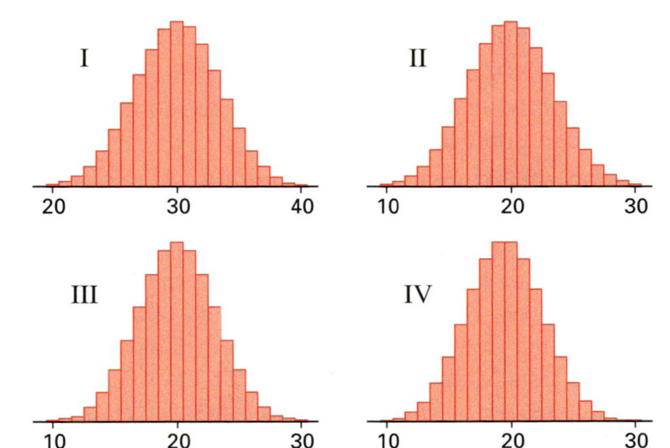

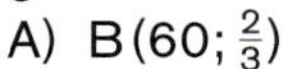

A) $B(60; \frac{2}{3})$
B) $B(40; 0{,}5)$
C) $B(25; \frac{4}{5})$
D) $B(50; 0{,}6)$
E) $B(50; 0{,}4)$
F) $B(39; 0{,}5)$

8 Spiel, Satz und Sieg

Herr B. und Herr S. spielen schon seit Jahren gegeneinander Tennis.
Die Wahrscheinlichkeit, dass Herr B. dabei einen Satz gewinnt, betrage p. Ein Tennismatch ist erst dann gewonnen, wenn man zwei Sätze gewonnen hat.

a) Stelle in einem Baumdiagramm alle Spielverläufe dar, die zum Matchsieg für Herrn B. führen und zeige, dass $W(p) = -2p^3 + 3p^2$ der Funktionsterm für die Wahrscheinlichkeit, dass Herr B. gegen Herrn S. ein Match gewinnt, ist. Wie lautet der zugehörige Definitionsbereich? Berechne $W(0)$, $W(0{,}5)$ und $W(1)$ und interpretiere die Ergebnisse.

b) Untersuche die Funktion W auf Nullstellen, Extrema und Wendepunkte. Bestimme auch die Wendetangente und zeichne mit diesen Informationen den Graphen der Funktion W.

c) Beträgt die Wahrscheinlichkeit, mit der Herr B. gegen Herrn S. ein Match gewinnt, ebenfalls p, oder ist sie geringer oder größer? Zeichne zur Beantwortung dieser Frage zusätzlich die Gerade $y = p$ ein und interpretiere den Funktionsterm $D(p) = W(p) - p$ im Hinblick auf die Problemstellung. Berechne auch, für welche Werte von p die Funktion $D(p)$ den absolut größten Betrag aufweist.

9 Sportlich aktiv

In Willstadt wurden die Einwohner bezüglich ihrer Mitgliedschaft in einem Sportverein befragt. Das Diagramm rechts zeigt das Ergebnis, aufgeschlüsselt nach Alter und Geschlecht der befragten Personen.

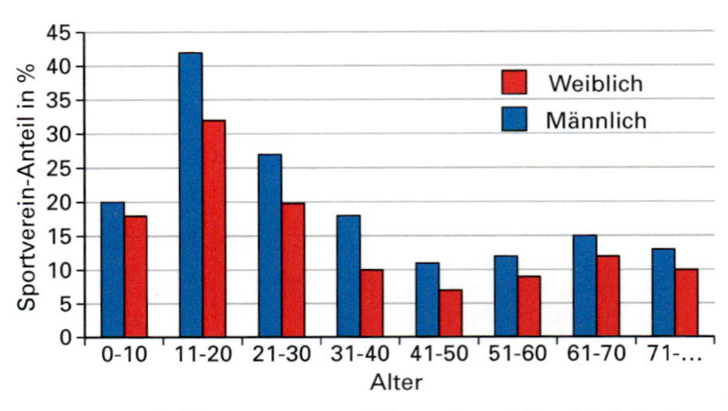

a) Mit welcher Wahrscheinlichkeit ist ein zufällig ausgewählter 31- bis 40-jähriger Willstädter Mann kein Mitglied eines Sportvereins?

b) Wie viel Prozent der Willstädter in der Altersgruppe der 31- bis 40-Jährigen sind im Sportverein, wenn man davon ausgeht, dass in dieser Altersgruppe gleich viele Frauen und Männer sind?

c) Eine zufällig aus der Altersgruppe „31 bis 40“ ausgewählte Willstädter Person ist im Sportverein. Mit welcher Wahrscheinlichkeit ist es ein Mann?

d) Im Willstädter Tagblatt ist zu lesen, dass die Anzahl der männlichen Sportvereinsmitglieder im Alter von 31 bis 40 mit 2340 größer ist als die entsprechende Anzahl bei den 21-30-Jährigen mit 1890. Erläutere, inwiefern die Zeitungsmeldung mit dem obigen Diagramm in Einklang stehen kann.
Wie viele Männer im Alter von 21 bis 40 leben in Willstadt?

e) Vier Willstädter Frauen wurden zufällig ausgewählt. Zwei von ihnen sind 25 Jahre, eine 72 Jahre und eine 13 Jahre alt. Bestimme die Wahrscheinlichkeit dafür, dass mindestens eine von ihnen Mitglied in einem Sportverein ist.

Zehn 21- bis 30-jährige Willstädterinnen wurden zufällig ausgewählt.

f) Bestimme für die Ereignisse A: „Unter ihnen sind genau vier Sportvereinsmitglieder“ und B: „Unter ihnen sind höchstens vier Sportvereinsmitglieder“ jeweils die Wahrscheinlichkeit.

g) Ein Skeptiker meint, dass die Mitgliedsrate im Sportverein unter den 21- bis 30-jährigen Frauen höher als 0,2 ist. Er testet die Nullhypothese $H_0: p \leq 0{,}2$, wobei p die Wahrscheinlichkeit angibt, dass eine 21- bis 30-jährige Willstädterin Mitglied in einem Sportverein ist. Er stellt jeder der 10 ausgewählten Frauen die Frage „Sind Sie Mitglied in einem Sportverein?“ und erhält folgendes Antwortprotokoll: „ja – nein – ja – nein – ja – ja – nein – nein – nein – ja“. Untersuche, ob das Ergebnis der Befragung die Meinung des Skeptikers auf einem Signifikanzniveau von 5 % stützt.

h) Aus den 61- bis 70-jährigen Willstädter Männern werden zufällig acht ausgewählt. Welche zwei der folgenden Terme beschreiben die Wahrscheinlichkeit dafür, dass dabei genau fünf der acht Mitglieder in einem Sportverein sind?

A) $\binom{8}{3} \cdot 0{,}85^3 \cdot 0{,}15^5$ B) $0{,}15^5 \cdot 0{,}85^3$ C) $1 - \binom{8}{3} \cdot 0{,}85^3 \cdot 0{,}15^5$

D) $\binom{8}{5} \cdot 0{,}85^5 \cdot 0{,}15^3$ E) $\binom{8}{5} \cdot 0{,}15^5 \cdot 0{,}85^3$ F) $\binom{8}{3} \cdot 0{,}15^3 \cdot 0{,}85^5$

Geraden und Ebenen im Raum

8 Geraden im Raum

Die „Hand“ eines Industrieroboters wird mithilfe der Vektorrechnung gesteuert. So wird dem rechts abgebildeten Roboter genau mitgeteilt, welchen Weg der Laser beim Bearbeiten eines Werkstücks gehen muss. Der einfachste Weg verläuft geradlinig. Wie lassen sich Geraden im Raum beschreiben?

8.1 Parameterform der Geradengleichung

Eine Gerade ist durch *zwei Punkte* oder *einen Punkt* und *eine Richtung* festgelegt. Um die Richtung einer Geraden festzulegen, genügt in der Ebene die Steigung, im Raum dagegen nicht.

Gerade durch einen Punkt und einer vorgegebenen Richtung

Zum Zeitpunkt 0 Sekunden durchlaufe ein Körper den Punkt A und bewege sich innerhalb 1 Sekunde jeweils um den Vektor $\vec{u}$ geradlinig weiter. Dann passiert der Körper zum Zeitpunkt λ Sekunden den Punkt X mit dem Ortsvektor $\vec{X} = \vec{A} + \lambda \cdot \vec{u}$ (Aufgabe 1).

Der Vektor $\vec{u}$ heißt **Richtungsvektor** der Geraden. Den Punkt A nennen wir auch **Stützpunkt** der Geraden.

Parameterform der Geradengleichung
Die Gerade g gehe durch den Punkt A mit dem Ortsvektor $\overrightarrow{OA} = \vec{A}$ und verlaufe in Richtung von $\vec{u}$. Dann ist für alle $\lambda \in \mathbb{R}$

$$\vec{X} = \vec{A} + \lambda \cdot \vec{u}$$

der Ortsvektor eines Punktes X der Geraden g.

Zu jedem reellen Parameterwert λ gibt es einen Punkt der Geraden. Durch die Parameterwerte werden die Punkte der Geraden nummeriert. Den λ-Wert kann man entweder als *Zeitpunkt*, zu dem der Punkt durchlaufen wird, oder als „*Hausnummer*“ des Punktes X auffassen.
Liegt ein Punkt auf einer gegebenen Geraden, dann muss es einen zugehörigen Parameterwert geben.

Beispiel: Auf g: $\vec{X} = \begin{pmatrix} 1 \\ -2 \\ 3 \end{pmatrix} + \lambda \cdot \begin{pmatrix} -2 \\ 1 \\ 2 \end{pmatrix}$ erhält man mit der „Hausnummer“ $\lambda = 2$

$\vec{Q} = \begin{pmatrix} 1 \\ -2 \\ 3 \end{pmatrix} + 2 \cdot \begin{pmatrix} -2 \\ 1 \\ 2 \end{pmatrix} = \begin{pmatrix} -3 \\ 0 \\ 7 \end{pmatrix}$, also den Punkt $Q(-3|0|7)$.

Um zu prüfen, ob der Punkt P(5|−4|7) auf der Geraden g liegt, setzen wir die Koordinaten von P in die Geradengleichung ein:

$$\begin{pmatrix}5\\-4\\7\end{pmatrix}=\begin{pmatrix}1\\-2\\3\end{pmatrix}+\lambda\cdot\begin{pmatrix}-2\\1\\2\end{pmatrix} \Leftrightarrow \begin{pmatrix}5\\-4\\7\end{pmatrix}=\begin{pmatrix}1-2\lambda\\-2+\lambda\\3+2\lambda\end{pmatrix} \Leftrightarrow \begin{matrix}\lambda=-2\\\lambda=-2\\\lambda=2\end{matrix}$$

Es gibt keinen Wert für λ, der *alle drei* Koordinatengleichungen erfüllt. Also liegt P nicht auf g.

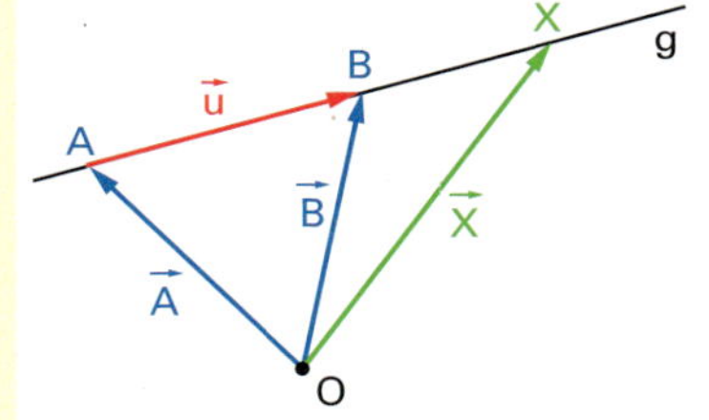

Gerade durch zwei Punkte

Sind von einer Geraden zwei Punkte A und B bekannt, so wählt man einen der beiden Punkte als Stützpunkt. Als **Richtungsvektor** $\vec{u}$ nimmt man den **Verbindungsvektor** $\overrightarrow{AB}$ oder einen dazu parallelen Vektor.

Beispiel: Gerade durch die Punkte A(1|−2|3) und B(−4|−5|6)

$$\overrightarrow{AB}=\vec{B}-\vec{A}=\begin{pmatrix}-4-1\\-5+2\\6-3\end{pmatrix}=\begin{pmatrix}-5\\-3\\3\end{pmatrix} \Rightarrow \text{AB: } \vec{X}=\begin{pmatrix}1\\-2\\3\end{pmatrix}+\lambda\cdot\begin{pmatrix}-5\\-3\\3\end{pmatrix}$$

Aufgaben

1 Von der geradlinigen Bewegung zur Geradengleichung

Die „Hand" eines Industrieroboters durchläuft zur Zeit t = 0 Sekunden den Punkt A(2|3|4). Sie bewegt sich innerhalb einer Sekunde jeweils um den Vektor $\vec{u}=\begin{pmatrix}1\\2\\1\end{pmatrix}$ geradlinig weiter.

a) Berechne die Koordinaten der Punkte X_1, X_2, X_{-1}, X_{-2}, X_{-3}, welche die „Hand" zu den Zeitpunkten 1, 2, −1, −2, −3 Sekunden passiert.

b) Zeichne die Gerade, auf der sich die „Hand" des Roboters bewegt.

c) Gib den Ortsvektor $\overrightarrow{OX}$ des Punktes X in Abhängigkeit von der Zeit t in Sekunden an.

2 Gib eine Gleichung der Geraden g an, die durch A in Richtung $\vec{u}$ verläuft, und drei weitere Punkte, die auf g liegen:

a) A(1|2|3), $\vec{u}=\begin{pmatrix}4\\5\\6\end{pmatrix}$ b) A(2|0|−3), $\vec{u}=\begin{pmatrix}-1\\3\\-5\end{pmatrix}$ c) A(0|0|0), $\vec{u}=\begin{pmatrix}1\\2\\3\end{pmatrix}$

3 Gib eine Gleichung an:

a) x_1-Achse
b) x_3-Achse
c) Parallele zur x_2-Achse
d) Parallele zur x_1-Achse
e) Gerade in der x_1x_2-Ebene
f) Parallele zur x_1x_2-Ebene
g) Parallele zur x_2x_3-Ebene
h) Senkrechte zur x_1x_2-Ebene

4 Besondere Lage im Koordinatensystem

Beschreibe den Verlauf der Geraden im Koordinatensystem und zeichne sie.

a) $\vec{X} = \begin{pmatrix} 1 \\ 0 \\ 0 \end{pmatrix} + \lambda \cdot \begin{pmatrix} 0 \\ 1 \\ 0 \end{pmatrix}$ b) $\vec{X} = \begin{pmatrix} 1 \\ 2 \\ 0 \end{pmatrix} + \mu \cdot \begin{pmatrix} 0 \\ 0 \\ 3 \end{pmatrix}$ c) $\vec{X} = \begin{pmatrix} 1 \\ 2 \\ 3 \end{pmatrix} + \nu \cdot \begin{pmatrix} 4 \\ 0 \\ 0 \end{pmatrix}$ d) $\vec{X} = \begin{pmatrix} 2 \\ 0 \\ 0 \end{pmatrix} + \rho \cdot \begin{pmatrix} -1 \\ 0 \\ 0 \end{pmatrix}$

e) $\vec{X} = \begin{pmatrix} 3 \\ 0 \\ 0 \end{pmatrix} + \sigma \cdot \begin{pmatrix} 1 \\ 2 \\ 0 \end{pmatrix}$ f) $\vec{X} = \begin{pmatrix} 0 \\ 0 \\ 3 \end{pmatrix} + \tau \cdot \begin{pmatrix} 1 \\ 2 \\ 0 \end{pmatrix}$ g) $\vec{X} = \kappa \cdot \begin{pmatrix} 1 \\ 0 \\ 1 \end{pmatrix}$ h) $\vec{X} = \begin{pmatrix} 1 \\ 0 \\ 1 \end{pmatrix} + \omega \cdot \begin{pmatrix} 1 \\ 0 \\ 1 \end{pmatrix}$

5 Punkt auf der Geraden?

Gegeben ist die Gerade g durch die Gleichung $\vec{X} = \begin{pmatrix} 2 \\ 2 \\ 3 \end{pmatrix} + \nu \cdot \begin{pmatrix} -2 \\ 2 \\ 1 \end{pmatrix}$.

a) Zeichne g in einem Koordinatensystem.

b) Prüfe anhand der Zeichnung und durch Rechnung, ob die Punkte A(0|4|3), B(2|−1|1), C(4|0|2), D(−1|5|4,5), E(0|2,5|3) und F(1|3|3,5) auf g liegen.

c) Gib zwei Punkte an, die nicht auf g liegen.

6 Geraden durch zwei Punkte

Stelle eine Gleichung der Geraden durch die beiden Punkte auf.

a) A(1|2|3), B(4|5|6)

b) C(9|6|3), D(6|4|2)

c) E(−2|0|2), F(−2|−2|−2)

d) G(−5|3|−1), H(−3|1|1)

e) P(−2|−4|4), Q(3|6|−6)

f) R(−1|2|−3), S(1|−2|3)

7 Gerade, Halbgerade und Strecke

Die Gerade g geht durch die Punkte A(3|2|3) und B(5|6|1).

a) Stelle eine Gleichung von g auf. Zeichne g.

b) Welcher Parameterwert gehört zum Punkt A, welcher zum Punkt B, welcher zum Mittelpunkt von [AB]?

c) Welche Parameterwerte gehören zu den Punkten der Halbgeraden [AB, der Halbgeraden AB], der Strecke [AB]?

d) Liegen die Punkte P(4|4|−2), Q(6|8|0) und R(4,5|5|1,5) auf [AB]?

8 Die Spurpunkte einer Geraden

Die Punkte, in denen eine Gerade eine Koordinatenebene schneidet, heißen *Spurpunkte*. Wir interessieren uns für die Spurpunkte der Geraden

$$g\colon \vec{X} = \begin{pmatrix} 1 \\ 2 \\ 2 \end{pmatrix} + \lambda \cdot \begin{pmatrix} -1 \\ 1 \\ 2 \end{pmatrix}.$$

a) Welche Koordinate des Spurpunkts S_{12} von g mit der x_1x_2-Ebene ist bekannt? Welcher Parameterwert gehört zum Spurpunkt? Berechne seine Koordinaten.

b) Berechne die Koordinaten der beiden anderen Spurpunkte.

c) Stelle die Gerade g in einem Koordinatensystem mithilfe der Spurpunkte für $x_1 > 0$, $x_2 > 0$ und $x_3 > 0$ durch eine durchgezogene Linie und sonst durch eine gestrichelte Linie dar.

9 Spurpunkte

Berechne die Koordinaten der Spurpunkte. Zeichne mit ihrer Hilfe die Geraden in ein Koordinatensystem.

a) $\vec{X} = \begin{pmatrix} 3 \\ 1 \\ 2 \end{pmatrix} + \lambda \cdot \begin{pmatrix} 1 \\ -1 \\ 2 \end{pmatrix}$ b) $\vec{X} = \begin{pmatrix} 9 \\ -2 \\ 2 \end{pmatrix} + \mu \cdot \begin{pmatrix} 3 \\ -2 \\ 0 \end{pmatrix}$ c) $\vec{X} = \begin{pmatrix} 0 \\ -4 \\ 6 \end{pmatrix} + \nu \cdot \begin{pmatrix} 0 \\ 4 \\ -3 \end{pmatrix}$

d) $\vec{X} = \begin{pmatrix} 6 \\ 3 \\ 1 \end{pmatrix} + \rho \cdot \begin{pmatrix} 0 \\ 2 \\ 0 \end{pmatrix}$ e) $\vec{X} = \begin{pmatrix} 3 \\ 6 \\ 6 \end{pmatrix} + \sigma \cdot \begin{pmatrix} 1 \\ 2 \\ 0 \end{pmatrix}$ f) $\vec{X} = \begin{pmatrix} 2 \\ -2 \\ 3 \end{pmatrix} + \tau \cdot \begin{pmatrix} 1 \\ 2 \\ -1 \end{pmatrix}$

10 Grundwissen: Skalarprodukt

Die **Zahl** $\vec{a} \circ \vec{b} = \begin{pmatrix} a_1 \\ a_2 \\ a_3 \end{pmatrix} \circ \begin{pmatrix} b_1 \\ b_2 \\ b_3 \end{pmatrix} = a_1b_1 + a_2b_2 + a_3b_3$ heißt **Skalarprodukt** der Vektoren $\vec{a}$ und $\vec{b}$. Mit dem Skalarprodukt kann man Längen von Vektoren und Winkel zwischen Vektoren berechnen.

a) Für den Betrag eines Vektors $\vec{a}$ gilt $|\vec{a}| = \left|\begin{pmatrix} a_1 \\ a_2 \\ a_3 \end{pmatrix}\right| = \sqrt{a_1^2 + a_2^2 + a_3^2}$.

Wie kann man den Betrag mithilfe des Skalarprodukts berechnen?
Gib einen Vektor $\vec{a}$ an, der die Länge 3 hat.

b) Berechne die Entfernung der Punkte A(0|1|−2) und B(2|−2|4).

Für den Winkel φ zwischen zwei Vektoren $\vec{a}$ und $\vec{b}$ gilt $\cos\varphi = \frac{\vec{a} \circ \vec{b}}{|\vec{a}| \cdot |\vec{b}|}$.

c) Begründe, dass das Skalarprodukt genau dann null ist, wenn die Vektoren aufeinander senkrecht stehen.

d) Prüfe, ob die Vektoren zueinander senkrecht sind. Berechne ansonsten den Winkel zwischen ihnen:

i) $\vec{a} = \begin{pmatrix} 1 \\ 2 \\ -3 \end{pmatrix}, \vec{b} = \begin{pmatrix} 8 \\ 2 \\ 4 \end{pmatrix}$ ii) $\vec{a} = \begin{pmatrix} 1 \\ 2 \\ 3 \end{pmatrix}, \vec{b} = \begin{pmatrix} 2 \\ -1 \\ 1 \end{pmatrix}$ iii) $\vec{a} = \begin{pmatrix} 1 \\ 2 \\ -3 \end{pmatrix}, \vec{b} = \begin{pmatrix} 0 \\ 3 \\ 2 \end{pmatrix}$

e) Gib jeweils zwei Vektoren an, die zu $\vec{a}$ senkrecht sind:

i) $\vec{a} = \begin{pmatrix} 0 \\ 1 \\ 2 \end{pmatrix}$ ii) $\vec{a} = \begin{pmatrix} 1 \\ 1 \\ 1 \end{pmatrix}$ iii) $\vec{a} = \begin{pmatrix} 4 \\ 5 \\ 6 \end{pmatrix}$ iv) $\vec{a} = \begin{pmatrix} 2 \\ -3 \\ 4 \end{pmatrix}$ v) $\vec{a} = \begin{pmatrix} -3 \\ 2 \\ -5 \end{pmatrix}$

11 Entfernungen auf einer Geraden

Die Gerade g geht durch die Punkte A(1|−1|2) und B(3|3|6).

a) Stelle eine Gleichung von g auf. Zeichne g.

b) Wie weit ist B von A entfernt? Welcher Punkt von g ist von A genauso weit entfernt wie B?

Welche Punkte von g sind von A

c) doppelt so weit entfernt wie B, d) halb so weit entfernt wie B?

12 Drachenfliegen

Ein Drachenflieger startet zur Zeit t = 0 Minuten an einem Hang. In einem räumlichen Koordinatensystem mit der Einheit Meter beschreibt

$$\vec{X} = \begin{pmatrix} 0 \\ 0 \\ 300 \end{pmatrix} + t \cdot \begin{pmatrix} 130 \\ 180 \\ -60 \end{pmatrix}$$

den geradlinigen Flug des Drachenfliegers ohne Aufwind in Abhängigkeit von der Zeit t in Minuten bis zu seiner Landung in der x_1x_2-Ebene.

a) In welcher Höhe startet der Drachenflieger?

b) Wie groß ist die „Sinkrate" des Drachenfliegers, d. h. sein Verlust an Höhe pro Sekunde? Wie lange dauert der Flug?

c) Welche horizontale Strecke legt der Drachenflieger zurück? Wie lang ist die Flugstrecke? Wie viele Meter legt er pro Sekunde zurück?

d) Wie weit wäre der Drachenflieger gesegelt, wenn ständig ein Aufwind von 0,5 m/s geherrscht hätte?

13 Ein Flug über Ulm

Auf dem Ursprung eines Koordinatensystems mit der Einheit Meter steht der höchste Kirchturm der Welt, das 162 m hohe Ulmer Münster. Die x_1-Achse zeigt nach Osten, die x_2-Achse nach Norden. Eine Cessna 182 überfliegt Ulm. Ihren Ort X in Abhängigkeit von der Zeit t in Sekunden beschreibt

$$\vec{X} = \begin{pmatrix} 3600 \\ -4800 \\ 600 \end{pmatrix} + t \cdot \begin{pmatrix} -30 \\ 40 \\ 0 \end{pmatrix}.$$

a) In welcher Höhe fliegt die Cessna? Beschreibe ihre ungefähre Flugrichtung mit eigenen Worten. Wie viele Kilometer ist sie zum Zeitpunkt t = 0 Sekunden vom Ulmer Münster entfernt?

b) Um welchen Vektor $\vec{v}$ bewegt sich das Flugzeug innerhalb einer Sekunde weiter? Berechne den Betrag von $\vec{v}$. Welche Bedeutung hat dieser für das Flugzeug?

c) Überfliegt die Cessna den Turm des Ulmer Münsters? Wie groß ist die kleinste Entfernung des Flugzeugs von der Spitze des Kirchturms?

14 Grundwissen: Besondere Dreiecke

$A(1|2|-3)$, $B(-7|-2|5)$ und $C(1|-4|3)$ sind die Eckpunkte eines Dreiecks.

a) Berechne die Innenwinkel des Dreiecks. Welches besondere Dreieck liegt vor?

b) Ermittle den Mittelpunkt und den Flächeninhalt seines Umkreises. Wie viel Prozent nimmt davon die Dreiecksfläche ein?

8.2 Gegenseitige Lage von Geraden

Bei der Navigation von Flugzeugen ist es wichtig, dass sich die Flugzeuge nicht zu nahe kommen. Das führt auf die Fragestellung, wie die Flugbahnen – im einfachsten Fall Geraden – zueinander verlaufen.

Die verschiedenen Möglichkeiten

In der Ebene sind zwei Geraden entweder **parallel** oder sie **schneiden sich**. Im Raum gibt es eine weitere Möglichkeit (Aufgabe 1): Es gibt keine Ebene, in der die beiden Geraden liegen. Sie haben verschiedene Richtungen. Die Geraden schneiden sich nicht. Sie heißen **windschief**.

Die Geraden g: $\vec{X} = \vec{A} + \lambda \cdot \vec{u}$ und h: $\vec{X} = \vec{B} + \mu \cdot \vec{v}$ sind gegeben.			
$\vec{v}$ ist Vielfaches von $\vec{u}$.		$\vec{v}$ ist kein Vielfaches von $\vec{u}$. Die Gleichung $\vec{A} + \lambda \cdot \vec{u} = \vec{B} + \mu \cdot \vec{v}$ ist	
$A \notin h$	$A \in h$	erfüllbar.	nicht erfüllbar.
g, h echt parallel	g = h	g schneidet h.	g, h sind windschief.

Berechnung des Schnittpunkts

Beispiel: g: $\vec{X} = \begin{pmatrix} 1 \\ 2 \\ 3 \end{pmatrix} + \lambda \cdot \begin{pmatrix} -1 \\ 1 \\ 2 \end{pmatrix}$ h: $\vec{X} = \begin{pmatrix} 4 \\ 5 \\ 1 \end{pmatrix} + \mu \cdot \begin{pmatrix} 2 \\ 1 \\ -2 \end{pmatrix}$

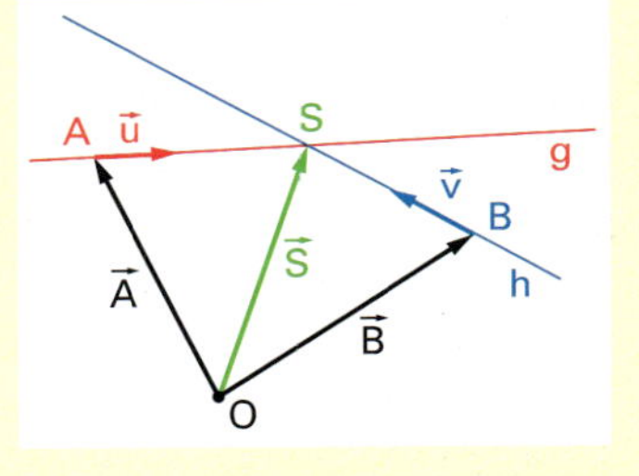

Die Richtungsvektoren sind keine Vielfachen voneinander. g und h sind folglich nicht parallel.
Wenn es einen Schnittpunkt S gibt, dann muss sich beim Einsetzen eines bestimmten λ-Wertes in die Gleichung von g und eines bestimmten μ-Wertes in die Gleichung von h der Ortsvektor $\vec{S}$ von S ergeben. Für die gesuchten Parameterwerte λ und μ gilt somit:

$$\begin{pmatrix} 1 \\ 2 \\ 3 \end{pmatrix} + \lambda \cdot \begin{pmatrix} -1 \\ 1 \\ 2 \end{pmatrix} = \begin{pmatrix} 4 \\ 5 \\ 1 \end{pmatrix} + \mu \cdot \begin{pmatrix} 2 \\ 1 \\ -2 \end{pmatrix}$$

Gehen wir zu den Koordinatengleichungen über, erhalten wir drei Gleichungen für die zwei Unbekannten λ und μ – also „eine Gleichung mehr als notwendig“. Wir berechnen aus zwei Gleichungen λ und μ. Dann müssen wir überprüfen, ob diese Werte auch die dritte Gleichung erfüllen:

$$\begin{array}{lrl} \text{(I)} & -\lambda - 2\mu = 3 & \\ \text{(II)} & \lambda - \mu = 3 & \\ \text{(III)} & 2\lambda + 2\mu = -2 & \\ \hline \text{(I)} + \text{(II)} & -3\mu = 6 & \Rightarrow \mu = -2 \\ \text{in (II)} & \lambda + 2 = 3 & \Rightarrow \lambda = 1 \\ \text{in (III)} & 2 \cdot 1 + 2 \cdot (-2) = -2 \quad \text{(w)} & \end{array}$$

$\Rightarrow$ Es gibt einen Schnittpunkt S mit dem Ortsvektor

$$\vec{S} = \begin{pmatrix} 1 \\ 2 \\ 3 \end{pmatrix} + 1 \cdot \begin{pmatrix} -1 \\ 1 \\ 2 \end{pmatrix} = \begin{pmatrix} 0 \\ 3 \\ 5 \end{pmatrix}$$

$\Rightarrow$ S(0|3|5)

Würde das Einsetzen des λ- und des μ-Wertes in die dritte Gleichung zu einer falschen Aussage (f) führen, gäbe es keinen Schnittpunkt. g und h wären windschief.

Winkel zwischen zwei Geraden

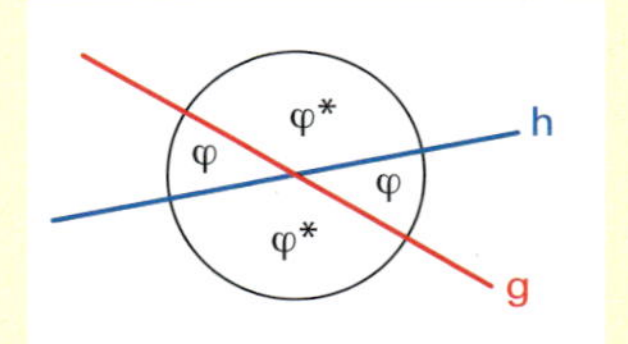

An einer Geradenkreuzung treten vier Winkel auf. Jeweils zwei sind Scheitelwinkel und damit gleich groß. Als **Schnittwinkel** φ zweier Geraden bezeichnet man den *nicht stumpfen Winkel*. Er ist also höchstens 90°.

In unserem Beispiel ergibt sich:

$$\cos\varphi^* = \frac{\vec{u} \circ \vec{v}}{|\vec{u}| \cdot |\vec{v}|} = \frac{\begin{pmatrix} -1 \\ 1 \\ 2 \end{pmatrix} \circ \begin{pmatrix} 2 \\ 1 \\ -2 \end{pmatrix}}{\sqrt{6} \cdot \sqrt{9}}$$

$$= \frac{(-1) \cdot 2 + 1 \cdot 1 + 2 \cdot (-2)}{\sqrt{6} \cdot 3} = -\frac{5}{3\sqrt{6}}$$

$\Rightarrow \varphi^* = 132{,}9°$

$\Rightarrow \varphi = 47{,}1°$

Nehmen wir den Betrag des Terms, sparen wir uns den Umweg über den stumpfen Winkel:

$$\cos\varphi = \left| \frac{\vec{u} \circ \vec{v}}{|\vec{u}| \cdot |\vec{v}|} \right| = \left| -\frac{5}{3\sqrt{6}} \right| = \frac{5}{3\sqrt{6}} \quad \Rightarrow \quad \varphi = 47{,}1°$$

Die beiden Geraden schneiden sich unter einem Winkel von 47,1°.

Aufgaben

1 Gegenseitige Lagen zweier Geraden im Raum

a) Wie können zwei Geraden, die in einer Ebene liegen, zueinander verlaufen? Suche zu den verschiedenen Möglichkeiten Beispiele zur Geraden AB des abgebildeten Würfels.

b) Im Raum gibt es noch eine weitere Möglichkeit. Gib zu AB eine solche Gerade an und beschreibe den gegenseitigen Verlauf.

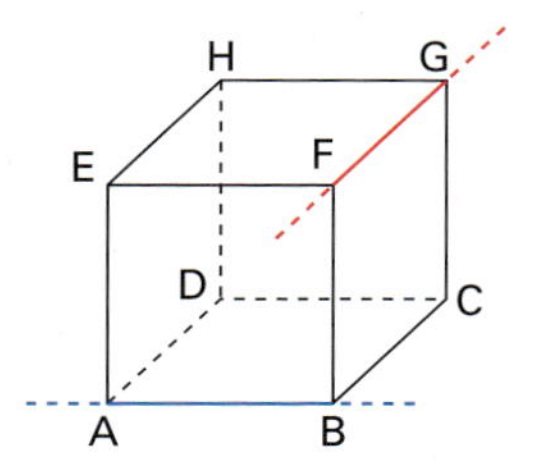

2 Ansichtssache

Beschreibe alle möglichen Lagen der Geraden g und h im Raum, wenn sie bei einer bestimmten Blickrichtung wie folgt aussehen:

a) b) c) d) e) f)

3 Von den Gleichungen zur gegenseitigen Lage

Untersuche die gegenseitige Lage der Geraden g, h und l. Berechne, falls es einen Schnittpunkt S gibt, seine Koordinaten und den Schnittwinkel.

a) $g: \vec{X} = \begin{pmatrix} -1 \\ 6 \\ -1 \end{pmatrix} + \lambda \cdot \begin{pmatrix} 1 \\ -2 \\ 2 \end{pmatrix}$ $h: \vec{X} = \begin{pmatrix} 0 \\ 4 \\ 3 \end{pmatrix} + \mu \cdot \begin{pmatrix} -1 \\ 2 \\ -2 \end{pmatrix}$ $l: \vec{X} = \begin{pmatrix} 3 \\ 1 \\ 0 \end{pmatrix} + \sigma \cdot \begin{pmatrix} -2 \\ 1 \\ 3 \end{pmatrix}$

b) $g: \vec{X} = \begin{pmatrix} -1 \\ 4 \\ -2 \end{pmatrix} + \lambda \cdot \begin{pmatrix} 1 \\ -2 \\ 3 \end{pmatrix}$ $h: \vec{X} = \begin{pmatrix} 3 \\ -4 \\ 8 \end{pmatrix} + \mu \cdot \begin{pmatrix} 2 \\ -4 \\ 4 \end{pmatrix}$ $l: \vec{X} = \begin{pmatrix} 2 \\ -2 \\ 6 \end{pmatrix} + \sigma \cdot \begin{pmatrix} -1 \\ 2 \\ -2 \end{pmatrix}$

c) $g: \vec{X} = \begin{pmatrix} 6 \\ -5 \\ 4 \end{pmatrix} + \lambda \cdot \begin{pmatrix} -3 \\ 2 \\ -1 \end{pmatrix}$ $h: \vec{X} = \begin{pmatrix} -3 \\ 2 \\ -1 \end{pmatrix} + \mu \cdot \begin{pmatrix} 6 \\ -5 \\ 4 \end{pmatrix}$ $l: \vec{X} = \begin{pmatrix} 0 \\ -1 \\ 2 \end{pmatrix} + \sigma \cdot \begin{pmatrix} 6 \\ -4 \\ 2 \end{pmatrix}$

4 „Hände weg vom Stützvektor!"

Welche Gleichungen beschreiben die gleiche Gerade? Begründe deine Entscheidung. Mit welcher Gleichung einer Geraden kann man am besten arbeiten?

a) $\vec{X} = \begin{pmatrix} 0 \\ 1 \\ 2 \end{pmatrix} + \lambda \cdot \begin{pmatrix} -1 \\ 1 \\ 2 \end{pmatrix}$ b) $\vec{X} = \begin{pmatrix} 0 \\ 1 \\ 2 \end{pmatrix} + \mu \cdot \begin{pmatrix} -2 \\ 2 \\ 4 \end{pmatrix}$ c) $\vec{X} = \begin{pmatrix} 0 \\ 2 \\ 4 \end{pmatrix} + \nu \cdot \begin{pmatrix} -1 \\ 1 \\ 2 \end{pmatrix}$

d) $\vec{X} = \begin{pmatrix} 0 \\ 2 \\ 4 \end{pmatrix} + \rho \cdot \begin{pmatrix} -2 \\ 2 \\ 4 \end{pmatrix}$ e) $\vec{X} = \begin{pmatrix} 0 \\ 1 \\ 2 \end{pmatrix} + \sigma \cdot \begin{pmatrix} 2 \\ -2 \\ -4 \end{pmatrix}$ f) $\vec{X} = \begin{pmatrix} -1 \\ 2 \\ 4 \end{pmatrix} + \tau \cdot \begin{pmatrix} -1 \\ 1 \\ 2 \end{pmatrix}$

g) $\vec{X} = \begin{pmatrix} 1 \\ 0 \\ 0 \end{pmatrix} + \kappa \cdot \begin{pmatrix} -1 \\ 1 \\ 2 \end{pmatrix}$ h) $\vec{X} = \begin{pmatrix} 2 \\ 0 \\ 0 \end{pmatrix} + \omega \cdot \begin{pmatrix} -1 \\ 1 \\ 2 \end{pmatrix}$ i) $\vec{X} = \begin{pmatrix} 0 \\ 2 \\ 4 \end{pmatrix} + \delta \cdot \begin{pmatrix} -1 \\ 1 \\ 2 \end{pmatrix}$

5 **Richtfeuer**

Damit Schiffe in seichten Gewässern nicht auf Grund laufen, werden zur Navigation Richtfeuer eingesetzt. Ein Richtfeuer besteht aus zwei Leuchttürmen: einem kleinen Turm – dem Unterfeuer – und einem weiter entfernten großen Turm – dem Oberfeuer. Beide „Feuer" sind so ausgerichtet, dass die Gerade durch die Standpunkte der beiden Feuer durch die Mitte des Fahrwassers verläuft.

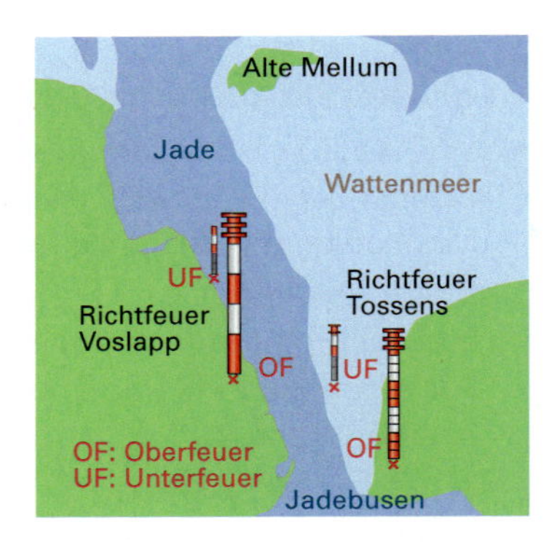

a) Warum ist ein Schiff auf dem richtigen Kurs, wenn man vom Schiff aus die beiden Feuer direkt senkrecht übereinander sieht?

Will ein Schiff von der Nordsee über die Jade in den Jadebusen nach Wilhelmshaven fahren, muss es sich zuerst an dem Richtfeuer Voslapp orientieren und dann an Tossens. Der Turm des Unterfeuers von Voslapp stehe im Ursprung eines Koordinatensystems mit der Einheit km. Die x_1-Achse zeigt nach Osten, die x_2-Achse nach Norden. UV(0|0|0), OV(1|−5|0), UT(5|−6|0) und OT(7|−9|0) sind die Orte, an denen die Türme der Richtfeuer von Voslapp und Tossens stehen.

b) Ein Schiff fährt auf der durch das Richtfeuer Voslapps vorgeschriebenen Linie. Welchen Kurs, d. h. welchen Winkel zur Nordrichtung, hält das Schiff?

c) An welchem Punkt muss das Schiff seinen Kurs ändern? Um wie viel Grad?

6 **Der Schwerpunkt eines Dreiecks**

A(4|−2|0), B(−2|2|2) und C(4|0|7) sind die Eckpunkte eines Dreiecks.

a) Zeichne das Dreieck ABC in einem Koordinatensystem.

b) Berechne die Innenwinkel des Dreiecks.

c) Gib die Gleichungen der Geraden an, auf denen die Seitenhalbierenden s_a, s_b und s_c des Dreiecks liegen. Zeige: Die drei Geraden schneiden sich in einem Punkt S, dem Schwerpunkt. Welche Koordinaten hat er? Berechne seine Koordinaten zur Kontrolle mit der „Schwerpunktformel".

d) Überprüfe an einer Seitenhalbierenden, dass S diese im Verhältnis 2:1 teilt.

7 **Richtig oder falsch?**

Ein Schüler soll überprüfen, ob ein von der Lichtquelle L(0|0|10) in Richtung $\vec{u} = \begin{pmatrix} 6 \\ 5 \\ -4 \end{pmatrix}$ ausgehender Lichtstrahl den Stab [AB] mit den Endpunkten A(0|−3|6) und B(3|1|6) trifft. Er geht wie folgt vor:

(1) Zunächst stellt er die Gleichung der Geraden g durch L in Richtung von $\vec{u}$ und die Gleichung der Geraden AB auf.

(2) Dann untersucht er die gegenseitige Lage der Geraden g und AB und ermittelt den Schnittpunkt S(6|5|6).

(3) Er folgert: Der Lichtstrahl trifft den Stab.

Untersuche, ob der Schüler die Aufgabe richtig gelöst hat, und korrigiere gegebenenfalls Fehler.

Training der Grundkenntnisse

8 **Grundwissen: Kugel**

Die Entfernung $d(M, X)$ der Punkte $M(m_1|m_2|m_3)$ und $X(x_1|x_2|x_3)$ beträgt $d(M, X) = \sqrt{(x_1 - m_1)^2 + (x_2 - m_2)^2 + (x_3 - m_3)^2}$. Alle Punkte X, die von M die Entfernung R haben, liegen auf der Kugel K mit der Gleichung

$$(x_1 - m_1)^2 + (x_2 - m_2)^2 + (x_3 - m_3)^2 = R^2.$$

a) Stelle die Gleichung der Kugel K_1 mit dem Mittelpunkt $M_1(2|-3|4)$ und dem Radius $R_1 = 11$ auf.

b) Liegen die Punkte $P(0|3|-5)$, $Q(6|-7|-3)$, $R(-2|3|-5)$ und $S(-7|0|-2)$ jeweils in, auf oder außerhalb von K_1?

c) Haben die Kugel K_1 und die Kugel K_2 mit $M_2(4|7|-7)$ und $R_2 = 3$ gemeinsame Punkte?

9 **Grundwissen: Sekante, Tangente und Passante**

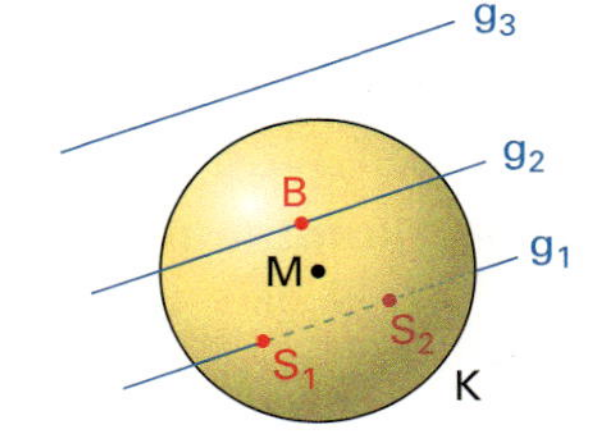

Hat die Gerade g mit der Kugel K genau zwei Punkte gemeinsam, heißt g *Sekante*, genau einen Punkt gemeinsam, heißt g *Tangente*, keinen Punkt gemeinsam heißt g *Passante*.

a) Die Kugel K_1 hat den Ursprung O als Mittelpunkt und den Radius $R = 9$.
Stelle die Gleichung von K_1 auf.
Untersuche, ob die Gerade g Passante, Tangente oder Sekante von K_1 ist. Ersetze dazu x_1, x_2 und x_3 in der Kugelgleichung durch die Terme für die Koordinaten des Punktes X auf der Geraden und löse nach dem Parameter λ auf. Bestimme, so weit vorhanden, die gemeinsamen Punkte von K_1 und g.

A) $g: \vec{X} = \begin{pmatrix} 6 \\ 7 \\ 0 \end{pmatrix} + \lambda \cdot \begin{pmatrix} 0 \\ 0 \\ 1 \end{pmatrix}$ B) $g: \vec{X} = \begin{pmatrix} 8 \\ 3 \\ 4 \end{pmatrix} + \lambda \cdot \begin{pmatrix} 1 \\ 0 \\ -1 \end{pmatrix}$ C) $g: \vec{X} = \begin{pmatrix} -1 \\ 2 \\ 5 \end{pmatrix} + \lambda \cdot \begin{pmatrix} 3 \\ -2 \\ -2 \end{pmatrix}$

b) Beschreibe, wie man rechnerisch entscheiden kann, wie eine Gerade zu einer Kugel verläuft.

c) Die Kugel K_2 hat den Mittelpunkt $M(0|1|-2)$ und den Radius $R = 6$.
Stelle die Gleichung von K_2 auf.
Untersuche, ob die Gerade g Passante, Tangente oder Sekante der Kugel K_2 ist. Bestimme, soweit vorhanden, die gemeinsamen Punkte von g und K_2.

A) $g: \vec{X} = \begin{pmatrix} 6 \\ 0 \\ 0 \end{pmatrix} + \lambda \cdot \begin{pmatrix} 0 \\ 2 \\ 1 \end{pmatrix}$ B) $g: \vec{X} = \begin{pmatrix} 5 \\ 6 \\ 6 \end{pmatrix} + \lambda \cdot \begin{pmatrix} 1 \\ 3 \\ 4 \end{pmatrix}$ C) $g: \vec{X} = \begin{pmatrix} 2 \\ 3 \\ 6 \end{pmatrix} + \lambda \cdot \begin{pmatrix} 1 \\ -2 \\ -2 \end{pmatrix}$

10 **Gegenseitige Lage von Kugel und Gerade**

Untersuche, ob die Gerade AB Passante, Tangente oder Sekante der Kugel $K: (x_1 - 2)^2 + (x_2 + 3)^2 + (x_3 + 4)^2 = 225$ ist. Bestimme, soweit vorhanden, die gemeinsamen Punkte von AB und K.

a) $A(1|-1|11)$, $B(3|0|11)$ b) $A(2|5|8)$; $B(4|8|6)$ c) $A(-1|9|5)$, $B(1|11|4)$

9 Ebenengleichungen

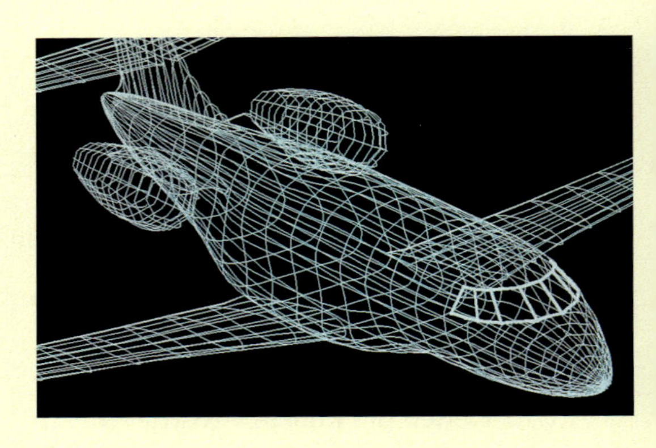

Beim computerunterstützten Entwerfen von Modellen werden mithilfe der Software ebene und gekrümmte Flächen „gezeichnet“. Rechts ist der Rohentwurf eines Flugzeugkörpers zu sehen. Die Flächen sind durch ein Netz von Linien dargestellt. Wir befassen uns mit dem Beschreiben der einfachsten Flächen, der Ebenen.

9.1 Parameterform der Ebenengleichung

Ebene durch einen Punkt und zwei vorgegebene Richtungen

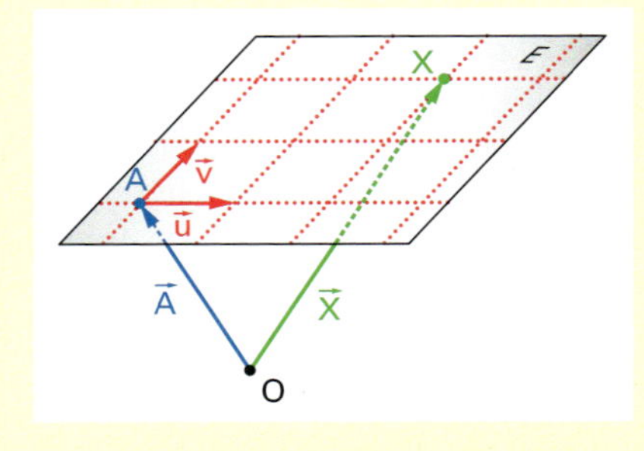

Beim Aufstellen einer Ebenengleichung in Parameterform verwenden wir die Vielfachen der Richtungsvektoren (Aufgaben 1 und 2). Eine Summe von Vielfachen von Vektoren heißt **Linearkombination** der Vektoren. Z. B. ist $2 \cdot \vec{u} + 3 \cdot \vec{v}$ eine Linearkombination der Vektoren $\vec{u}$ und $\vec{v}$.

Eine Ebene E durch den Punkt A werde durch die beiden Richtungsvektoren $\vec{u}$ und $\vec{v}$ aufgespannt. Addiert man zum Ortsvektor $\vec{A}$ des Stützpunkts A eine Linearkombination der Richtungsvektoren $\vec{u}$ und $\vec{v}$, erhält man den Ortsvektor $\vec{X}$ eines Punktes X der Ebene E.

Ebenengleichung in Parameterform
Die Ebene E durch den Punkt A wird von den beiden *nicht parallelen* Richtungsvektoren $\vec{u}$ und $\vec{v}$ aufgespannt. Dann ist für alle $\lambda, \mu \in \mathbb{R}$

$$\vec{X} = \vec{A} + \lambda \cdot \vec{u} + \mu \cdot \vec{v}$$

der Ortsvektor eines Punktes X der Ebene E.

Zu jedem Punkt X der Ebene gehören zwei Parameterwerte: ein λ- und ein μ-Wert.

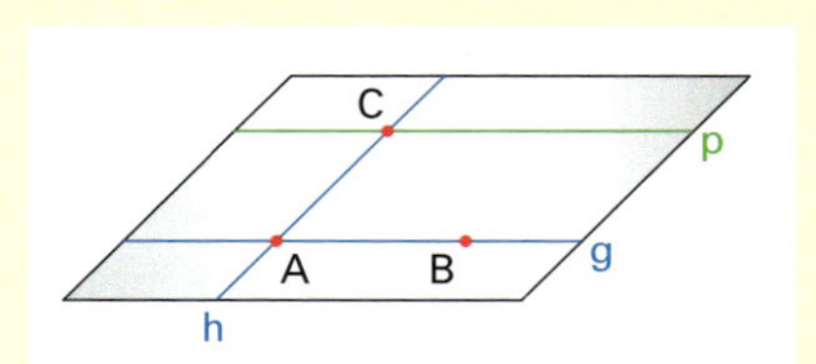

Eine Ebene lässt sich festlegen durch:
- drei Punkte, die nicht alle auf einer Geraden liegen,
- eine Gerade und einen Punkt außerhalb der Geraden,
- zwei einander schneidende Geraden,
- zwei echt parallele Geraden.

Wie man in diesen Fällen die Gleichungen der Ebenen aufstellen kann, wird in den Aufgaben 5 bis 8 entwickelt.

Lineare Abhängigkeit von Vektoren

In der Parameterdarstellung von Geraden und Ebenen treten Vielfache von Vektoren auf. Dafür hat man in der Mathematik einen Begriff eingeführt. Anstatt „$\vec{u}$ ist ein Vielfaches von $\vec{v}$" sagt man auch „$\vec{u}$ und $\vec{v}$ sind *linear abhängig*". Damit die Gleichung $\vec{X} = \vec{A} + \lambda \cdot \vec{u} + \mu \cdot \vec{v}$ eine Ebene beschreibt, dürfen $\vec{u}$ und $\vec{v}$ nicht linear abhängig sein. Man sagt „$\vec{u}$ und $\vec{v}$ sind *linear unabhängig*".

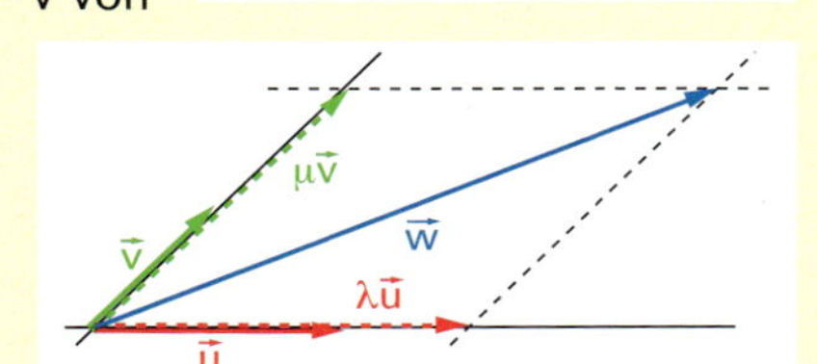

Lineare Abhängigkeit von zwei Vektoren $\vec{u}$ und $\vec{v}$ bedeutet anschaulich, dass $\vec{u}$ und $\vec{v}$ parallel sind.

Lässt sich $\vec{w}$ als Linearkombination $\vec{w} = \lambda \cdot \vec{u} + \mu \cdot \vec{v}$ von $\vec{u}$ und $\vec{v}$ darstellen, sagt man „$\vec{w}$ hängt von $\vec{u}$ und $\vec{v}$ linear ab" oder „$\vec{u}$, $\vec{v}$ und $\vec{w}$ sind *linear abhängig*". Anschaulich bedeutet dies, dass alle drei Vektoren $\vec{u}$, $\vec{v}$ und $\vec{w}$ in einer Ebene liegen, wenn man sie in einem Punkt A anheftet.

Lineare Abhängigkeit von zwei bzw. drei Vektoren

- Zwei vom Nullvektor verschiedene Vektoren $\vec{u}$ und $\vec{v}$ heißen **linear abhängig**, wenn ein Vektor ein Vielfaches des anderen Vektors ist: $\vec{v} = \lambda \cdot \vec{u}$
- Drei vom Nullvektor verschiedene Vektoren $\vec{u}$, $\vec{v}$ und $\vec{w}$ heißen **linear abhängig**, wenn ein Vektor eine Linearkombination der anderen Vektoren ist: $\vec{w} = \lambda \cdot \vec{u} + \mu \cdot \vec{v}$

Andernfalls heißen die Vektoren **linear unabhängig**.

Beispiel: $\vec{u} = \begin{pmatrix} 1 \\ 2 \\ 3 \end{pmatrix}$, $\vec{v} = \begin{pmatrix} 0 \\ 1 \\ 2 \end{pmatrix}$, $\vec{w} = \begin{pmatrix} 2 \\ 3 \\ 4 \end{pmatrix}$

$\vec{u}$, $\vec{v}$ und $\vec{w}$ sind keine Vielfachen voneinander. $\vec{u}$, $\vec{v}$ und $\vec{w}$ sind paarweise linear unabhängig. $\vec{u}$, $\vec{v}$ und $\vec{w}$ sind nicht parallel.
Ist $\vec{w}$ eine Linearkombination von $\vec{u}$ und $\vec{v}$? Wir setzen an:

$$\begin{pmatrix} 2 \\ 3 \\ 4 \end{pmatrix} = \lambda \cdot \begin{pmatrix} 1 \\ 2 \\ 3 \end{pmatrix} + \mu \cdot \begin{pmatrix} 0 \\ 1 \\ 2 \end{pmatrix} \quad \begin{matrix} \Rightarrow & \lambda = 2 & \text{in II} \\ \Rightarrow & \mu = -1 & \text{in III} \\ & 4 = 6 - 2 & \text{(w)} \end{matrix}$$

$$\Rightarrow \quad \vec{w} = 2 \cdot \vec{u} - \vec{v}$$

$\vec{u}$, $\vec{v}$ und $\vec{w}$ sind also linear abhängig. $\vec{w}$ verläuft „in" der von $\vec{u}$ und $\vec{v}$ aufgespannten Ebene, wenn man die Vektoren in einem Punkt A anheftet.

Aufgaben

1 Vom Parallelogrammnetz zur Ebenengleichung

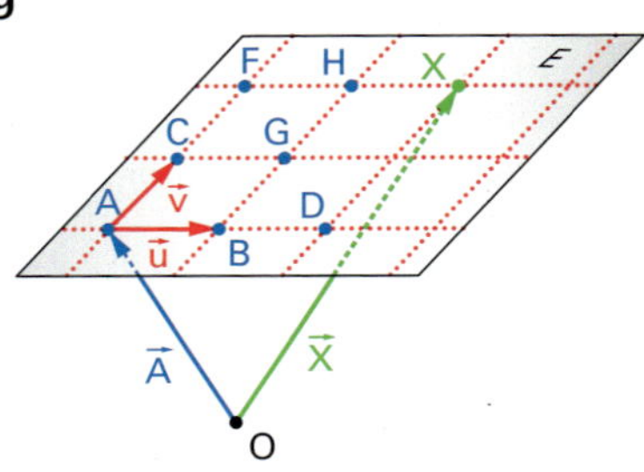

Ein ebenes Flächenstück der Oberfläche eines Flugzeugs (Seite 138) soll durch ein Netz von Parallelogrammen beschrieben werden. Wir interessieren uns für die Ortsvektoren der Gitterpunkte. Der Stützpunkt des Flächenstücks sei A(1|2|3). Die Seiten der Parallelogramme sind durch die Richtungsvektoren $\vec{u} = \begin{pmatrix} 1 \\ 2 \\ 0 \end{pmatrix}$ und $\vec{v} = \begin{pmatrix} 0 \\ 2 \\ 1 \end{pmatrix}$ gegeben.

a) Gib die Koordinaten der Gitterpunkte B und D an, die auf der Geraden g liegen, die durch A in Richtung $\vec{u}$ verläuft. Gib die Koordinaten der Gitterpunkte C und F an, die auf der Geraden h liegen, die durch A in Richtung $\vec{v}$ verläuft. Wie lauten allgemein die Koordinaten eines Gitterpunktes auf g bzw. h?

b) Berechne die Koordinaten der Gitterpunkte G und H.

c) Stelle die Gleichung für den Ortsvektor $\overrightarrow{OX}$ eines beliebigen Punktes X der Ebene auf.

2 Von der Parametergleichung zur Punktmenge

Setzt man in die Gleichung $\overrightarrow{OX} = \begin{pmatrix} 1 \\ 2 \\ 3 \end{pmatrix} + \lambda \cdot \begin{pmatrix} 2 \\ 3 \\ 0 \end{pmatrix} + \mu \cdot \begin{pmatrix} 3 \\ 4{,}5 \\ 0 \end{pmatrix}$ für die Parameter λ und μ je einen Wert ein, erhält man den Ortsvektor eines Punktes X.

a) Berechne die Punkte zu $\lambda = 0$ und $\mu = -1;\ 0;\ 1$; sowie die Punkte zu $\mu = 0$ und $\lambda = -2;\ -1;\ 0;\ 1;\ 2$.

b) Zeichne die Punkte in ein Koordinatensystem.

c) Wo liegen alle Punkte, die durch die obige Parametergleichung beschrieben werden? Warum ist das so?

3 Stelle eine Parameterform der Gleichung der Ebene E auf, die A enthält und von $\vec{u}$ und $\vec{v}$ aufgespannt wird. Gib drei Punkte an, die in E liegen.

a) A(0|0|7), $\vec{u} = \begin{pmatrix} 2 \\ -1 \\ 3 \end{pmatrix}$, $\vec{v} = \begin{pmatrix} 3 \\ 2 \\ -1 \end{pmatrix}$

b) A(−1|−3|11), $\vec{u} = \begin{pmatrix} -1 \\ -3 \\ 4 \end{pmatrix}$, $\vec{v} = \begin{pmatrix} 5 \\ 1 \\ 2 \end{pmatrix}$

4 Punkt in der Ebene?

Gegeben ist die Ebene E durch die Gleichung $\vec{X} = \begin{pmatrix} -1 \\ 1 \\ 2 \end{pmatrix} + \lambda \cdot \begin{pmatrix} 1 \\ -2 \\ 3 \end{pmatrix} + \mu \cdot \begin{pmatrix} -2 \\ 3 \\ -4 \end{pmatrix}$.

a) Prüfe, ob die Punkte P(−1|0|4), Q(−5|8|−8), R(0|−1|1) und S(−3|5|−4) in E liegen.

b) Gib drei Punkte an, die nicht in E liegen.

5 Ebene durch drei Punkte

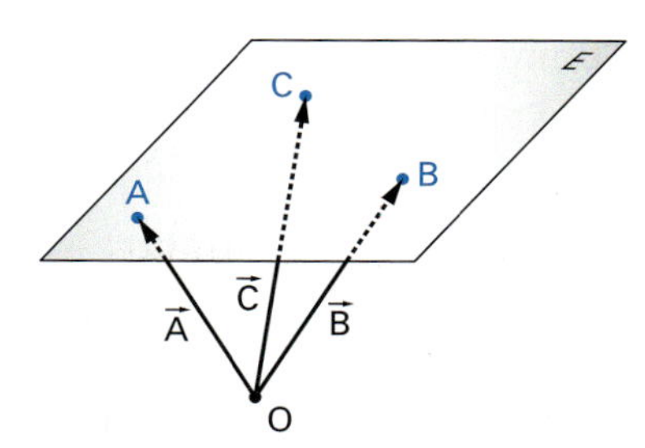

Eine Ebene E(ABC) ist durch die drei Punkte A(0|1|2), B(−1|2|−3) und C(3|−3|3) festgelegt.

a) Wähle einen Punkt als Stützpunkt. Gib zwei Richtungsvektoren an, die E aufspannen. Stelle eine Gleichung von E in Parameterform auf.

b) Beschreibe, wie man eine Parameterform einer Ebene aufstellt, von der drei Punkte bekannt sind.

c) Stelle eine Gleichung der Ebene E(PQR) auf, in der P(−1|3|−5), Q(1|3|5) und R(1|−3|5) liegen.

d) Stelle eine Gleichung der Ebene E(STU) auf, in der S(1|2|3), T(4|5|6) und U(7|8|9) liegen. Was stellst du fest?

6 Ebene durch eine Gerade und einen Punkt

Durch den Punkt P und die Gerade g wird eine Ebene E(Pg) festgelegt.

a) Beschreibe, wie man eine Gleichung der Ebene E(Pg) erhält.

Gib eine Parameterdarstellung von E(Pg) an.

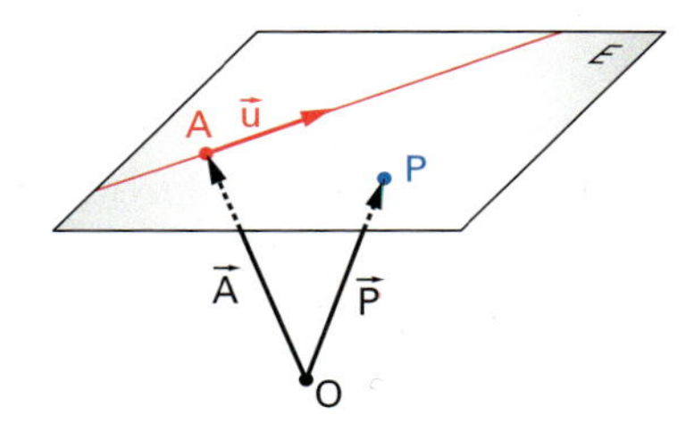

b) P(2|2|2); g: $\vec{X} = \begin{pmatrix} 0 \\ 1 \\ 2 \end{pmatrix} + \lambda \cdot \begin{pmatrix} 1 \\ 1 \\ 1 \end{pmatrix}$

c) P(2|−3|4); g: $\vec{X} = \begin{pmatrix} 2 \\ 3 \\ -4 \end{pmatrix} + \lambda \cdot \begin{pmatrix} 1 \\ 2 \\ -2 \end{pmatrix}$

d) Gib ein Beispiel für einen Punkt P und eine Gerade g an, für die das nicht funktioniert.

7 Ebene durch zwei sich schneidende Geraden

Die Geraden g und h schneiden sich.

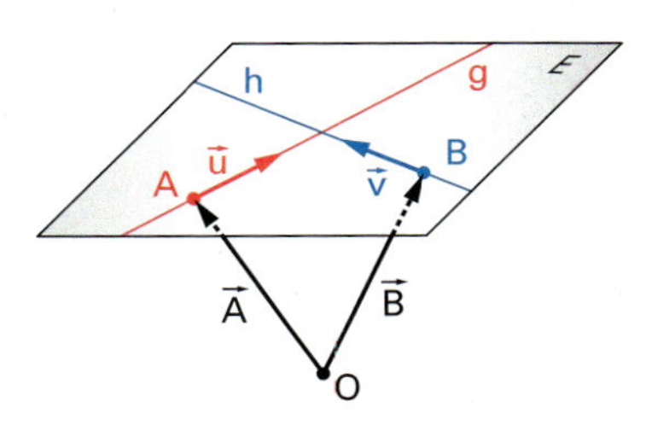

a) Beschreibe, wie man eine Gleichung der von g und h aufgespannten Ebene E(gh) erhält.

Stelle eine Gleichung der von g und h aufgespannten Ebene E(gh) auf.

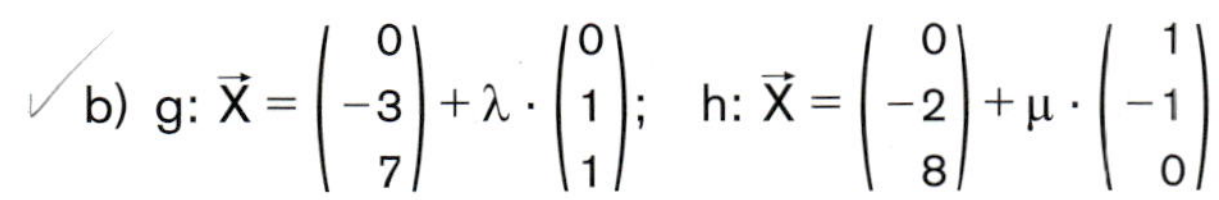

b) g: $\vec{X} = \begin{pmatrix} 0 \\ -3 \\ 7 \end{pmatrix} + \lambda \cdot \begin{pmatrix} 0 \\ 1 \\ 1 \end{pmatrix}$; h: $\vec{X} = \begin{pmatrix} 0 \\ -2 \\ 8 \end{pmatrix} + \mu \cdot \begin{pmatrix} 1 \\ -1 \\ 0 \end{pmatrix}$

c) g: $\vec{X} = \begin{pmatrix} 2 \\ -3 \\ 0 \end{pmatrix} + \lambda \cdot \begin{pmatrix} -1 \\ 2 \\ 1 \end{pmatrix}$; h: $\vec{X} = \begin{pmatrix} 2 \\ -1 \\ 2 \end{pmatrix} + \mu \cdot \begin{pmatrix} 2 \\ -2 \\ 0 \end{pmatrix}$

8 Ebene durch zwei parallele Geraden

Die beiden Geraden g und h sind parallel.

a) Beschreibe, wie man eine Gleichung der von g und h aufgespannten Ebene E(gh) erhält.

Stelle eine Gleichung der von g und h aufgespannten E(gh) auf.

b) g: $\vec{X} = \begin{pmatrix} 1 \\ -1 \\ 2 \end{pmatrix} + \lambda \cdot \begin{pmatrix} 2 \\ -2 \\ 3 \end{pmatrix}$; h: $\vec{X} = \begin{pmatrix} 3 \\ -3 \\ 3 \end{pmatrix} + \mu \cdot \begin{pmatrix} -2 \\ 2 \\ -3 \end{pmatrix}$

c) g: $\vec{X} = \begin{pmatrix} 0 \\ 0 \\ -2 \end{pmatrix} + \lambda \cdot \begin{pmatrix} 2 \\ -4 \\ 2 \end{pmatrix}$; h: $\vec{X} = \begin{pmatrix} 2 \\ 2 \\ 0 \end{pmatrix} + \mu \cdot \begin{pmatrix} -3 \\ 6 \\ -3 \end{pmatrix}$

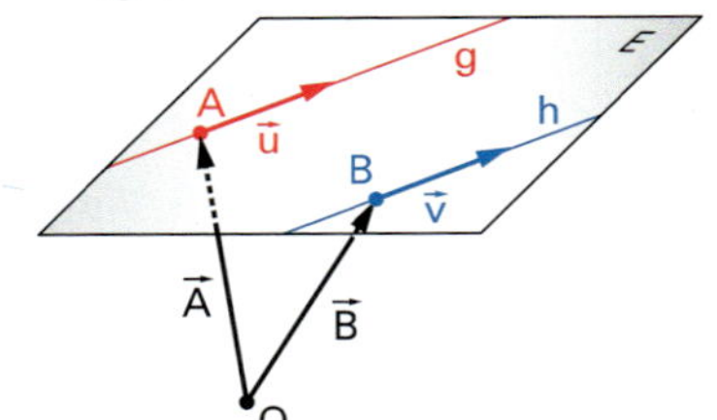

9 Lineare Abhängigkeit

Untersuche, ob die Vektoren $\vec{u}$, $\vec{v}$ und $\vec{w}$ linear abhängig sind. Stelle gegebenenfalls $\vec{w}$ als Linearkombination von $\vec{u}$ und $\vec{v}$ dar.

a) $\vec{u} = \begin{pmatrix} 2 \\ -1 \\ 2 \end{pmatrix}, \vec{v} = \begin{pmatrix} 1 \\ 0 \\ -1 \end{pmatrix}, \vec{w} = \begin{pmatrix} 2 \\ 2 \\ 6 \end{pmatrix}$

b) $\vec{u} = \begin{pmatrix} 2 \\ -1 \\ 2 \end{pmatrix}, \vec{v} = \begin{pmatrix} 1 \\ 0 \\ -1 \end{pmatrix}, \vec{w} = \begin{pmatrix} 2 \\ -2 \\ 6 \end{pmatrix}$

c) $\vec{u} = \begin{pmatrix} 1 \\ -2 \\ 3 \end{pmatrix}, \vec{v} = \begin{pmatrix} -3 \\ 1 \\ 2 \end{pmatrix}, \vec{w} = \begin{pmatrix} 7 \\ -4 \\ -1 \end{pmatrix}$

d) $\vec{u} = \begin{pmatrix} 2 \\ -4 \\ 6 \end{pmatrix}, \vec{v} = \begin{pmatrix} 5 \\ -3 \\ 1 \end{pmatrix}, \vec{w} = \begin{pmatrix} -3 \\ 6 \\ -9 \end{pmatrix}$

10 Grundwissen: Vektorprodukt

Das **Vektorprodukt** $\vec{a} \times \vec{b}$ ist ein **Vektor**, der auf $\vec{a}$ und auf $\vec{b}$ senkrecht steht.

Berechne $\vec{a} \times \vec{b}$:

$$\begin{pmatrix} a_1 \\ a_2 \\ a_3 \end{pmatrix} \times \begin{pmatrix} b_1 \\ b_2 \\ b_3 \end{pmatrix} = \begin{pmatrix} a_2b_3 - a_3b_2 \\ a_3b_1 - a_1b_3 \\ a_1b_2 - a_2b_1 \end{pmatrix}$$

a) $\vec{a} = \begin{pmatrix} 1 \\ 2 \\ 3 \end{pmatrix}; \vec{b} = \begin{pmatrix} 4 \\ 5 \\ 6 \end{pmatrix}$

b) $\vec{a} = \begin{pmatrix} 1 \\ 2 \\ 2 \end{pmatrix}; \vec{b} = \begin{pmatrix} 2 \\ -2 \\ 1 \end{pmatrix}$

c) $\vec{a} = \begin{pmatrix} 6 \\ -5 \\ 4 \end{pmatrix}; \vec{b} = \begin{pmatrix} -3 \\ 2 \\ -1 \end{pmatrix}$

d) $\vec{a} = \begin{pmatrix} 2 \\ -4 \\ 6 \end{pmatrix}; \vec{b} = \begin{pmatrix} -3 \\ 6 \\ -9 \end{pmatrix}$

Mithilfe des Vektorprodukts kann man Flächen- und Rauminhalte berechnen. So ist der Flächeninhalt des von $\vec{a}$ und $\vec{b}$ aufgespannten Parallelogramms gleich dem Betrag des Vektorprodukts: $A_{Pllgr.} = |\vec{a} \times \vec{b}|$.

Das Volumen des von den Vektoren $\vec{a}$, $\vec{b}$ und $\vec{c}$ aufgespannten Spats berechnet sich mit der Formel $V_{Spat} = |(\vec{a} \times \vec{b}) \circ \vec{c}|$.

11 Grundwissen: Der Spat

A(0|0|0), B(4|0|0), C(6|7|2) und E(4|1|4) sind Ecken eines Spats ABCDEFGH.

a) Zeichne ein Schrägbild des Spats. Berechne die Koordinaten von D, F, G und H.

b) Berechne den Flächeninhalt des Parallelogramms ABCD.

c) Berechne das Volumen des Spats.

9.2 Normalenform der Ebenengleichung

Die Parabelbögen des Kirchenschiffs der Heilig-Kreuz-Kirche in Gelsenkirchen enden auf dem Kirchenboden nicht senkrecht, sondern unter einer bestimmten Richtung (Aufgabe 9). Damit keine Querkräfte auf die Fundamente auftreten, mussten ihre Deckflächen leicht geneigt werden. Gesucht wurde also jeweils eine Ebene E durch einen Punkt A, die auf einem vorgegebenen Vektor $\vec{n}$ senkrecht steht.

Koordinatenform der Ebenengleichung

Der Punkt $A(5|2|-1)$ liege in der Ebene E und $\vec{n} = \begin{pmatrix} 2 \\ 3 \\ 4 \end{pmatrix}$, sei ein senkrechter Vektor zu E, ein *Normalenvektor* von E. Das bedeutet: Alle Vektoren, die A mit einem Punkt X der Ebene verbinden, stehen auf $\vec{n}$ senkrecht. Für die Punkte X der Ebene ist das Skalarprodukt der Vektoren $\vec{n}$ und $\overrightarrow{AX}$ null, für die anderen nicht:

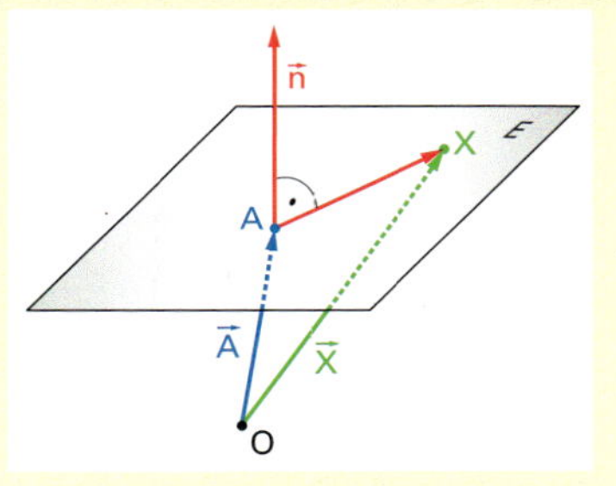

$$\vec{n} \circ \overrightarrow{AX} = 0$$

$$\vec{n} \circ (\vec{X} - \vec{A}) = 0$$

$$\begin{pmatrix} 2 \\ 3 \\ 4 \end{pmatrix} \circ \left(\begin{pmatrix} x_1 \\ x_2 \\ x_3 \end{pmatrix} - \begin{pmatrix} 5 \\ 2 \\ -1 \end{pmatrix} \right) = 0$$

$$2x_1 + 3x_2 + 4x_3 - (10 + 6 - 4) = 0 \quad \Rightarrow \quad E: \quad 2x_1 + 3x_2 + 4x_3 - 12 = 0$$

In der ausmultiplizierten Form treten „nur" die Koordinaten x_1, x_2 und x_3 eines beliebigen Punktes X von E auf. Man nennt sie deshalb auch Koordinatenform.

> Ist A ein Punkt und $\vec{n}$ ein Normalenvektor der Ebene E, dann heißt
>
> $$\vec{n} \circ (\vec{X} - \vec{A}) = 0$$
>
> **Normalenform** der Ebenengleichung. Die ausmultiplizierte Form
>
> $$n_1x_1 + n_2x_2 + n_3x_3 - c = 0$$
>
> nennt man auch **Koordinatenform**.

Beim Aufstellen der Normalenform können wir auch von der ausmultiplizierten Form ausgehen und die Konstante c durch Einsetzen der Koordinaten von A berechnen:

$$\vec{n} = \begin{pmatrix} 2 \\ 3 \\ 4 \end{pmatrix} \quad \Rightarrow \quad E: \quad 2x_1 + 3x_2 + 4x_3 - c = 0$$

$$A(5|2|-1) \in E \quad \Rightarrow \quad 10 + 6 - 4 - c = 0 \quad \Rightarrow \quad c = 12$$

$$\Rightarrow \quad E: 2x_1 + 3x_2 + 4x_3 - 12 = 0$$

Die Schnittpunkte einer Ebene mit den Koordinatenachsen heißen **Spurpunkte**, die Schnittgeraden mit den Koordinatenebenen **Spurgeraden**. Mit diesen lässt sich die Lage einer Ebene im Koordinatensystem veranschaulichen (Aufgabe 2).

Je nach Aufgabenstellung ist zum Lösen entweder die Parameter- oder die Koordinatenform einer Ebene günstiger. Wir befassen uns deshalb damit, wie man beide Darstellungsarten ineinander umformen kann.

Von einer Parameterform einer Ebene zur Koordinatenform

Beispiel: E: $\vec{X} = \begin{pmatrix} 0 \\ 1 \\ 2 \end{pmatrix} + \lambda \cdot \begin{pmatrix} 3 \\ -2 \\ 1 \end{pmatrix} + \mu \cdot \begin{pmatrix} -4 \\ 3 \\ -2 \end{pmatrix}$

Wir benötigen zum Aufstellen der Koordinatengleichung einen Punkt A und einen Normalenvektor der Ebene E. Der Parameterform entnehmen wir unmittelbar den Stützpunkt $A(0|1|2)$. Ein Normalenvektor von E steht auf den Richtungsvektoren $\vec{u}$ und $\vec{v}$ senkrecht. Ein solcher Vektor ist das Kreuzprodukt $\vec{u} \times \vec{v}$.

$$\vec{n} = \vec{u} \times \vec{v} = \begin{pmatrix} 3 \\ -2 \\ 1 \end{pmatrix} \times \begin{pmatrix} -4 \\ 3 \\ -2 \end{pmatrix} = \begin{pmatrix} 4-3 \\ -4+6 \\ 9-8 \end{pmatrix} = \begin{pmatrix} 1 \\ 2 \\ 1 \end{pmatrix} \quad \Rightarrow \quad E: x_1 + 2x_2 + x_3 - c = 0$$

$$A(0|1|2) \in E \quad \Rightarrow \quad 0 + 2 + 2 - c = 0 \quad \Rightarrow \quad c = 4$$

$$\Rightarrow \quad E: x_1 + 2x_2 + x_3 - 4 = 0$$

Von der Koordinatenform einer Ebene zu einer Parameterform

Beispiel: E: $x_1 - 2x_2 + 3x_3 + 7 = 0$

Wir benötigen zum Aufstellen der Parametergleichung einen Punkt A und zwei linear unabhängige Richtungsvektoren $\vec{u}$ und $\vec{v}$, die „in" der Ebene E verlaufen.

Setzen wir z. B. $x_2 = 0$ und $x_3 = 0$ in die Koordinatengleichung ein, erhalten wir $x_1 = -7$ und damit $A(-7|0|0)$.

Aus der Koordinatengleichung lesen wir den Normalenvektor $\vec{n} = \begin{pmatrix} 1 \\ -2 \\ 3 \end{pmatrix}$ ab. Als Richtungsvektoren $\vec{u}$ und $\vec{v}$ können wir zwei beliebige Vektoren wählen, die auf $\vec{n}$ *senkrecht stehen* und *linear unabhängig* sind. Setzen wir eine Koordinate des Normalenvektors gleich 0, vertauschen die beiden anderen Koordinaten und wechseln dabei ein Vorzeichen, erhalten wir auf einfache Weise zu $\vec{n}$ senkrechte Vektoren $\vec{u}$ und $\vec{v}$, die nicht parallel sind:

$$\vec{n} = \begin{pmatrix} 1 \\ -2 \\ 3 \end{pmatrix}; \quad \vec{u} = \begin{pmatrix} 0 \\ 3 \\ 2 \end{pmatrix}; \quad \vec{v} = \begin{pmatrix} 3 \\ 0 \\ -1 \end{pmatrix} \quad \Rightarrow \quad E: \vec{X} = \begin{pmatrix} -7 \\ 0 \\ 0 \end{pmatrix} + \lambda \cdot \begin{pmatrix} 0 \\ 3 \\ 2 \end{pmatrix} + \mu \cdot \begin{pmatrix} 3 \\ 0 \\ -1 \end{pmatrix}$$

Aufgaben

1 **Normalenform und Koordinatenform**
Gib die Normalenform der Ebene E an, die A enthält und auf der $\vec{n}$ senkrecht steht. Forme in die Koordinatenform um. Prüfe, ob P(3|0|1), Q(1|−1|1), R(0|−2|1) in E liegen. Gib einen weiteren Punkt an, der in E liegt.

a) A(1|0|2), $\vec{n} = \begin{pmatrix} 2 \\ -3 \\ 4 \end{pmatrix}$ b) A(2|−5|3), $\vec{n} = \begin{pmatrix} 3 \\ 2 \\ 0 \end{pmatrix}$ c) A(3|2|1), $\vec{n} = \begin{pmatrix} 0 \\ 0 \\ 1 \end{pmatrix}$

2 **Eine Ebene hinterlässt Spuren**
Die Schnittpunkte einer Ebene mit den Koordinatenachsen heißen **Spurpunkte** der Ebene. Wir suchen die Spurpunkte der Ebene E_1: $2x_1 + 3x_2 + 4x_3 - 12 = 0$.

a) Welche beiden Koordinaten des Spurpunkts S_1 von E mit der x_1-Achse sind bekannt? Berechne die noch fehlende dritte Koordinate.
b) Berechne die Koordinaten der beiden anderen Spurpunkte S_2 und S_3.
c) Trage S_1, S_2 und S_3 in ein kartesisches Koordinatensystem ein. Verbinde die drei Spurpunkte zum Spurdreieck $S_1S_2S_3$, das die Ebene E_1 veranschaulicht.

Wir interessieren uns nun für die Ebene E_2: $2x_1 + 3x_2 - 12 = 0$.

d) Welche Spurpunkte können wir sofort von E_1 übernehmen? Was ergibt sich für den dritten Spurpunkt?
e) Welche Spurgerade können wir beim Zeichnen von E_2 sofort von E_1 übernehmen? Wie verlaufen die beiden anderen Spurgeraden? Trage sie ein.

Wir interessieren uns nun für die Ebene E_3: $2x_1 - 12 = 0$.

f) Gib den einzigen Spurpunkt an und trage die Spurgeraden von E_3 in das Koordinatensystem ein.

3 **Spurpunkte und Spurgeraden gesucht**
Bestimme die Spurpunkte S_1, S_2 und S_3 der Ebene E. Zeichne die Spurgeraden in ein Koordinatensystem. Gib die Gleichungen der Spurgeraden an. Stelle eine Parameterform von E auf.

a) $x_1 + 2x_2 + 3x_3 - 6 = 0$ b) $2x_2 + 3x_3 - 6 = 0$ c) $3x_3 - 6 = 0$
d) $6x_1 - 3x_2 - 2x_3 - 12 = 0$ e) $6x_1 - 3x_2 - 12 = 0$ f) $6x_1 - 2x_3 - 12 = 0$

4 **Spurpunkte gegeben**
Gib eine Koordinatengleichung der Ebene E mit den folgenden Spurpunkten an:

a) $S_1(5|0|0)$; $S_2(0|6|0)$; $S_3(0|0|7)$ b) $S_1(3|0|0)$; $S_2(0|3|0)$; $S_3(0|0|3)$
c) nur $S_1(-1|0|0)$; $S_2(0|1|0)$ d) nur $S_3(0|0|-6)$

5 **Besondere Lage im Koordinatensystem**
Welche besondere Lage im Koordinatensystem hat die Ebene E?

a) $x_3 - 4 = 0$ b) $x_3 = 0$ c) $x_2 + 5 = 0$ d) $x_1 = 5$
e) $x_1 + x_2 - 6 = 0$ f) $x_2 - x_3 = 6$ g) $x_1 = x_2$ h) $x_1 + x_2 + x_3 = 1$

6 Eine Koordinatenform der Ebene E aufstellen

a) E ist parallel zur x_1x_2-Ebene und geht durch den Punkt P(5|4|3).

b) E steht senkrecht auf der x_2-Achse und geht durch P(5|4|3).

E enthält den Punkt A und steht senkrecht auf der Geraden g:

c) A(0|0|0); g: $\vec{X} = \begin{pmatrix} 3 \\ 2 \\ 1 \end{pmatrix} + \lambda \cdot \begin{pmatrix} 1 \\ 2 \\ 3 \end{pmatrix}$

d) A(4|3|2); g: $\vec{X} = \begin{pmatrix} 1 \\ 0 \\ -1 \end{pmatrix} + \lambda \cdot \begin{pmatrix} 2 \\ -1 \\ -2 \end{pmatrix}$

E ist Symmetrieebene der Punkte A und B:

e) A(2|1|3), B(2|5|3) f) A(1|2|3), B(5|6|7) g) A(5|−4|3), B(3|−2|−1)

7 Umrechnen einer Parameterform in eine Koordinatenform

Bestimme eine Koordinatendarstellung der Ebene E:

a) $\vec{X} = \begin{pmatrix} 0 \\ 1 \\ 2 \end{pmatrix} + \lambda \cdot \begin{pmatrix} 2 \\ 0 \\ 1 \end{pmatrix} + \mu \cdot \begin{pmatrix} 1 \\ 2 \\ 0 \end{pmatrix}$

b) $\vec{X} = \begin{pmatrix} 1 \\ 2 \\ -3 \end{pmatrix} + \lambda \cdot \begin{pmatrix} 3 \\ -1 \\ 2 \end{pmatrix} + \mu \cdot \begin{pmatrix} -2 \\ 3 \\ 1 \end{pmatrix}$

c) $\vec{X} = \begin{pmatrix} 0 \\ 0 \\ 1 \end{pmatrix} + \lambda \cdot \begin{pmatrix} 2 \\ 3 \\ 4 \end{pmatrix} + \mu \cdot \begin{pmatrix} 5 \\ 6 \\ 7 \end{pmatrix}$

d) $\vec{X} = \begin{pmatrix} -1 \\ 0 \\ 3 \end{pmatrix} + \lambda \cdot \begin{pmatrix} 1 \\ 2 \\ 2 \end{pmatrix} + \mu \cdot \begin{pmatrix} 2 \\ -1 \\ 2 \end{pmatrix}$

e) $\vec{X} = \begin{pmatrix} -1 \\ 2 \\ 3 \end{pmatrix} + \lambda \cdot \begin{pmatrix} 4 \\ 0 \\ 5 \end{pmatrix} + \mu \cdot \begin{pmatrix} 6 \\ 2 \\ -7 \end{pmatrix}$

f) $\vec{X} = \begin{pmatrix} 3 \\ 1 \\ 1 \end{pmatrix} + \lambda \cdot \begin{pmatrix} 1 \\ -2 \\ 3 \end{pmatrix} + \mu \cdot \begin{pmatrix} 2 \\ 2 \\ -1 \end{pmatrix}$

8 Umrechnen einer Koordinatenform in eine Parameterform

Führe in eine Parameterform über:

a) $2x_1 + x_2 + 3x_3 - 4 = 0$ b) $x_1 - 3x_2 - x_3 + 6 = 0$ c) $4x_1 + 2x_2 + x_3 = 8$

d) $x_1 - 2x_2 + 4x_3 = 8$ e) $7x_1 - 5x_2 + 3x_3 = 1$ f) $x_1 + 0 \cdot x_2 - 2x_3 = 4$

g) $x_1 - x_2 - 7 = 0$ h) $2x_2 = 3x_3$ i) $3x_3 - 1 = 0$

9 Parabelkirche

Die Parabelbögen der Heilig-Kreuz-Kirche (siehe Abbildung auf Seite 143) in Gelsenkirchen sind 10 m breit und 15 m hoch.

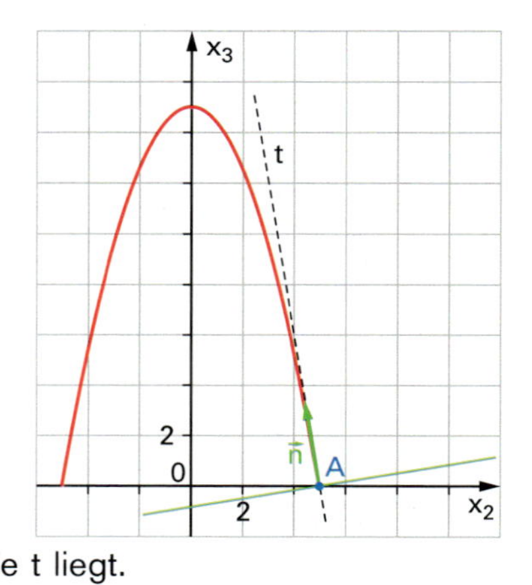

a) Wie lautet die Gleichung einer solchen Parabel, die wie in der Abbildung in der x_2-x_3-Ebene liegt? Wie lautet die Gleichung der Tangente t an die Parabel im Punkt A? Welchen Winkel schließt der Parabelbogen mit der x_1-x_2-Ebene ein?

b) Welche Koordinaten hat der Punkt A in einem räumlichen Koordinatensystem? Gib einen weiteren Raumpunkt B an, der auf der Tangente t liegt.

c) Gib die Koordinaten eines Richtungsvektors $\vec{n}$ der Tangente an.

d) Ermittle die Gleichung der Ebene E, die A enthält und $\vec{n}$ als Normalenvektor hat.

9.3 Gegenseitige Lage von Gerade und Ebene

Die verschiedenen Möglichkeiten (Aufgabe 1)

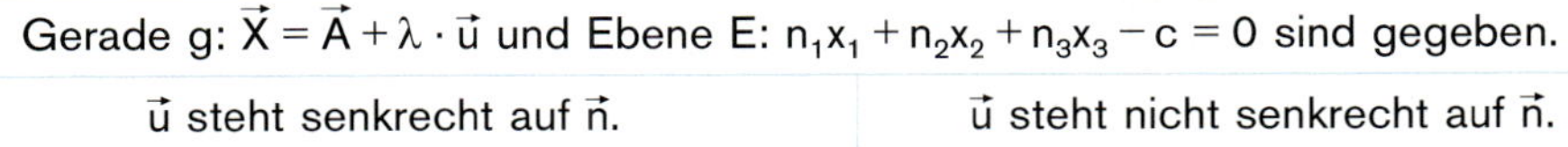

Gerade g: $\vec{X} = \vec{A} + \lambda \cdot \vec{u}$ und Ebene E: $n_1x_1 + n_2x_2 + n_3x_3 - c = 0$ sind gegeben.

$\vec{u}$ steht senkrecht auf $\vec{n}$.		$\vec{u}$ steht nicht senkrecht auf $\vec{n}$.
$A \notin E$	$A \in E$	

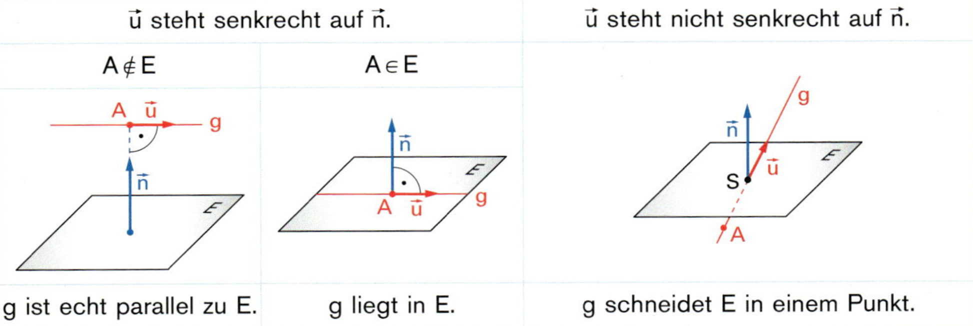

g ist echt parallel zu E.	g liegt in E.	g schneidet E in einem Punkt.

Berechnung des Schnittpunkts

Beispiel: E: $x_1 + 2x_2 + 2x_3 - 8 = 0$, g: $\vec{X} = \begin{pmatrix} -2 \\ 4 \\ 4 \end{pmatrix} + \lambda \cdot \begin{pmatrix} -6 \\ 5 \\ 4 \end{pmatrix}$

Das Skalarprodukt „Normalenvektor von E mal Richtungsvektor von g" ist

$$\vec{n} \circ \vec{u} = \begin{pmatrix} 1 \\ 2 \\ 2 \end{pmatrix} \circ \begin{pmatrix} -6 \\ 5 \\ 4 \end{pmatrix} = -6 + 10 + 8 = 12 \neq 0.$$

$\Rightarrow$ g ist nicht parallel zu E. $\Rightarrow$ g schneidet E in einem Punkt S.

Da S auf g liegt, gibt es einen λ-Wert, der den Ortsvektor von S liefert:

$$\vec{S} = \begin{pmatrix} -2 - 6\lambda \\ 4 + 5\lambda \\ 4 + 4\lambda \end{pmatrix}$$

Da S auch in E liegt, erfüllen seine Koordinaten die Ebenengleichung:

$$\begin{aligned} (-2 - 6\lambda) + 2 \cdot (4 + 5\lambda) + 2 \cdot (4 + 4\lambda) - 8 &= 0 \\ -2 - 6\lambda + 8 + 10\lambda + 8 + 8\lambda - 8 &= 0 \\ 12\lambda &= -6 \\ \lambda &= -0{,}5 \end{aligned}$$

$$\Rightarrow \quad \vec{S} = \begin{pmatrix} -2 + 6 \cdot 0{,}5 \\ 4 - 5 \cdot 0{,}5 \\ 4 - 4 \cdot 0{,}5 \end{pmatrix} = \begin{pmatrix} 1 \\ 1{,}5 \\ 2 \end{pmatrix}$$

$\Rightarrow$ S(1 | 1,5 | 2)

Das Berechnen des Schnittpunkts mit einer Parameterform von E ist aufwändig. Es empfiehlt sich deshalb, diese vorher in eine Koordinatenform überzuführen.

Schnittwinkel von Ebene und Gerade

Der Winkel φ zwischen einer Geraden g und einer Ebene E ist der Winkel zwischen g und ihrer senkrechten Projektion g' in die Ebene. Da das Aufstellen der Gleichung von g' mühsam ist, greifen wir zu einem Trick: Der Normalenvektor $\vec{n}$ der Ebene steht auf g' senkrecht. Also ist der Winkel zwischen $\vec{n}$ und dem Richtungsvektor von g gleich $90° - \varphi$.

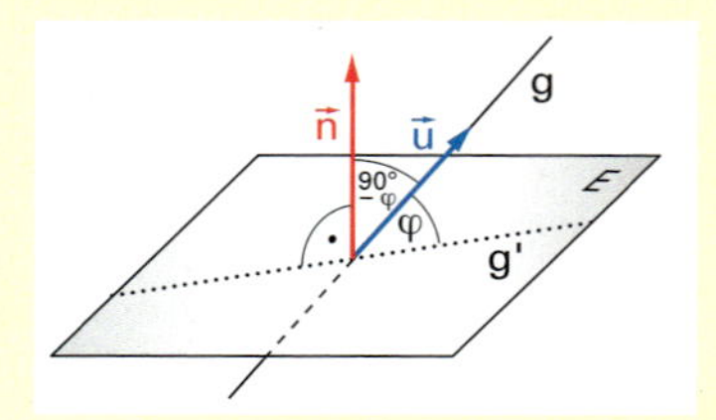

> Der Schnittwinkel φ zwischen einer Ebene E mit dem Normalenvektor $\vec{n}$ und einer Geraden g mit dem Richtungsvektor $\vec{u}$ ergibt sich aus
>
> $$\cos(90° - \varphi) = \left|\frac{\vec{n} \circ \vec{u}}{|\vec{n}| \cdot |\vec{u}|}\right|.$$

Damit wir bei einem negativen Wert des Bruchterms nicht den stumpfen Nebenwinkel erhalten, nehmen wir den Betrag.

In unserem Beispiel ergibt sich:

$$\vec{n} = \begin{pmatrix}1\\2\\2\end{pmatrix}, \vec{u} = \begin{pmatrix}-6\\5\\4\end{pmatrix} \quad \Rightarrow \quad \cos(90° - \varphi) = \left|\frac{\begin{pmatrix}1\\2\\2\end{pmatrix} \circ \begin{pmatrix}-6\\5\\4\end{pmatrix}}{3 \cdot \sqrt{77}}\right| = \frac{12}{3 \cdot \sqrt{77}} = \frac{4}{\sqrt{77}}$$

$$\Rightarrow \quad 90° - \varphi = 62{,}9° \quad \Rightarrow \quad \varphi = 27{,}1°$$

Die Gerade g ist also unter 27,1° zur Ebene E geneigt.

Aufgaben

1 Gegenseitige Lage?

Gegeben sind die Ebene E: $x_1 + 2x_2 + 2x_3 - 8 = 0$ und die Geraden

$$g\colon \vec{X} = \begin{pmatrix}-2\\4\\1\end{pmatrix} + \lambda \cdot \begin{pmatrix}2\\-1\\0\end{pmatrix}, \quad h\colon \vec{X} = \begin{pmatrix}-2\\4\\4\end{pmatrix} + \mu \cdot \begin{pmatrix}2\\-1\\0\end{pmatrix} \quad \text{und} \quad l\colon \vec{X} = \begin{pmatrix}-2\\4\\4\end{pmatrix} + \nu \cdot \begin{pmatrix}-2\\1\\3\end{pmatrix}.$$

Wir interessieren uns dafür, ob die Gerade g *echt parallel* zur Ebene E ist, *in ihr liegt* oder *sie schneidet*.

a) Wie kann man mithilfe des Normalenvektors $\vec{n}$ von E und des Richtungsvektors $\vec{u}$ von g nachweisen, dass g parallel zu E ist?
Wie kann man nun entscheiden, ob g in E liegt? Führe die Rechnung aus.

Untersuche die gegenseitige Lage von

b) h und E,
c) l und E.

d) Die Gerade schneide die Ebene. Versuche aus den Bedingungen, dass der Schnittpunkt S sowohl auf der Geraden als auch auf der Ebene liegt, Schritte zur Berechnung seiner Koordinaten zu entwickeln. Wenn dir das gelungen ist, berechne zum obigen Fall die Koordinaten von S.

2 Gegenseitige Lage von Gerade und Ebene

Gegeben sind die Ebene E: $3x_1 + 3x_2 + 2x_3 - 12 = 0$ und die Geraden

$g: \vec{X} = \begin{pmatrix} 0 \\ 2 \\ 3 \end{pmatrix} + \lambda \cdot \begin{pmatrix} 3 \\ -1 \\ -3 \end{pmatrix}$, $h: \vec{X} = \begin{pmatrix} 0 \\ 2 \\ 6 \end{pmatrix} + \mu \cdot \begin{pmatrix} 3 \\ -1 \\ -3 \end{pmatrix}$ und $l: \vec{X} = \begin{pmatrix} 0 \\ 2 \\ 6 \end{pmatrix} + \nu \cdot \begin{pmatrix} 1 \\ -1 \\ -3 \end{pmatrix}$.

a) Berechne die Spurpunkte der Ebene E und zeichne E.

b) Untersuche, wie die Geraden g, h und l im Vergleich zu E verlaufen. Berechne, falls vorhanden, die Koordinaten des Schnittpunkts S der Geraden mit E.

c) Ergänze die Zeichnung durch g, h, l und S.

3 Winkel zwischen Gerade und Ebene

Berechne den Schnittwinkel φ der Ebene E und der Geraden g:

a) E: $2x_1 - x_2 + 2x_3 - 6 = 0$

$g: \vec{X} = \begin{pmatrix} 1 \\ 2 \\ 3 \end{pmatrix} + \lambda \begin{pmatrix} 4 \\ 7 \\ 4 \end{pmatrix}$

b) E: $x_1 - 4x_2 + 8x_3 + 12 = 0$

$g: \vec{X} = \begin{pmatrix} 0 \\ 0 \\ 7 \end{pmatrix} + \lambda \begin{pmatrix} 11 \\ 10 \\ -2 \end{pmatrix}$

4 Neigungswinkel zu den Koordinatenebenen

a) Beschreibe, wie man den Schnittwinkel einer Geraden g mit der x_1x_2-Ebene, der x_2x_3-Ebene bzw. der x_1x_3-Ebene berechnen kann.

Unter welchen Winkeln ist die Gerade g gegenüber den Koordinatenebenen geneigt?

b) $g: \vec{X} = \lambda \begin{pmatrix} 1 \\ 1 \\ 1 \end{pmatrix}$

c) $g: \vec{X} = \begin{pmatrix} 0 \\ 3 \\ 8 \end{pmatrix} + \lambda \begin{pmatrix} 2 \\ 3 \\ 4 \end{pmatrix}$

d) $g: \vec{X} = \begin{pmatrix} 0 \\ 3 \\ 5 \end{pmatrix} + \lambda \begin{pmatrix} -2 \\ -3 \\ 5 \end{pmatrix}$

5 Untersuchung gegenseitiger Lagen

Untersuche die gegenseitige Lage der Geraden g und der Ebene E. Berechne, falls vorhanden, die Koordinaten des Schnittpunkts S und den Schnittwinkel φ.

a) E: $2x_1 - 3x_2 + 4x_3 - 12 = 0$

$g: \vec{X} = \begin{pmatrix} 1 \\ -2 \\ 1 \end{pmatrix} + \lambda \cdot \begin{pmatrix} 1 \\ 2 \\ 1 \end{pmatrix}$

b) E: $5x_1 - 4x_2 - 3x_3 - 5 = 0$

$g: \vec{X} = \begin{pmatrix} 2 \\ -1 \\ 3 \end{pmatrix} + \lambda \cdot \begin{pmatrix} 1 \\ 2 \\ -1 \end{pmatrix}$

c) E: $3x_1 - 2x_2 + x_3 - 6 = 0$

$g: \vec{X} = \begin{pmatrix} -3 \\ 1 \\ 5 \end{pmatrix} + \lambda \cdot \begin{pmatrix} -2 \\ 1 \\ 2 \end{pmatrix}$

d) E: $5x_1 - 3x_3 + 1 = 0$

$g: \vec{X} = \begin{pmatrix} -2 \\ -1 \\ 3 \end{pmatrix} + \lambda \cdot \begin{pmatrix} -3 \\ 2 \\ 1 \end{pmatrix}$

e) $E: \vec{X} = \begin{pmatrix} 0 \\ -3 \\ 1 \end{pmatrix} + \rho \cdot \begin{pmatrix} 2 \\ 1 \\ -2 \end{pmatrix} + \sigma \cdot \begin{pmatrix} -1 \\ 2 \\ 3 \end{pmatrix}$

$g: \vec{X} = \begin{pmatrix} 3 \\ 1 \\ 0 \end{pmatrix} + \lambda \cdot \begin{pmatrix} 3 \\ 4 \\ -1 \end{pmatrix}$

f) $E: \vec{X} = \begin{pmatrix} 1 \\ 3 \\ -1 \end{pmatrix} + \rho \cdot \begin{pmatrix} 2 \\ -3 \\ 1 \end{pmatrix} + \sigma \cdot \begin{pmatrix} 2 \\ -1 \\ 3 \end{pmatrix}$

$g: \vec{X} = \begin{pmatrix} 0 \\ -2 \\ 1 \end{pmatrix} + \lambda \cdot \begin{pmatrix} 1 \\ 2 \\ 1 \end{pmatrix}$

6 Stromversorgung eines Bergbauernhofs

Tonis neu erbauter Bergbauernhof soll durch eine 20-kV-Leitung mit elektrischer Energie versorgt werden. Die Leitungsmasten sind aus Holz. In einem räumlichen Koordinatensystem mit der Einheit 1 Meter verläuft die Stromleitung bis zur Stelle $P(3|3|9)$ parallel zur x_2-Achse und dann in Richtung der negativen x_1-Achse. Zur Erhöhung der Stabilität soll der 9 m hohe Mast am Ort des Richtungswechsels P einen Stützbalken in der rechts abgebildeten Art erhalten. Der Stützbalken soll unter der Richtung $\begin{pmatrix} -1 \\ -1 \\ -3 \end{pmatrix}$ verlaufen und 1 m unterhalb der Mastspitze befestigt werden. Der Mast steht am Fuß eines Hangs, der durch eine schiefe Ebene $E\colon x_1 + x_2 + 2x_3 - 6 = 0$ beschrieben wird.

a) Stelle die Gleichung der „Trägergeraden g" der Stütze auf.

b) Ermittle die Stelle F des Hangs, an der die Stütze in den Boden eingelassen wird. Unter welchem Winkel ist die Stütze gegen die schiefe Ebene geneigt?

c) Zeichne in ein räumliches Koordinatensystem die schiefe Ebene, den Mast, die Stütze und den Verlauf der Stromleitung.

7 Der wandernde Schatten

Die x_1-Achse eines Koordinatensystems zeigt nach Süden, die x_2-Achse nach Osten. Die Längeneinheit ist 1 Meter. $A(4|-5|0)$, $B(4|5|0)$, $C(0|5|4)$ und $D(0|-5|4)$ sind die Eckpunkte einer rechteckigen Dachfläche. Auf dem Dach ist im Punkt $F(3|0|1)$ eine 3,0 m hohe Antenne angebracht. Am 21. Juni fallen um 8.00 Uhr, 10.00 Uhr und 12.00 Uhr Ortszeit Sonnenstrahlen in Richtung der Vektoren

$\vec{u_8} = \begin{pmatrix} -1 \\ -8 \\ -6 \end{pmatrix}$, $\vec{u_{10}} = \begin{pmatrix} -7 \\ -9 \\ -16 \end{pmatrix}$ und $\vec{u_{12}} = \begin{pmatrix} -1 \\ 0 \\ -2 \end{pmatrix}$ ein.

a) Zeichne das Dach und die Antenne in einem Koordinatensystem.

b) Berechne die Orte S_8', S_{10}' und S_{12}' des Schattens der Antennenspitze S auf der Dachfläche für 8.00, 10.00 und 12.00 Uhr. Unter welchem Winkel treffen die Sonnenstrahlen um 8.00 Uhr bzw. 12.00 Uhr auf das Dach? Gib S_{14}' und S_{16}' für 14.00 und 16.00 Uhr an.

c) Skizziere die Kurve, auf der der Schatten der Antennenspitze von 8.00 Uhr bis 16.00 Uhr wandert. Bewegt sich der Schatten der Antennenspitze mit gleich bleibender Geschwindigkeit?

8 **Quax der Bruchpilot: He didn't land, he just stopped flying.**

Auf dem Sportflugplatz von Prien am Chiemsee herrscht helle Aufregung. Zur Zeit $t = 0$ Sekunden ist Heinz mit seiner Cessna gestartet. Gleichzeitig befindet sich Quax im Landeanflug. In einem Koordinatensystem mit der Einheit Meter wird der Steigflug von Heinz und der Landeanflug von Quax durch

$$\vec{X} = t \cdot \begin{pmatrix} 22 \\ 20 \\ 4 \end{pmatrix} \quad \text{und} \quad \vec{Y} = \begin{pmatrix} 800 \\ 580 \\ 125 \end{pmatrix} + t \cdot \begin{pmatrix} -24 \\ -12 \\ -3 \end{pmatrix}$$

in Abhängigkeit von der Zeit t in Sekunden beschrieben.

a) Berechne die Geschwindigkeiten der Flugzeuge in m/s.

b) Warum muss man zum Nachweis, dass sich beide Flugbahnen kreuzen, einen der beiden Parameter mit einem anderen Buchstaben bezeichnen? Wo kreuzen sich die beiden Flugbahnen? Begründe, dass es trotzdem zu keinem Zusammenstoß kommen muss.

c) Wie weit sind die beiden Flugzeuge zum Zeitpunkt $t = 20$ Sekunden voneinander entfernt? Zum Zeitpunkt $t = 17{,}6$ Sekunden ist die Entfernung der beiden Flugzeuge am kleinsten. Beschreibe, wie man diesen Zeitpunkt ermitteln könnte. (Durchführung nicht verlangt.) Die Spannweite eines Sportflugzeugs beträgt ungefähr 10 m. Kommen sich die beiden Flugzeuge gefährlich nahe?

d) Wann und wo landet Quax? Beim Aufsetzen sollte der Winkel zwischen Flugbahn und Landebahn höchstens 4° betragen. Überprüfe, ob diese Bedingung erfüllt ist und Quax dieses Mal eine weiche Landung hinlegen kann.

9 **Grundwissen: Viereck und Pyramide**

Die Punkte $A(-10|5|-10)$, $B(0|0|0)$, $C(6|17|10)$ und $D(-8|19|-5)$ bilden ein Viereck.

a) Zeige, dass sich die Geraden AC und BD im Punkt $M(-4|9{,}5|-2{,}5)$ unter einem rechten Winkel schneiden.

b) In welchem Verhältnis teilt der Punkt M die Diagonalen [AC] und [BD] des Vierecks ABCD?

c) Welche Symmetrieeigenschaft lässt sich für das Viereck ABCD aus den bisherigen Erkenntnissen folgern? Um was für ein Viereck handelt es sich?

d) Weise nach, dass es einen Kreis mit Mittelpunkt M gibt, auf dem die Punkte A, B und D liegen. Wie groß ist demzufolge der Winkel $\sphericalangle BAD$?

e) Bestimme den Flächeninhalt des Vierecks ABCD.

Durch das Viereck ABCD ist eine Ebene E bestimmt.

f) Gib eine Gleichung der Ebene E in Normalenform an.

g) Gib eine Gleichung der Geraden g an, welche die Ebene E im Punkt A senkrecht schneidet. Zeige, dass der Punkt $S(-21|3|0)$ auf g liegt.

h) Berechne den Rauminhalt der Pyramide ABCDS.

9.4 Gegenseitige Lage von Ebenen

Im modernen Landschaftsbau sind große Erdbewegungen üblich. Bei der Planung tritt häufig das Problem auf, wie neu anzulegende ebene Flächen zueinander verlaufen sollen.

Die verschiedenen Möglichkeiten

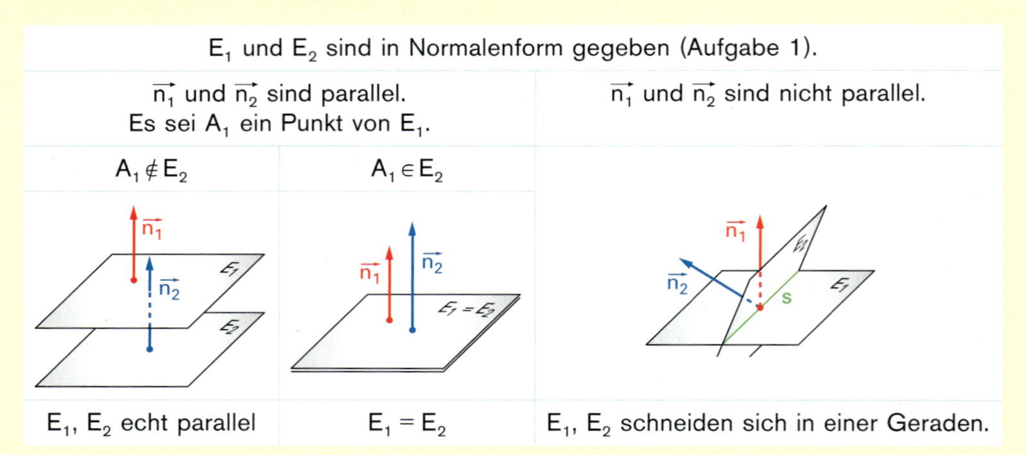

E_1 und E_2 sind in Normalenform gegeben (Aufgabe 1).		
$\vec{n_1}$ und $\vec{n_2}$ sind parallel. Es sei A_1 ein Punkt von E_1.		$\vec{n_1}$ und $\vec{n_2}$ sind nicht parallel.
$A_1 \notin E_2$	$A_1 \in E_2$	
E_1, E_2 echt parallel	$E_1 = E_2$	E_1, E_2 schneiden sich in einer Geraden.

Berechnung der Schnittgerade

Am einfachsten können wir die Schnittgerade ermitteln, wenn von einer Ebene eine Koordinatenform und von der anderen eine Parameterform bekannt ist. Da sich die beiden Darstellungsformen ineinander überführen lassen, beschränken wir uns auf diesen Fall.

Beispiel: $E_1\colon x_1 + 2x_2 + 2x_3 - 8 = 0$, $E_2\colon \vec{X} = \begin{pmatrix}4\\0\\0\end{pmatrix} + \lambda \cdot \begin{pmatrix}2\\-3\\0\end{pmatrix} + \mu \cdot \begin{pmatrix}0\\0\\1\end{pmatrix}$

Der Normalenvektor von E_1 steht auf dem ersten Richtungsvektor von E_2 nicht senkrecht. Also sind E_1 und E_2 nicht parallel: Sie schneiden sich in einer Geraden s. Da die gemeinsamen Punkte beide Gleichungen erfüllen, setzen wir die Terme für x_1, x_2 und x_3 der Parametergleichung in die Koordinatengleichung ein:

$$(4 + 2\lambda) + 2 \cdot (-3\lambda) + 2\mu - 8 = 0 \quad \Rightarrow \quad 4 - 4\lambda + 2\mu - 8 = 0$$
$$\Rightarrow \quad \mu = 2 + 2\lambda$$

Für die gemeinsamen Punkte der beiden Ebenen muss also der Zusammenhang $\mu = 2 + 2\lambda$ zwischen den beiden Parametern gelten. Ersetzen wir μ in E_2 durch $2 + 2\lambda$, erhalten wir eine Gleichung der Schnittgeraden s:

$$\vec{X} = \begin{pmatrix}4\\0\\0\end{pmatrix} + \lambda\begin{pmatrix}2\\-3\\0\end{pmatrix} + (2 + 2\lambda) \cdot \begin{pmatrix}0\\0\\1\end{pmatrix} = \begin{pmatrix}4\\0\\2\end{pmatrix} + \lambda\begin{pmatrix}2\\-3\\2\end{pmatrix}$$

Schnittwinkel von Ebenen

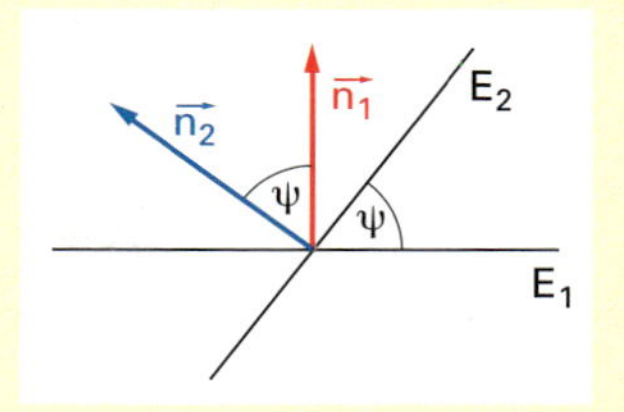

Die beiden Ebenen E_1 und E_2 schneiden sich in einer Geraden g. Die Schenkel s_1 und s_2 des Schnittwinkels ψ verlaufen in E_1 und E_2 und stehen auf g senkrecht. ψ ist der nicht stumpfe Winkel zwischen s_1 und s_2. Da der Normalenvektor $\vec{n_1}$ von E_1 auf s_1 und der Normalenvektor $\vec{n_2}$ auf s_2 senkrecht steht, schließen die beiden Normalenvektoren auch ψ oder $180° - \psi$ ein:

Der Schnittwinkel ψ zwischen zwei Ebenen mit den Normalenvektoren $\vec{n_1}$ und $\vec{n_2}$ ergibt sich aus $\cos\psi = \left|\frac{\vec{n_1} \circ \vec{n_2}}{|\vec{n_1}| \cdot |\vec{n_2}|}\right|$.

Beispiel: Winkel am regelmäßigen Tetraeder

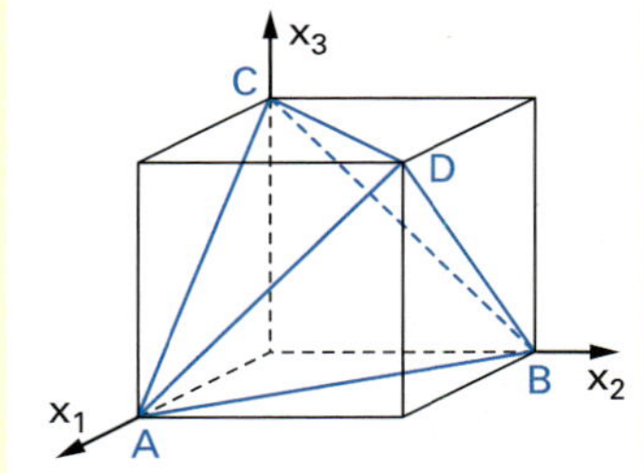

An jeder Ecke des Tetraeders stoßen drei gleichseitige Dreiecke zusammen. Also ist der *Winkel zwischen zwei Kanten* gleich 60°.

Da alle regelmäßigen Tetraeder ähnlich sind, genügt es, einen einfachen Fall zu betrachten: Die Seiten des Tetraeders sind Flächendiagonalen eines Einheitswürfels (siehe rechts) mit den Eckpunkten A(1|0|0), B(0|1|0), C(0|0|1) und D(1|1|1).

ψ sei der *Winkel zwischen den Seitenflächen* ABC und ABD. Normalenvektoren zu $E_1 = E(ABC)$ und $E_2 = E(ABD)$ liefern uns die Vektorprodukte:

$$\vec{n_1} = \overrightarrow{AB} \times \overrightarrow{AC} = \begin{pmatrix} -1 \\ 1 \\ 0 \end{pmatrix} \times \begin{pmatrix} -1 \\ 0 \\ 1 \end{pmatrix} = \begin{pmatrix} 1 \\ 1 \\ 1 \end{pmatrix}, \qquad \vec{n_2} = \overrightarrow{AB} \times \overrightarrow{AD} = \begin{pmatrix} -1 \\ 1 \\ 0 \end{pmatrix} \times \begin{pmatrix} 0 \\ 1 \\ 1 \end{pmatrix} = \begin{pmatrix} 1 \\ 1 \\ -1 \end{pmatrix}.$$

$$\cos\psi = \left|\frac{\begin{pmatrix} 1 \\ 1 \\ 1 \end{pmatrix} \circ \begin{pmatrix} 1 \\ 1 \\ -1 \end{pmatrix}}{\sqrt{3} \cdot \sqrt{3}}\right| = \tfrac{1}{3} \quad \Rightarrow \quad \psi = 70{,}5°$$

Zwei Seitenflächen eines Tetraeders schließen also einen Winkel von 70,5° ein.

φ sei der *Winkel zwischen der Seitenfläche* ABC *und der Kante* AD:

$$\cos(90° - \varphi) = \left|\frac{\vec{n_1} \circ \overrightarrow{AD}}{|\vec{n_1}| \cdot |\overrightarrow{AD}|}\right| = \left|\frac{\begin{pmatrix} 1 \\ 1 \\ 1 \end{pmatrix} \circ \begin{pmatrix} 0 \\ 1 \\ 1 \end{pmatrix}}{\sqrt{3} \cdot \sqrt{2}}\right| = \frac{2}{\sqrt{6}}$$

$$\Rightarrow \quad 90° - \varphi = 35{,}3° \quad \Rightarrow \quad \varphi = 54{,}7°$$

Eine Kante eines Tetraeders ist also unter 54,7° zur Seitenfläche geneigt.

Aufgaben

1 Gegenseitige Lage?

Von zwei Ebenen E_1 und E_2 seien Normalenformen bekannt.

a) Wie kann man mithilfe ihrer Normalenvektoren $\vec{n}_1$ und $\vec{n}_2$ sofort entscheiden, ob E_1 und E_2 echt parallel oder identisch sind oder sich in einer Geraden schneiden?

Gib die gegenseitige Lage der Ebenen E_1 und E_2 an:

b) E_1: $x_1 + 2x_2 + 2x_3 - 8 = 0$, E_2: $1{,}5x_1 + 3x_2 + 3x_3 - 3 = 0$

c) E_1: $x_1 + 2x_2 + 2x_3 - 8 = 0$, E_2: $1{,}5x_1 + 3x_2 + 3x_3 - 12 = 0$

d) E_1: $x_1 + 2x_2 + 2x_3 - 8 = 0$, E_2: $3x_1 + 2x_2 - 12 = 0$

Von E_1 ist eine Koordinatenform gegeben, von E_2 eine Parameterform.

e) Wie kann man mithilfe des Normalenvektors $\vec{n}$ von E_1 und der Richtungsvektoren $\vec{u}$ und $\vec{v}$ von E_2 entscheiden, wie E_1 und E_2 zueinander verlaufen?
Untersuche die gegenseitige Lage von E_1 und E_2.

f) E_1: $x_1 + 2x_2 + 2x_3 - 8 = 0$,
E_2: $\vec{X} = \begin{pmatrix} 0 \\ 0 \\ 1 \end{pmatrix} + \lambda \cdot \begin{pmatrix} 2 \\ 1 \\ -2 \end{pmatrix} + \mu \cdot \begin{pmatrix} 2 \\ -1 \\ 0 \end{pmatrix}$

g) E_1: $x_1 + 2x_2 + 2x_3 - 8 = 0$,
E_2: $\vec{X} = \begin{pmatrix} 0 \\ 0 \\ 1 \end{pmatrix} + \lambda \cdot \begin{pmatrix} -2 \\ 1 \\ 2 \end{pmatrix} + \mu \cdot \begin{pmatrix} 2 \\ -1 \\ 0 \end{pmatrix}$

2 Ebenen in Koordinaten- und Parameterform

Untersuche die gegenseitige Lage der Ebenen E_1 und E_2. Ermittle, falls es eine Schnittgerade s gibt, ihre Gleichung.

a) E_1: $2x_1 - 3x_2 + 4x_3 - 12 = 0$
E_2: $\vec{X} = \begin{pmatrix} 1 \\ -2 \\ 1 \end{pmatrix} + \lambda \cdot \begin{pmatrix} 3 \\ 2 \\ 0 \end{pmatrix} + \mu \cdot \begin{pmatrix} 1 \\ 2 \\ 1 \end{pmatrix}$

b) E_1: $3x_1 + 4x_2 + 8x_3 - 24 = 0$
E_2: $\vec{X} = \begin{pmatrix} 0 \\ 3 \\ 0 \end{pmatrix} + \lambda \cdot \begin{pmatrix} 4 \\ -3 \\ 0 \end{pmatrix} + \mu \cdot \begin{pmatrix} 2 \\ -2 \\ 1 \end{pmatrix}$

c) E_1: $3x_1 + 4x_2 + 8x_3 - 24 = 0$
E_2: $\vec{X} = \begin{pmatrix} 0 \\ 3 \\ 0 \end{pmatrix} + \lambda \cdot \begin{pmatrix} 0 \\ 1 \\ -2 \end{pmatrix} + \mu \cdot \begin{pmatrix} 2 \\ -2 \\ 1 \end{pmatrix}$

d) E_1: $3x_1 + 2x_3 - 6 = 0$
E_2: $\vec{X} = \begin{pmatrix} -2 \\ 3 \\ 0 \end{pmatrix} + \lambda \cdot \begin{pmatrix} 0 \\ 0 \\ -1 \end{pmatrix} + \mu \cdot \begin{pmatrix} 2 \\ -1 \\ 3 \end{pmatrix}$

3 Ebenen in Koordinatenform

Untersuche die gegenseitige Lage der Ebenen E_1 und E_2. Führe, falls es eine Schnittgerade s gibt, zunächst eine Koordinatenform in eine Parameterform über und ermittle dann eine Gleichung von s. Berechne den Schnittwinkel von E_1 und E_2.

a) E_1: $2x_1 - 3x_2 + 4x_3 - 12 = 0$
E_2: $4x_1 - 6x_2 + 8x_3 + 24 = 0$

b) E_1: $2x_1 + 4x_2 - 6x_3 - 8 = 0$
E_2: $3x_1 + 6x_2 - 9x_3 - 12 = 0$

c) E_1: $x_1 + x_2 + x_3 - 6 = 0$
E_2: $2x_1 - x_2 + 2x_3 + 3 = 0$

d) E_1: $x_1 - 2x_2 + x_3 + 6 = 0$
E_2: $x_1 - 2x_2 - 2x_3 - 6 = 0$

e) E_1: $x_3 - 4 = 0$
E_2: $x_1 - x_2 + 2x_3 - 6 = 0$

f) E_1: $x_1 = x_2$
E_2: $x_2 = x_3$

4 Ebenen in Parameterform

Führe zunächst eine Ebene in eine Koordinatenform über und berechne dann eine Gleichung der Schnittgeraden s.

a) $E_1: \vec{X} = \begin{pmatrix} 0 \\ 3 \\ 0 \end{pmatrix} + \lambda \cdot \begin{pmatrix} 2 \\ -1 \\ 0 \end{pmatrix} + \mu \cdot \begin{pmatrix} 2 \\ 1 \\ 2 \end{pmatrix}$

$E_2: \vec{X} = \begin{pmatrix} 1 \\ 1 \\ 1 \end{pmatrix} + \rho \cdot \begin{pmatrix} 0 \\ 1 \\ -1 \end{pmatrix} + \sigma \cdot \begin{pmatrix} 2 \\ -1 \\ -1 \end{pmatrix}$

b) $E_1: \vec{X} = \begin{pmatrix} 4 \\ 3 \\ 2 \end{pmatrix} + \lambda \cdot \begin{pmatrix} 0 \\ 1 \\ 0 \end{pmatrix} + \mu \cdot \begin{pmatrix} 0 \\ -1 \\ -2 \end{pmatrix}$

$E_2: \vec{X} = \begin{pmatrix} 1 \\ 2 \\ 0 \end{pmatrix} + \rho \cdot \begin{pmatrix} 1 \\ 0 \\ 2 \end{pmatrix} + \sigma \cdot \begin{pmatrix} 0 \\ 1 \\ 2 \end{pmatrix}$

5 Spuren führen zu Gleichungen

Bestimme mithilfe der Zeichnung eine Normalenform der Ebenen E und F und eine Gleichung der Schnittgeraden s. Setze diese in die Gleichungen von E und F ein und überprüfe so, ob deine Lösung richtig ist.

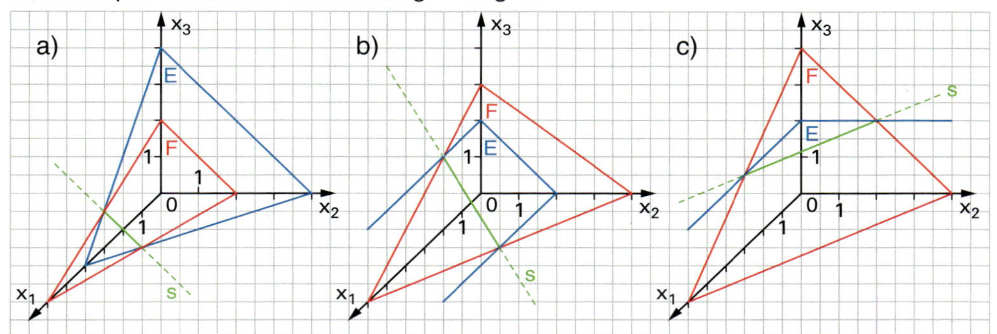

6 Bau einer ICE-Trasse

Eine ICE-Trasse soll möglichst gerade verlaufen und ihre Steigung darf höchstens 2 % betragen. Beim Bau sind deshalb große Erdbewegungen nötig.

Für eine Trasse soll ein Teil eines Hangs abgetragen und durch eine ebene Böschung ersetzt werden, die bis zu einer Hochebene H verläuft.

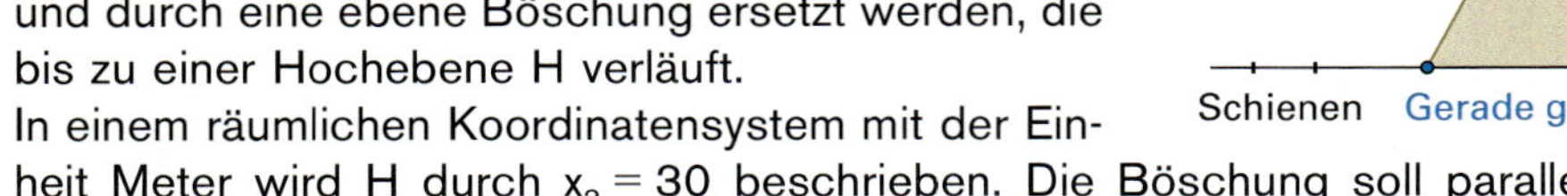

In einem räumlichen Koordinatensystem mit der Einheit Meter wird H durch $x_3 = 30$ beschrieben. Die Böschung soll parallel zu den Schienen in der x_1x_2-Ebene von der Geraden

$$g: \vec{X} = \begin{pmatrix} 40 \\ 0 \\ 0 \end{pmatrix} + \lambda \cdot \begin{pmatrix} -10 \\ 20 \\ 0 \end{pmatrix}$$

begrenzt werden. Außerdem soll sie durch den Punkt P(10|40|30) von H verlaufen. Gesucht ist die Gleichung der geraden Linie, in der die Hochebene H in die Böschung E(g P) übergeht.

a) Stelle eine Parameterform der Ebene E(g P) auf.

b) Bestimme eine Gleichung der Schnittgeraden s von H und E(g P).

c) Unter welchem Winkel ist die Ebene E zur Ebene, in der die Schienen verlaufen, geneigt?

9.5 Abstände

Abstand eines Punktes von einer Geraden

Flugrouten müssen so geplant werden, dass Flugzeuge markanten Punkten, z. B. einer Kirchturmspitze P, nicht zu nahe kommen. Ist die Flugbahn eine Gerade g, interessiert die **kleinste Entfernung** des Punktes P von den Punkten X der Geraden g. Diese kleinste Entfernung heißt **Abstand** d(P, g) des Punktes P von g.

Beispiel: Abstand des Punktes P(2 | −5 | 3) von g: $\vec{X} = \begin{pmatrix} 2 \\ 1 \\ 0 \end{pmatrix} + \lambda \cdot \begin{pmatrix} 1 \\ -2 \\ 2 \end{pmatrix}$

Der Verbindungsvektor $\overrightarrow{PX}$ des Punktes P mit einem beliebigen Punkt X von g ist

$$\overrightarrow{PX} = \vec{X} - \vec{P} = \begin{pmatrix} 2+\lambda \\ 1-2\lambda \\ 2\lambda \end{pmatrix} - \begin{pmatrix} 2 \\ -5 \\ 3 \end{pmatrix} = \begin{pmatrix} \lambda \\ 6-2\lambda \\ 2\lambda-3 \end{pmatrix}.$$

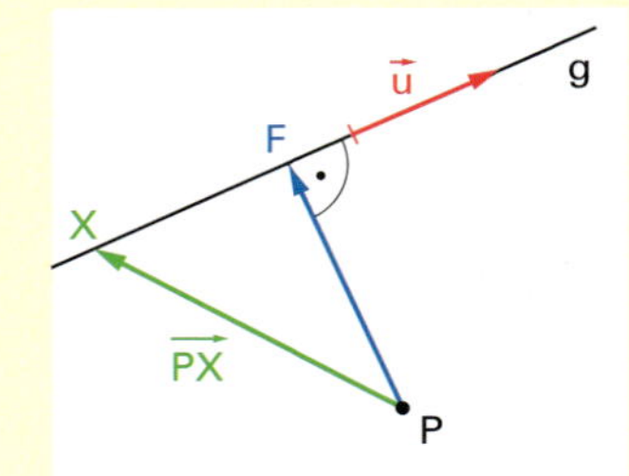

Durchläuft X die Gerade g, erhalten wir die kleinste Entfernung, wenn $\overrightarrow{PX}$ auf g senkrecht steht, d. h., wenn das Skalarprodukt von $\overrightarrow{PX}$ und dem Richtungsvektor $\vec{u}$ der Geraden g null ist:

$$\overrightarrow{PX} \circ \vec{u} = 0 \quad \Leftrightarrow \quad \begin{pmatrix} \lambda \\ 6-2\lambda \\ 2\lambda-3 \end{pmatrix} \circ \begin{pmatrix} 1 \\ -2 \\ 2 \end{pmatrix} = 0 \quad \Leftrightarrow \quad \lambda - 2(6-2\lambda) + 2(2\lambda-3) = 0$$

$$\Leftrightarrow \quad \lambda - 12 + 4\lambda + 4\lambda - 6 = 0 \quad \Leftrightarrow \quad 9\lambda - 18 = 0 \quad \Leftrightarrow \quad \lambda = 2$$

Für den Parameterwert $\lambda = 2$ ist X gleich der Fußpunkt F des Lotes von P auf g: F(4 | −3 | 4)

Der gesuchte Abstand ist folglich $d(P, g) = |\overrightarrow{PF}| = \left| \begin{pmatrix} 2 \\ 2 \\ 1 \end{pmatrix} \right| = \sqrt{4+4+1} = 3.$

> Der Abstand d(P, g) eines Punktes P von einer Geraden g: $\vec{X} = \vec{A} + \lambda \cdot \vec{u}$ ist die Länge der Lotstrecke von P auf g. Der Punkt X von g ist der Lotfußpunkt F, wenn der Verbindungsvektor $\overrightarrow{PX}$ auf g senkrecht steht: $\overrightarrow{PX} \circ \vec{u} = 0$. Mithilfe dieser Gleichung ermittel man F. Dann ist $d(P, g) = |\overrightarrow{PF}|$.

Abstand eines Punktes von einer Ebene

Erfüllen die Koordinaten eines Punktes die Normalenform $\vec{n} \circ (\vec{X} - \vec{A}) = 0$ einer Ebene E durch den Punkt A, liegt er in E. Das bedeutet geometrisch: Die Punkte X der Ebene E sind genau die Punkte, deren Verbindungsvektoren $\overrightarrow{AX} = \vec{X} - \vec{A}$ auf dem Normalenvektor $\vec{n}$ senkrecht stehen.

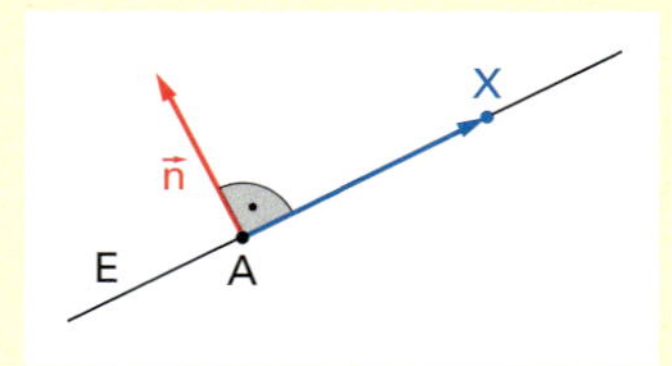

<table>
<tr><td colspan="2">Die Ebene E teilt den Raum in zwei Halbräume (Aufgabe 4).
Die Verbindungsvektoren $\overrightarrow{AP}$ der Punkte P</td></tr>
<tr><td>des einen Halbraums schließen mit $\vec{n}$ einen spitzen Winkel φ ein: 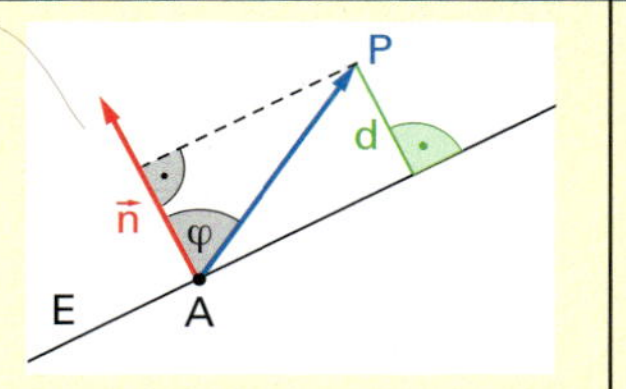</td><td>des anderen Halbraums schließen mit $\vec{n}$ einen stumpfen Winkel φ ein: 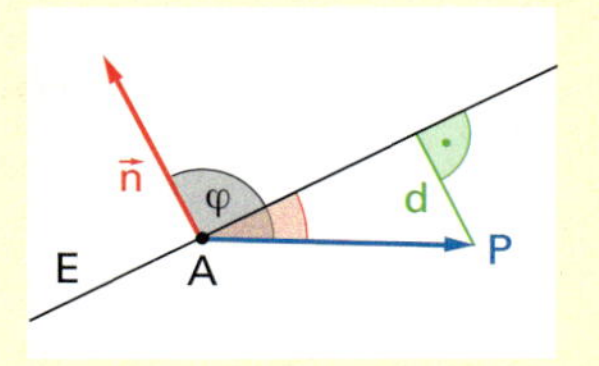</td></tr>
<tr><td colspan="2">Dann ist der Zahlenwert, der sich beim Einsetzen der Koordinaten eines Punktes P in die Normalenform der Ebene E ergibt $\vec{n} \circ (\vec{P} - \vec{A}) = \vec{n} \circ \overrightarrow{AP} = |\vec{n}| \cdot |\overrightarrow{AP}| \cdot \cos\varphi$</td></tr>
<tr><td>positiv.</td><td>negativ.</td></tr>
<tr><td>Für spitze Winkel φ ist $|\overrightarrow{AP}| \cdot \cos\varphi$ der Abstand $d(P, E)$ des Punktes P von E.

$\Rightarrow \quad \vec{n} \circ (\vec{P} - \vec{A}) = |\vec{n}| \cdot d(P, E)$</td><td>Für stumpfe Winkel φ ist
$d(P, E) = |\overrightarrow{AP}| \cdot \sin(\varphi - 90°)$
$= -|\overrightarrow{AP}| \cdot \sin(90° - \varphi)$
$= -|\overrightarrow{AP}| \cdot \cos\varphi$.
$\Rightarrow \quad \vec{n} \circ (\vec{P} - \vec{A}) = -|\vec{n}| \cdot d(P, E)$</td></tr>
</table>

Dividieren wir die Normalenform durch den Betrag des Normalenvektors, ergibt sich beim Einsetzen der Koordinaten des Punktes P, bis auf das Vorzeichen, der Abstand $d(P, E)$. Diese Form der Ebenengleichung wurde vom Königsberger Otto HESSE (1811–1874) eingeführt und nach ihm benannt.

Hesse'sche Normalenform HNF

$\frac{1}{|\vec{n}|}(n_1x_1 + n_2x_2 + n_3x_3 - c) = 0$ heißt Hesse'sche Normalenform der Ebene E.
Setzt man in die linke Seite der Hesse'schen Normalenform die Koordinaten eines Punktes P ein, so erhält man bis auf das Vorzeichen seinen Abstand $d(P, E)$ von der Ebene E:

$$d(P, E) = \left|\frac{1}{|\vec{n}|}(n_1p_1 + n_2p_2 + n_3p_3 - c)\right|$$

Beispiel: Abstand der Punkte $P(1|1|2)$ und $Q(-1|1|-2)$ von der Ebene
$E: 2x_1 - 3x_2 + 6x_3 - 4 = 0$

$|\vec{n}| = \sqrt{4 + 9 + 36} = 7 \quad \Rightarrow \quad$ HNF: $\frac{1}{7}(2x_1 - 3x_2 + 6x_3 - 4) = 0$

$d(P, E) = |\frac{1}{7}(2 \cdot 1 - 3 \cdot 1 + 6 \cdot 2 - 4)| = |\frac{1}{7} \cdot 7| = |1| = 1$

$d(Q, E) = |\frac{1}{7}(2 \cdot (-1) - 3 \cdot 1 + 6 \cdot (-2) - 4)| = |\frac{1}{7} \cdot (-21)| = |-3| = 3$

P und Q liegen in verschiedenen Halbräumen.

Die Hesse'sche Normalenform ist beim Bearbeiten vielfältiger Abstandsaufgaben hilfreich (Aufgaben 6 bis 11).

Aufgaben

1 Abstand eines Punktes von einer Geraden

Berechne den Abstand des Punktes P von der Geraden g.

a) g: $\vec{X} = \begin{pmatrix} 3 \\ 2 \\ 1 \end{pmatrix} + \lambda \cdot \begin{pmatrix} 1 \\ 2 \\ -2 \end{pmatrix}$; P(4|1|5)

b) g: $\vec{X} = \begin{pmatrix} 5 \\ 4 \\ 3 \end{pmatrix} + \lambda \cdot \begin{pmatrix} 0 \\ 2 \\ -1 \end{pmatrix}$; P(3|3|−4)

c) g: $\vec{X} = \begin{pmatrix} -3 \\ 3 \\ 1 \end{pmatrix} + \lambda \cdot \begin{pmatrix} 3 \\ -3 \\ 1 \end{pmatrix}$; P(7|−4|7)

d) g: $\vec{X} = \begin{pmatrix} -6 \\ 4 \\ -6 \end{pmatrix} + \lambda \cdot \begin{pmatrix} 3 \\ -2 \\ 2 \end{pmatrix}$; P(2|9|4)

2 Abstand paralleler Geraden

a) Beschreibe, wie man den Abstand d(P, g) eines Punktes P von einer Geraden g: $\vec{X} = \vec{A} + \lambda \cdot \vec{u}$ berechnen kann.

Wir interessieren uns für den Abstand d(g, h) zweier paralleler Geraden g und h.

b) Erläutere, wie sich diese Aufgabe auf den Fall a) zurückführen lässt.

c) Berechne den Abstand von g und h bzw. von j und l:

g: $\vec{X} = \begin{pmatrix} 1 \\ 2 \\ 3 \end{pmatrix} + \lambda \cdot \begin{pmatrix} 1 \\ -2 \\ 0 \end{pmatrix}$ h: $\vec{X} = \begin{pmatrix} 2 \\ 5 \\ 5 \end{pmatrix} + \mu \cdot \begin{pmatrix} -2 \\ 4 \\ 0 \end{pmatrix}$

j: $\vec{X} = \begin{pmatrix} 1 \\ 4 \\ 0 \end{pmatrix} + \rho \cdot \begin{pmatrix} 3 \\ 2 \\ -2 \end{pmatrix}$ l: $\vec{X} = \begin{pmatrix} 0 \\ 5 \\ 8 \end{pmatrix} + \sigma \cdot \begin{pmatrix} -6 \\ -4 \\ 4 \end{pmatrix}$

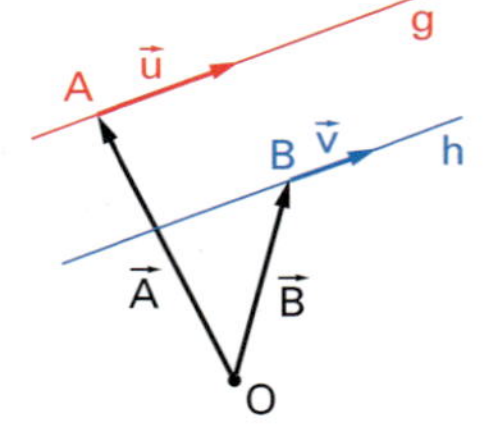

3 Flugrouten

Die x_1-Achse des kartesischen Koordinatensystems einer Flugüberwachung zeigt nach Osten, die x_2-Achse nach Norden, die x_3-Achse zum Zenit. Die Längeneinheit ist 1 km. Zwei Flugzeuge befinden sich auf geradlinigem Kurs. Ihre Routen werden beschrieben durch

$$f_1: \vec{X_1} = \begin{pmatrix} 10 \\ 15 \\ 8 \end{pmatrix} + t \cdot \begin{pmatrix} -10 \\ -15 \\ 0 \end{pmatrix} \quad \text{und} \quad f_2: \vec{X_2} = \begin{pmatrix} 1 \\ -18 \\ 10 \end{pmatrix} + t \cdot \begin{pmatrix} 8 \\ 12 \\ 0 \end{pmatrix},$$

wobei t die Zeit in Minuten ist.

a) Untersuche, wie die Flugrouten zueinander verlaufen. Beschreibe den Flug der Flugzeuge genauer.

b) Welche Flugstrecke legen die Flugzeuge jeweils in 1 Minute zurück?

c) Wie weit sind die Flugzeuge zur Zeit t = 0 Minuten voneinander entfernt? Wann ist die Entfernung der beiden Flugzeuge am kleinsten? Wie groß ist diese Entfernung?

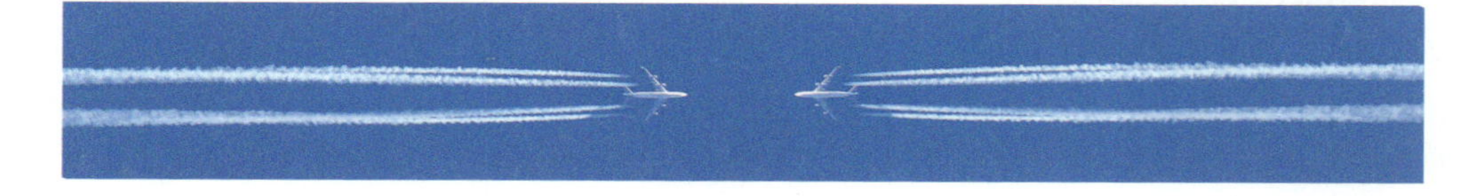

4 Lage von Punkten zu einer Ebene

Gegeben sind die Ebene E: $3x_2 + 4x_3 - 24 = 0$ und die Punkte $P(0|4|3)$, $Q(0|6|4)$, $R(0|6|6{,}5)$, $S(0|4|-2)$ und $T(0|2|2)$.

a) Setze die Koordinaten der Punkte in die linke Seite der Gleichung von E ein und vergleiche die sich ergebenden Werte. Die Ebene teilt den Raum in zwei Halbräume. Welche Punkte liegen vermutlich im gleichen Halbraum? Welche Punkte haben vermutlich den gleichen Abstand von der Ebene, welche einen anderen?

b) Gib die Spurpunkte von E an und zeichne ein Schrägbild von E.
Trage P, Q, R, S und T ein. Warum ist der Abstand eines dieser Punkte von E gleich seinem Abstand von der Spur der Ebene E mit der x_2x_3-Ebene? Miss die Abstände der Punkte von E.

c) Welcher Zusammenhang besteht vermutlich zwischen dem in a) berechneten Werten eines Punktes, seinem Abstand von E und dem Betrag des Normalenvektors $\vec{n}$ von E?

5 Abstand eines Punktes von einer Ebene

Berechne die Abstände der Punkte $O(0|0|0)$ und P von der Ebene E:

a) $P(3|4|5)$; $x_1 + 2x_2 + 2x_3 - 6 = 0$
b) $P(7|0|7)$; $2x_1 - x_2 - 2x_3 + 6 = 0$
c) $P(-1|1|-3)$; $4x_1 - 8x_2 + x_3 - 3 = 0$
d) $P(2|-1|3)$; $4x_1 - 4x_2 + 7x_3 + 3 = 0$
e) $P(1|4|-8)$; $x_1 + x_2 + x_3 - 3 = 0$
f) $P(1|-2|3)$; $x_1 - x_2 + x_3 = 0$
g) $P(1|-3|5)$; $x_1 - x_2 - 2 = 0$
h) $P(7|6|5)$; $x_3 - 7 = 0$

6 Abstand einer parallelen Geraden von einer Ebene

Zeige, dass die Gerade g parallel zur Ebene E ist. Wie kann man den Abstand der Geraden g von der Ebene E berechnen? Berechne d(g, E).

a) E: $x_1 + x_2 - x_3 + 3 = 0$

$$g: \vec{X} = \begin{pmatrix} 3 \\ 2 \\ -1 \end{pmatrix} + \lambda \cdot \begin{pmatrix} 1 \\ 1 \\ 2 \end{pmatrix}$$

b) E: $12x_1 + 16x_2 - 21x_3 - 29 = 0$

$$g: \vec{X} = \begin{pmatrix} 2 \\ -2 \\ 1 \end{pmatrix} + \lambda \cdot \begin{pmatrix} -4 \\ 3 \\ 0 \end{pmatrix}$$

7 Abstand windschiefer Geraden

Die beiden Geraden g und h sind windschief:

$$g: \vec{X} = \begin{pmatrix} 3 \\ -2 \\ 2 \end{pmatrix} + \lambda \cdot \begin{pmatrix} 2 \\ -1 \\ 2 \end{pmatrix}, \quad h: \vec{X} = \begin{pmatrix} 3 \\ 1 \\ 1 \end{pmatrix} + \mu \cdot \begin{pmatrix} 3 \\ -1 \\ 4 \end{pmatrix}$$

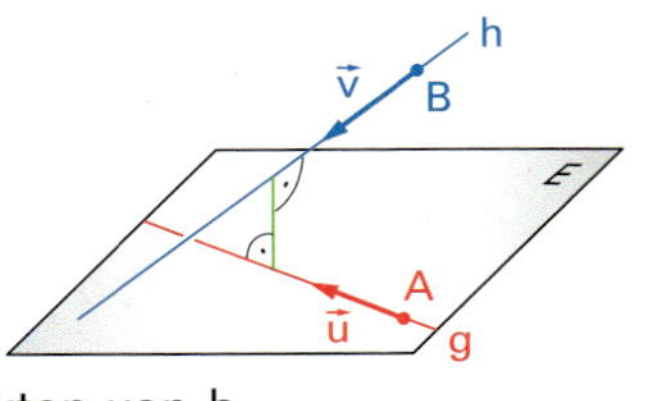

Wir suchen den Abstand d(g, h) der beiden windschiefen Geraden g und h, d. h. die Länge der kürzesten Verbindungsstrecke der Punkte von g mit den Punkten von h.

a) Berechne das Vektorprodukt der Richtungsvektoren von g und h.

b) Stelle die Normalenform einer Ebene E auf, die g enthält und parallel zu h ist. Berechne d(g, h) und begründe dein Vorgehen.

c) Bestimme den Abstand d(s, t) der beiden windschiefen Geraden.

$$s: \vec{X} = \begin{pmatrix} 3 \\ 7 \\ -3 \end{pmatrix} + \lambda \cdot \begin{pmatrix} 2 \\ 1 \\ 2 \end{pmatrix} \quad \text{und} \quad t: \vec{X} = \begin{pmatrix} -3 \\ -7 \\ 7 \end{pmatrix} + \mu \cdot \begin{pmatrix} 2 \\ 2 \\ 3 \end{pmatrix}$$

8 Lotfußpunkt und Spiegelpunkt

Vom Punkt P(7|9|4) soll das Lot auf die Ebene E: $x_1 + 2x_2 + 2x_3 - 6 = 0$ gefällt werden.

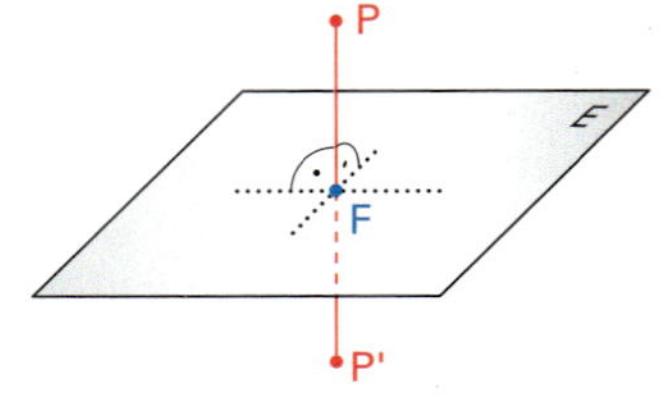

a) Gib den Richtungsvektor und die Gleichung der Lotgeraden an.

b) Berechne die Koordinaten des Lotfußpunktes F.

c) Berechne den Abstand des Punktes P von E.

d) P wird an der Ebene E gespiegelt. Welche Koordinaten hat der Spiegelpunkt P'?

9 Spiegelpunkt

P wird an der Ebene E gespiegelt. Bestimme den Spiegelpunkt P'.

a) $P(-3|7|-11)$; $3x_1 - 4x_2 + 12x_3 = 0$

b) $P(0|2|6)$; $3x_1 - 5x_3 - 4 = 0$

c) $P(0|8|-10)$; $x_1 + 2x_2 - 3x_3 - 4 = 0$

d) $P(0|0|0)$; $x_1 + x_2 + x_3 - 3 = 0$

e) $P(0|0|0)$; $x_1 + x_2 - 3 = 0$

f) $P(0|0|0)$; $x_1 - 3 = 0$

10 Gegenseitige Lage von Kugel und Ebene

Eine Ebene E hat mit einer Kugel K entweder genau einen Punkt B oder einen Kreis k oder keinen Punkt gemeinsam.

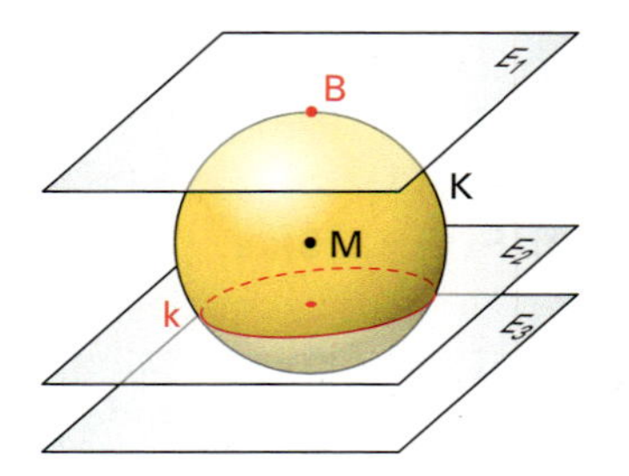

a) Wie kann man entscheiden welcher Fall vorliegt, wenn eine Normalenform von E sowie der Mittelpunkt M und der Radius R von K bekannt sind?

Welcher Fall liegt für die Kugel K: $x_1^2 + x_2^2 + x_3^2 = 1$ und die folgende Ebene E vor?

b) E: $2x_1 - 3x_2 + 6x_3 + 8 = 0$

c) E: $2x_1 - 3x_2 + 6x_3 - 7 = 0$

d) E: $2x_1 - 3x_2 + 6x_3 + 6 = 0$

e) E: $2x_1 - 3x_2 + 6x_3 = 0$

11 Der Schnittkreis einer Kugel mit einer Ebene

Einen schräg im Raum liegenden Kreis durch eine Parametergleichung zu beschreiben, ist für uns zu kompliziert. Wir sind aber in der Lage, den Radius r und den Mittelpunkt M_k eines Schnittkreises k zu bestimmen.

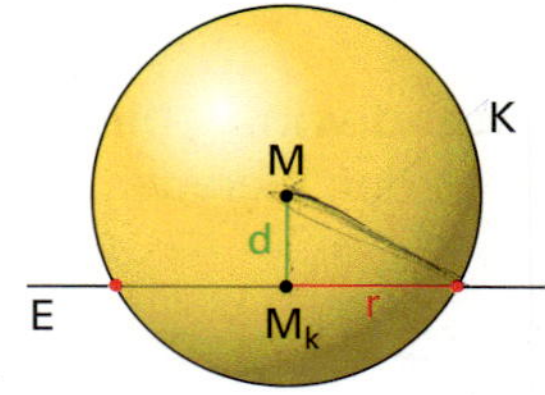

Gegeben sind eine Kugel K mit dem Mittelpunkt M(1|2|3) und dem Radius R = 5 und die Ebene E: $2x_1 - 2x_2 + x_3 + 8 = 0$.

a) Warum schneidet die Ebene E die Kugel K?

b) Berechne mithilfe von R und dem Abstand d(M, E) des Mittelpunkts M von der Ebene E den Radius r des Schnittkreises k.

c) Bestimme die Gleichung der Lotgeraden von M auf E. Berechne die Koordinaten des Mittelpunkts M_k des Schnittkreises.

Löse die Aufgaben a) bis c) für

d) K: $(x_1 - 2)^2 + (x_2 + 1)^2 + (x_3 - 1)^2 = 169$ und E: $x_1 - 2x_2 + 2x_3 + 30 = 0$.

e) K: $x_1^2 + x_2^2 + x_3^2 = 156{,}25$ und E: $3x_1 - 4x_2 - 50 = 0$.

Training der Grundkenntnisse

12 Spiegelung eines Punktes an einer Geraden

Gegeben sind die Punkte $A(2|4|-2)$, $B(1|2|-1)$ und $P(1|-4|-1)$.

a) Berechne die Koordinaten des Fußpunkts F des Lots von P auf die Gerade AB.

b) Wie kann man die Koordinaten des Spiegelpunkts von P bei Spiegelung an der Geraden AB berechnen? Führe die Rechnung aus.

c) Gegeben seien die Eckpunkte eines Dreiecks ABC, das sich durch einen Punkt D zu einem Drachenviereck ergänzen lässt. Beschreibe die Schritte zur Berechnung der Koordinaten von D.

13 Grundwissen: Flächeninhalt des Dreiecks

Berechne den Flächeninhalt des Dreiecks ABC:

a) $A(1|2|3)$, $B(2|4|3)$, $C(2|2|6)$

b) $A(2|-3|1)$, $B(1|0|1)$, $C(1|-3|5)$

14 Grundwissen: Pyramidenvolumen

Die Vektoren $\vec{a}$, $\vec{b}$ und $\vec{c}$ spannen eine dreiseitige Pyramide auf.

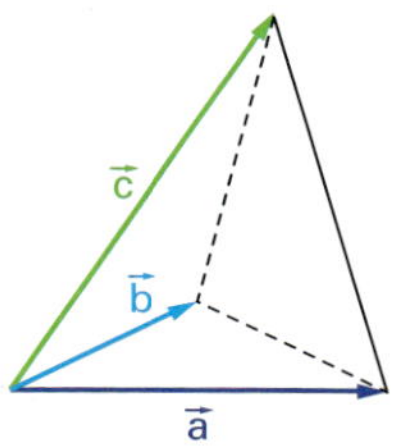

a) Berechne das Volumen der dreiseitigen Pyramide ABCS mit $A(1|2|3)$, $B(3|1|2)$, $C(2|3|1)$ und $S(3|3|3)$.

b) Eine dreiseitige Pyramide hat die Grundfläche $P(0|3|0)$, $Q(7|4|5)$, $R(1|1|0)$ und die Spitze $S(0{,}5|2|4)$. Berechne die Höhe der Pyramide.

15 Winkel an einer Pyramide

Eine vierseitige Pyramide hat die Grundfläche $A(2|-2|0)$, $B(2|2|0)$, $C(-2|2|0)$, $D(-2|-2|0)$ und die Spitze $S(0|0|5)$.

a) Zeichne die Pyramide in ein räumliches Koordinatensystem.

b) Berechne zunächst mit elementarer Trigonometrie und dann mithilfe der Vektorrechnung den Winkel zwischen Grund- und Seitenfläche sowie zwischen Seitenkante und Grundfläche.

c) Berechne den Winkel zwischen zwei Seitenflächen.

d) Welches Volumen hat die Pyramide?

16 Grundwissen: Besonderes Viereck

a) Weise nach, dass die vier Punkte $A(-2|8|0)$, $B(0|0|-2)$, $C(1|2|0)$ und $D(0|6|1)$ in einer Ebene E liegen und bestimme eine Gleichung der Ebene E in Normalenform.

b) Richtig oder falsch? Das Viereck ABCD

A) hat zwei parallele Seiten

B) hat zwei gleich lange Seiten

C) ist ein Parallelogramm

D) ist ein gleichschenkliges Trapez.

c) Berechne die Koordinaten des Diagonalenschnittpunktes M.

d) Berechne den Abstand d des Punktes D von der Geraden AB.

e) Berechne den Flächeninhalt des Vierecks ABCD.

10 Anwendungen der Geometrie im Raum

10.1 Modelle realer Situationen

Flugsicherung

Ein Flugzeug befindet sich nach dem Start im Steigflug Richtung Nordost. Sein Gewinn an Höhe, seine „Steigrate“, beträgt 30 Meter pro Sekunde, seine Geschwindigkeit 90 $\frac{m}{s}$. Den Flug beschreiben wir in einem Koordinatensystem mit der Einheit Meter, dessen Ursprung der Fuß des Towers ist. Die x_1-Achse zeige nach Osten, die x_2-Achse nach Norden. Das Flugzeug hebt zur Zeit $t = 0$ Sekunden vom Punkt $A(0|-200|0)$ ab. 20 Sekunden später entdeckt der Fluglotse mehrere Kraniche am Ort $K(4800|5800|2400)$, die sich mit der gleich bleibenden Geschwindigkeit von 15 $\frac{m}{s}$ in einer konstanten Höhe von 2400 m in südliche Richtung bewegen. Zusammenstöße von Flugzeugen mit Vögeln bringen erhebliche Gefahren mit sich. Muss der Lotse den Startvorgang abbrechen?

Die Flugrichtung Nordost bedeutet, dass die x_1- und die x_2-Koordinate des Richtungsvektors des Steigflugs gleich sind. Wir setzen an:

$$\vec{X} = \begin{pmatrix} 0 \\ -200 \\ 0 \end{pmatrix} + t \cdot \begin{pmatrix} a \\ a \\ 30 \end{pmatrix}$$

Pro Sekunde legt das Flugzeug eine Strecke von $\left|\begin{pmatrix} a \\ a \\ 30 \end{pmatrix}\right| = \sqrt{2a^2 + 900}$ zurück. Mithilfe der bekannten Fluggeschwindigkeit von 90 $\frac{m}{s}$ berechnen wir a:

$$\sqrt{2a^2 + 900} = 90 \quad \Rightarrow \quad 2a^2 = 7200 \quad \Rightarrow \quad a = 60$$

$$\vec{X} = \begin{pmatrix} 10 \\ -200 \\ 0 \end{pmatrix} + t \cdot \begin{pmatrix} 60 \\ 60 \\ 30 \end{pmatrix} \qquad \text{(\textit{Flugroute des Flugzeugs})}$$

Da das Flugzeug um 30 Meter pro Sekunde steigt, befände es sich nach 80 Sekunden in der Flughöhe der Kraniche von 2400 m. Setzen wir $t = 80$ in die Gleichung der Flugroute ein, erhalten wir den Punkt $F(4800|4600|2400)$.

Als Stützpunkt der Flugroute der Kraniche nehmen wir K. In diesem befinden sich die Vögel zum Zeitpunkt $t = 20$ Sekunden. Als Parameter nehmen wir deshalb $(t - 20)$. Sie fliegen mit der Geschwindigkeit 15 $\frac{m}{s}$ in südliche Richtung. Also:

$$\vec{X} = \begin{pmatrix} 4800 \\ 5800 \\ 2400 \end{pmatrix} + (t - 20) \cdot \begin{pmatrix} 0 \\ -15 \\ 0 \end{pmatrix} \qquad \text{(\textit{Flugroute der Kraniche})}$$

Zur Zeit $t = 80$ Sekunden befänden sich die Vögel am Ort $V(4800|4900|2400)$, d. h. 300 m nördlich vom Ort F des Flugzeugs entfernt. Die Kraniche passieren sogar die gleiche Stelle F wie das Flugzeug, aber erst zur Zeit $t = 100$ Sekunden, also 20 Sekunden später. Der Fluglotse muss den Startvorgang nicht abbrechen.

Die Sonnenuhr von Peking

Bei Sonnenuhren ist der *schattenwerfende Stab parallel zur Erdachse* ausgerichtet. Das Zifferblatt kann vertikal oder horizontal verlaufen oder parallel zur Äquatorebene sein. Das folgende Beispiel setzt die vorherige Bearbeitung von Aufgabe 3 voraus. Das Foto auf Seite 127 zeigt eine *Sonnenuhr in Peking*. Ihr Stab durchdringt senkrecht ein Zifferblatt, von dessen Dicke wir zur Vereinfachung absehen. Das Zifferblatt hat auf beiden Seiten eine Skala. Der Stab ist parallel zur Erdachse orientiert. Also ist die Ebene Z, in der das Zifferblatt liegt, parallel zur Ebene des Äquators. Man nennt eine solche Sonnenuhr deshalb auch **Äquatorialuhr**.

Wir betrachten die Sonnenuhr in einem Koordinatensystem mit der Einheit cm, dessen Ursprung der Durchstoßpunkt des Stabes mit der Ebene Z ist. Die x_1-Achse zeige nach Westen, die x_2-Achse nach Süden und die x_3-Achse zum Zenit. Die x_1x_2-Ebene verläuft also horizontal. Ein Pekinger Astronom stellt fest, dass die Ebene Z in diesem Koordinatensystem die Gleichung $25x_2 - 21x_3 = 0$ hat.

<u>*Geographische Breite φ von Peking*</u>

Diese Information über Z genügt, um die geografische Breite φ von Peking zu berechnen.
Aus der Zeichnung entnehmen wir, dass die Zifferblattebene Z unter dem Winkel $90° - \varphi$ zur x_1x_2-Ebene geneigt ist. Dieser Winkel ist gleich dem Winkel zwischen den Normalenvektoren der beiden Ebenen:

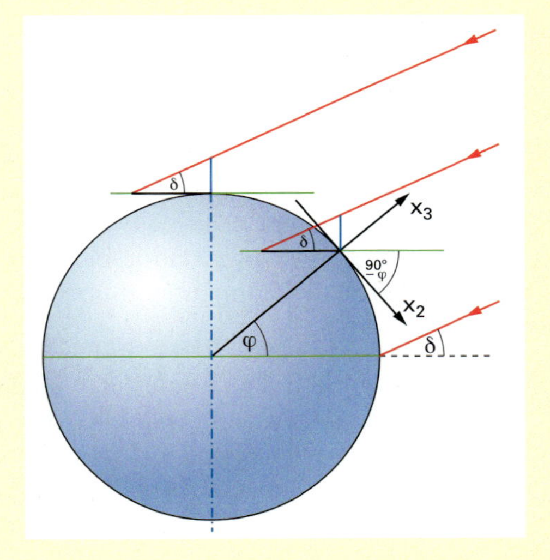

$$\cos(90° - \varphi) = \left| \frac{\begin{pmatrix} 0 \\ 25 \\ -21 \end{pmatrix} \circ \begin{pmatrix} 0 \\ 0 \\ 1 \end{pmatrix}}{\sqrt{25^2 + 21^2} \cdot 1} \right| = \frac{21}{\sqrt{1066}} = 0{,}643$$

$$\Rightarrow \quad 90° - \varphi = 50{,}0° \quad \Rightarrow \quad \varphi = 40{,}0°$$

Die Zifferblattebene Z schließt mit der horizontalen x_1x_2-Ebene einen Winkel von 50° ein. Peking liegt also auf dem 40. Breitengrad.

<u>*Die Zifferblätter*</u>

Der Pekinger Astronom stellt fest, dass Sonnenstrahlen am 21. Juni um 6.00 Uhr, 12.00 Uhr und 18.00 Uhr Ortszeit in Richtung der Vektoren

$$\vec{u_6} = \begin{pmatrix} 18 \\ 6 \\ -5 \end{pmatrix}, \quad \vec{u_{12}} = \begin{pmatrix} 0 \\ -8 \\ -27 \end{pmatrix} \quad \text{und} \quad \vec{u_{18}} = \begin{pmatrix} -18 \\ 6 \\ -5 \end{pmatrix} \quad \text{einfallen.}$$

- Wir interessieren uns für die Winkel α_6, α_{12} und α_{18}, unter denen die Sonnenstrahlen auf die horizontale x_1x_2-Ebene treffen:

$$\cos(90° - \alpha_6) = \left| \frac{\begin{pmatrix} 18 \\ 6 \\ -5 \end{pmatrix} \circ \begin{pmatrix} 0 \\ 0 \\ 1 \end{pmatrix}}{\sqrt{385} \cdot 1} \right| = \frac{5}{\sqrt{385}} \quad \Rightarrow \quad 90° - \alpha_6 = 75{,}2° \quad \Rightarrow \quad \alpha_6 = 14{,}8°$$

Analog erhält man $\alpha_{12} = 73{,}5°$ und $\alpha_{18} = 14{,}8°$.

Das bedeutet: Die Sonne steht um 6 Uhr schon 15° über dem Horizont. Bis 12 Uhr steigt die Höhe der Sonne über dem Horizont auf 73,5° an und nimmt dann bis 18 Uhr wieder auf 15° ab. Ein Gegenstand wirft deshalb um 6 Uhr einen sehr langen Schatten. Dessen Länge nimmt bis 12 Uhr ab und dann bis 18 Uhr wieder zu.

- Wir interessieren uns für die Winkel δ_6, δ_{12} und δ_{18}, unter denen die Sonnenstrahlen auf das obere Zifferblatt treffen:

$$\cos(90° - \delta_6) = \left| \frac{\begin{pmatrix} 18 \\ 6 \\ -5 \end{pmatrix} \circ \begin{pmatrix} 0 \\ 25 \\ -21 \end{pmatrix}}{\sqrt{385} \cdot \sqrt{1066}} \right| = \frac{255}{\sqrt{385} \cdot \sqrt{1066}} \Rightarrow 90° - \delta_6 = 66{,}5° \Rightarrow \delta_6 = 23{,}5°$$

Analog erhält man $\delta_{12} = 23{,}5°$ und $\delta_{18} = 23{,}5°$.

Das bedeutet: Die Sonnenstrahlen treffen um 6 Uhr, um 12 Uhr und um 18 Uhr unter dem gleichen Winkel von 23,5° auf das obere Zifferblatt. Das überrascht. Welchen Grund gibt es dafür?
Sonnenstrahlen sind parallel. Zu einem bestimmten Zeitpunkt treffen sie überall unter der gleichen Richtung auf die Erde. Die Äquatorialuhr in Peking wird deshalb genau so beleuchtet wie die Äquatorialuhr am Nordpol (Aufgabe 3): Die Uhr in Peking ist eine vom Nordpol nach Peking „parallel verschobene" Äquatorialuhr. Am Nordpol läuft die Sonne während eines Tages (näherungsweise) in der gleichen Höhe über dem Horizont um. Die Sonnenstrahlen treffen dort den ganzen Tag über unter dem gleichen Winkel auf die Erdoberfläche. Deshalb ändert sich auch die Sonnenhöhe über der Zifferblattebene Z in Peking nicht.

- *Länge des Schattens am 21. Juni*

Der Stab ist ungefähr $l = 33$ cm lang. Da die Sonnenstrahlen während des ganzen Tages unter dem gleichen Winkel $\delta = 23{,}5°$ auf die Ebene Z des Zifferblatts fallen, ist der Schatten ständig gleich lang. Für seine Länge s entnehmen wir der Zeichnung:

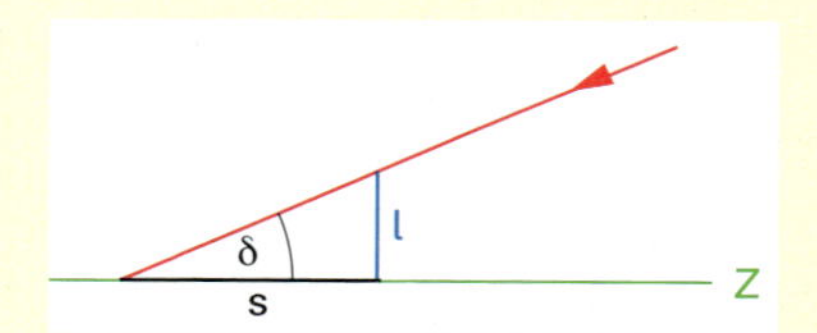

$$\tan\delta = \frac{l}{s}$$
$$\Rightarrow \quad s = \frac{l}{\tan\delta} = \frac{33\,\text{cm}}{\tan 23{,}5°} \approx 76\,\text{cm}$$

Der Schatten des Stabs wäre etwa 76 cm lang, wenn das Zifferblatt groß genug wäre.

- Im weiteren Verlauf des Jahres nimmt die Sonnenhöhe ab. Am 23. September verlaufen die Sonnenstrahlen parallel zur Z-Ebene. Nach diesem Zeitpunkt fallen die Sonnenstrahlen auf das untere Zifferblatt. Im Sommerhalbjahr wird das obere Zifferblatt beleuchtet, im Winterhalbjahr das untere. Das Foto auf Seite 127 zeigt die Sonnenuhr also an einem Tag im Winterhalbjahr um etwa 12 Uhr.

Aufgaben

1 **Landeanflug ohne und mit Seitenwind**

Die x_1-Achse eines Koordinatensystems mit der Einheit Meter zeigt nach Osten, die x_2-Achse nach Norden. In der x_1x_2-Ebene befindet sich ein Sportflugplatz. Am Ort A(300|100|0) steht der 30 m hohe Tower. Den Landeanflug einer Cessna in Abhängigkeit von der Zeit t in Sekunden beschreibt

$$\vec{X} = \begin{pmatrix} 360 \\ 280 \\ 45 \end{pmatrix} + t \cdot \begin{pmatrix} -24 \\ -12 \\ -3 \end{pmatrix}.$$

a) Wie groß ist die Sinkrate? Welche Geschwindigkeit hat die Cessna?

b) Wann und wo setzt sie auf die Landebahn auf? Beim Aufsetzen sollte dieser Winkel höchstens 4° betragen. Gibt es eine weiche oder eine harte Landung?

c) Wann und in welcher Höhe ist die Entfernung der Cessna von der Spitze des Towers am kleinsten? Berechne die minimale Entfernung.

Nun wehe seit t = 0 Sekunden ein Seitenwind, der die Cessna pro Sekunde um $\begin{pmatrix} 4 \\ -8 \\ 0 \end{pmatrix}$ aus ihrer ursprünglichen Richtung abtreibt.

d) Wann und wo landet die Cessna dann? Wie weit ist dieser Ort vom Landepunkt ohne Seitenwind entfernt?

2 **Flugsicherung**

Eine Radarstation sei der Ursprung eines Koordinatensystems. Die x_1-Achse zeige nach Osten, die x_2-Achse nach Norden. Die Längeneinheit ist 1 km. Das zurzeit größte Passagierfugzeug ist der Airbus A-380 und das größte Frachtflugzeug die Antonow An-225. Die Radarstation erfasst gleichzeitig von jedem der beiden Typen ein Flugzeug. Um 12.00 Uhr den Airbus am Ort A(−3|0|10), die Antonow am Ort P(10|9|9) und 1 Minute später den Airbus am Ort B(6|12|10), die Antonow am Ort Q(17,5|19|9). Beide Flugzeuge fliegen längs zweier Geraden mit gleich bleibender Geschwindigkeit.

a) Stelle für die Flugzeuge die Gleichungen für die Orte $\vec{X}_{Airbus}$ und $\vec{X}_{Antonow}$ in Abhängigkeit von der Zeit t in Minuten auf, die seit 12.00 Uhr verstrichen ist.

b) Beschreibe den Verlauf der Flugbahnen im Koordinatensystem und zueinander.

c) Wie weit sind die Flugzeuge zur Zeit t = 0 Minuten voneinander entfernt? Wann ist die Entfernung am kleinsten? Berechne diesen Wert.

d) Die Radarstation erfasst die Flugobjekte in einen Luftraum bis zu einer Entfernung von etwa 150 km. Wann trat der Airbus ungefähr in den von der Radarstation überwachten Luftraum ein, Wann verließ er ihn wieder?

3 Eine Sonnenuhr am Nordpol

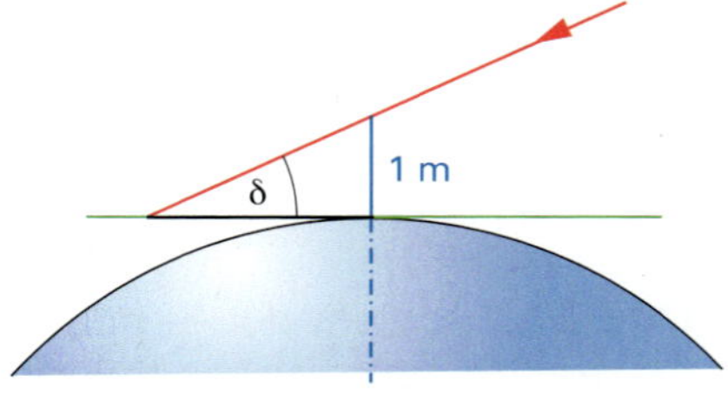

Am Nordpol ist ein halbes Jahr lang Tag und ein halbes Jahr lang Nacht. Am 21. März geht die Sonne auf, erreicht am 21. Juni ihren höchsten Stand und geht am 23. September wieder unter. Während eines Tages ändert sich die Sonnenhöhe nur unmerklich.

Am Nordpol steht eine Sonnenuhr mit einem horizontalen Zifferblatt. Dieses liegt in der x_1x_2-Ebene eines Koordinatensystems, dessen x_1-Achse in die Richtung zeigt, über der um 6.00 Uhr die Sonne steht. Ein 1 m langer Stab ist im Ursprung befestigt und endet im Punkt P(0|0|1).

a) Die x_3-Achse zeigt in Richtung der Erdachse. In welche Himmelsrichtung zeigen die x_1- und die x_2-Achse?

Am 21. Juni fallen um 6.00 Uhr Sonnenstrahlen in Richtung $\begin{pmatrix} -23 \\ 0 \\ -10 \end{pmatrix}$ ein.

b) Berechne den Winkel δ_{max}, unter dem die Sonne über dem Horizont steht.

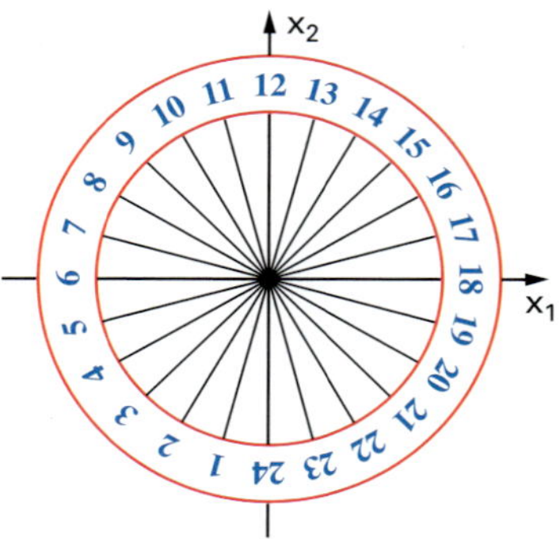

c) Wie lang ist der Schatten des Stabes? Warum ändert sich die Länge des Schattens während des Tages nicht?

d) Die Abbildung zeigt das Zifferblatt der Sonnenuhr. Begründe, wie es aufgebaut ist.

e) Die Tage des Jahres seien von 1 bis 365 „nummeriert" und t sei die „Nummer" des Tages: Z. B. beschreibt $0 < t \leq 1$ den 1. Januar, $79 < t \leq 80$ den 21. März, usw. Für die „Sonnenhöhe" $\delta(t)$ gilt näherungsweise: $\delta(t) = \delta_{max} \cdot \sin\left(\frac{360°}{365}(t - 80)\right)$. Beschreibe, wie sich die Sonnenhöhe im Verlauf eines Jahres verhält. An welchem Tag ist der Schatten des Stabs 5,0 m lang?

4 Die Sonnenuhr von Schefflenz

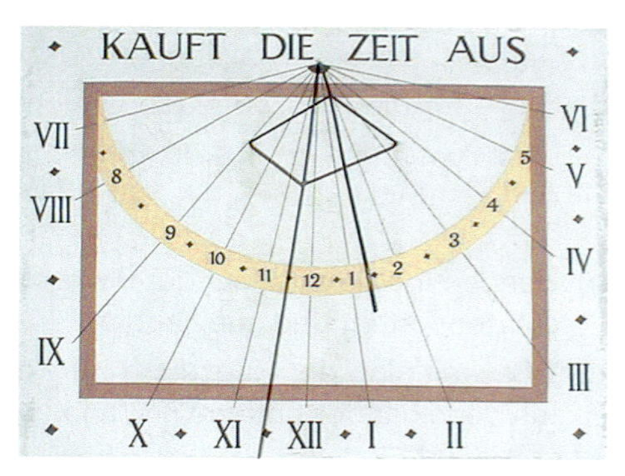

Das Foto zeigt das Zifferblatt der Sonnenuhr an der Südwand der Kirche von Schefflenz im Odenwald. Wir betrachten die Sonnenuhr in einem Koordinatensystem mit der Einheit m, in dessen x_1x_3-Ebene das Zifferblatt Z liegt. Die x_1-Achse zeige nach Westen, die x_2-Achse nach Süden und die x_3-Achse zum Zenit. Der zur Erdachse parallele Stab ist im Ursprung befestigt und endet im Punkt S(0|0,78|−0,91). (Runde Ergebnisse jeweils auf cm genau.)

a) Lege ein Koordinatensystem an (1 cm ≙ 0,5 m) und trage den Stab ein. Wie lang ist der Stab?

b) Bei einer Sonnenuhr mit einem vertikalen Zifferblatt Z ist der Stab unter $90° - \varphi$ gegenüber Z geneigt, wobei φ die geographische Breite des Ortes ist. Berechne die geographische Breite von Schefflenz.

Am 21. März fallen zur Ortszeit 6.00 Uhr, 8.00 Uhr, …, 18.00 Uhr Sonnenstrahlen in Richtung der folgenden Vektoren ein:

$\vec{u_6} = \begin{pmatrix} 1 \\ 0 \\ 0 \end{pmatrix}$, $\vec{u_8} = \begin{pmatrix} 0{,}87 \\ -0{,}38 \\ -0{,}33 \end{pmatrix}$, $\vec{u_{10}} = \begin{pmatrix} 0{,}50 \\ -0{,}66 \\ -0{,}57 \end{pmatrix}$, $\vec{u_{12}} = \begin{pmatrix} 0 \\ -0{,}76 \\ -0{,}65 \end{pmatrix}$, $\vec{u_{14}} = \begin{pmatrix} -0{,}50 \\ -0{,}66 \\ -0{,}57 \end{pmatrix}$, $\vec{u_{16}} = \begin{pmatrix} -0{,}87 \\ -0{,}38 \\ -0{,}33 \end{pmatrix}$

c) Beschreibe den Verlauf der Sonne am 21. März. Berechne dazu, um wie viel Grad die Sonne um 6, 8, …, 18 Uhr jeweils über dem Horizont steht.

d) Berechne den Ort des Schattens, den das Stabende S wirft, für 8, 10, 12, 14 und 16 Uhr. Trage die Punkte und die zugehörigen Schatten des Stabes in das Koordinatensystem ein. Was fällt dabei auf?

e) Der Sonnenaufgang ist für das Christentum das Symbol für die Auferstehung. Deshalb hat man im Mittelalter Kirchen in Ost-West-Richtung mit dem Altar im Osten gebaut. Verläuft die Kirche von Schefflenz genau in Ost-West-Richtung?

f) Stelle eine Koordinatenform der Ebene E auf, die durch S geht und auf dem Stab senkrecht steht. Wie verläuft E zur Äquatorebene?
Bestimme eine Gleichung g der Schnittgeraden der Ebene E mit der Zifferblattebene Z. Zeige, dass die in d) berechneten Schattenpunkte auf g liegen.

5 Der ungleichmäßige Lauf der Sonnenuhr

Eine Sonnenuhr zeige am 1. September 12 Uhr an. Stellt man eine digitale Armbanduhr ebenfalls auf 12 Uhr, beginnt die Sonnenuhr im Verlauf der nächsten Tage vorzugehen. Die rote Kurve der Abbildung gibt die Zeitabweichung ΔT in Minuten in Abhängigkeit von den Tagen des Jahres an.

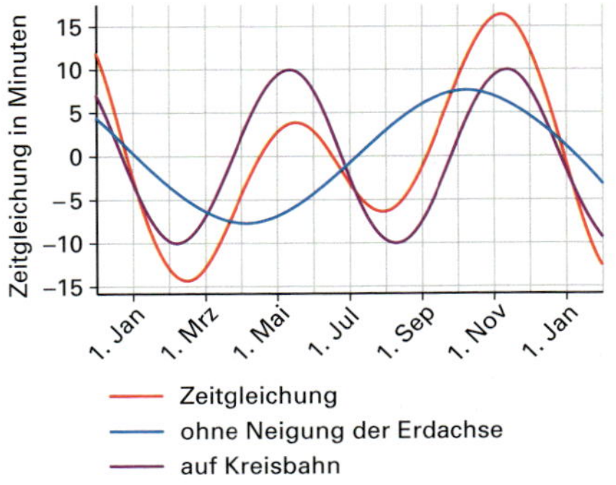

Zeitgleichung: wahre Ortszeit - mittlere Ortszeit

a) Wann und wie viele Minuten geht die Sonnenuhr am meisten vor, wann und wie viele Minuten am meisten nach?

Die Sonnenuhr läuft nicht ständig gleich schnell. Dafür gibt es zwei Ursachen: die elliptische Form der Erdbahn (blaue Kurve, ΔT_1) und die Neigung der Erdachse (violette Kurve, ΔT_2). t sei die „Nummer" des Tages eines Nichtschaltjahres. Am 4. Juli (am 185. Tag) ist $\Delta T_1 = 0$, am 21. März (am 80. Tag) ist $\Delta T_2 = 0$.

b) Stelle die *Zeitgleichung* auf, welche die Zeitabweichung $\Delta T = \Delta T_1 + \Delta T_2$ in Abhängigkeit von t beschreibt. Überprüfe damit die grafisch ermittelten Werte von a).

c) Erläutere anhand des Diagramms, dass das Integral $\overline{\Delta T} = \frac{1}{365} \int_0^{365} \Delta T \, dt$ die mittlere Zeitabweichung liefert. Zeige: $\overline{\Delta T} = 0$. Was würde es bedeuten, wenn das nicht der Fall wäre und $\overline{\Delta T}$ z. B. 10 Sekunden betrüge?

6 **Licht und Schatten**

Ein Einfamilienhaus mit einer rechteckigen Grundfläche ist 10 m lang und 8 m breit. Bis zur Traufe (bis zum Dachansatz) beträgt die Höhe 6 m, bis zum First 9 m. Das Satteldach besteht aus zwei zueinander kongruenten Rechtecken. Die angrenzende Garage ist 6 m lang, 4 m breit und 3 m hoch. Auf ihrem Flachdach befindet sich eine Terrasse.

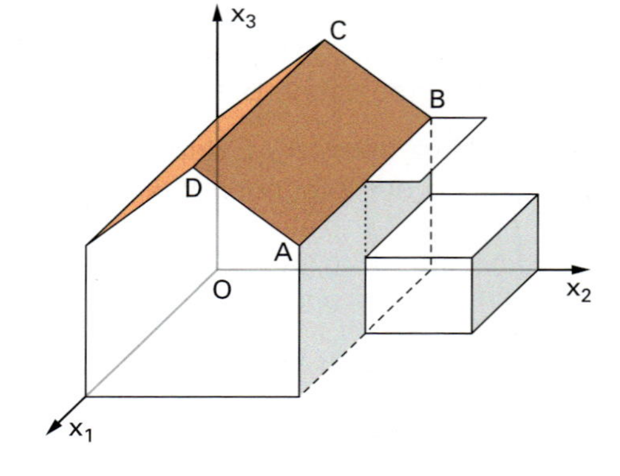

Wir passen ein kartesisches Koordinatensystem der Lage des Hauses an: Die x_1-Achse zeigt nach Osten, die x_2-Achse nach Norden.

a) Berechne den Flächeninhalt des Dachs. Welchen Winkel schließen die beiden Dachflächen miteinander ein?

Am 15. August fallen um 12 Uhr Ortszeit Sonnenstrahlen in Richtung des Vektors $\vec{r} = \begin{pmatrix} 0 \\ 3 \\ -4 \end{pmatrix}$ ein.

b) Begründe, dass die Schattengrenze auf der Terrasse durch den Dachansatz AB und nicht durch den Dachfirst CD entsteht.
Wie viel Prozent der Terrassenfläche befinden sich im Schatten?

c) Beschreibe qualitativ, wie sich der Schatten auf der Terrasse im weiteren Verlauf des Tages ändert.

d) Am Dachansatz AB ist eine Markise so angebracht, dass sie parallel zur Terrassenfläche ausgefahren werden kann.
Wie weit muss man die Markise mindestens ausfahren, damit sich die gesamte Terrasse um 12 Uhr im Schatten befindet?

7 **Silbermine** (nach Abitur 2009)

In einem kartesischen Koordinatensystem sind die Punkte $A(2|-2|0{,}5)$, $B(0|-8|0)$, $C(4|0|0)$ und die Ebene $F: x_1 + x_2 + 2x_3 - 4 = 0$ gegeben.

a) A, B und C legen eine Ebene E fest. Stelle eine Normalenform von E auf.
(Mögliches Ergebnis: $2x_1 - x_2 + 4x_3 - 8 = 0$)

b) Bestätige, dass die Gerade

$$s: \vec{X} = \begin{pmatrix} 4 \\ 0 \\ 0 \end{pmatrix} + \sigma \cdot \begin{pmatrix} -2 \\ 0 \\ 1 \end{pmatrix}$$

die Schnittgerade der Ebenen E und F ist.
Wie verläuft s im Koordinatensystem?

c) Bestimme die Spurpunkte der Ebenen E und F sowie der Geraden s.
Zeichne die Gerade s und die Spuren der Ebenen E und F in ein Koordinatensystem ein.

In einem Geländemodell liegen die Hänge eines Bergrückens in den Ebenen E und F. Der Grat dieses Bergrückens wird von einem Teil der Geraden s gebildet. Die x_1-Achse zeigt nach Süden, die x_2-Achse nach Osten. Der Berg enthält Silber. Zum Abbau dieses Edelmetalls wird vom Punkt A ein Stollen parallel zur x_1x_2-Ebene in Ostrichtung bis zur Ebene F gebohrt.

d) Ermittle die Koordinaten des Stollenausgangs A' im Geländemodell und die Länge des Stollens.

e) Vom Punkt $P(2|p_2|p_3)$ der Geraden BC soll in der Ebene E eine geradlinige Zufahrtsstraße zum Stolleneingang A angelegt werden.
Berechne die Koordinaten von P.
Begründe, dass diese Zufahrt [PA] bergauf und genau von Westen nach Osten verläuft. Wie lang ist [PA]?
Berechne für die Zufahrtsstraße den Winkel unter dem sie gegen die Horizontale ansteigt.

f) Für den Abtransport des silberhaltigen Gesteins soll ein Aufzug gebaut werden, der auf dem kürzesten Weg vom Stolleneingang A zur Geraden BC führt.
Berechne die Koordinaten des zugehörigen Punktes L von BC.
Wie lang ist [LA]? Unter welchem Winkel ist [LA] zur Horizontalen geneigt?

8 Das Reflexionsgesetz

Das Reflexionsgesetz besagt:

- Einfallender Strahl, Einfallslot und reflektierter Strahl liegen in einer Ebene.
- Der Einfallswinkel α ist gleich dem Reflexionswinkel α'.

Wir betrachten dazu das rechts in einem Koordinatensystem dargestellte Beispiel: Von der Lichtquelle $L(0|0|4)$ fällt in Richtung des Vektors $\vec{u} = \begin{pmatrix} 1 \\ 2 \\ -2 \end{pmatrix}$ ein Lichtstrahl auf die verspiegelte x_1x_2-Ebene.

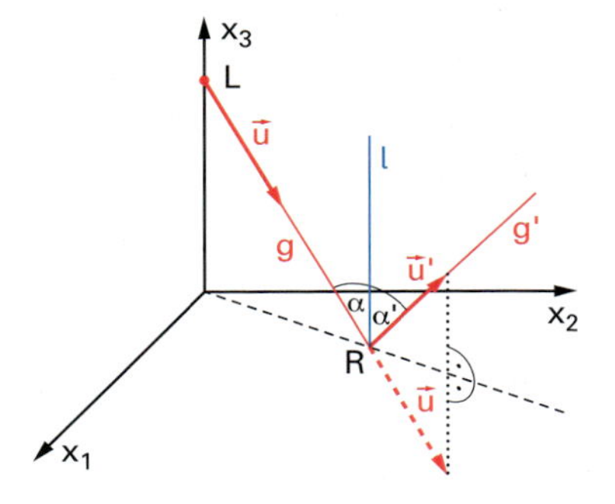

a) Gib die Gleichung der Geraden g an, auf welcher der einfallende Strahl verläuft.
Berechne die Koordinaten des Reflexionspunktes R.

b) Gib den Vektor $\vec{u'}$ an, der durch Spiegelung von $\vec{u}$ an der x_1x_2-Ebene entsteht.
Wie lautet eine Gleichung der Geraden g', die durch R geht und in Richtung von $\vec{u'}$ verläuft?

c) Wir wollen nachweisen, dass der reflektierte Strahl auf g' liegt.
Zeige zunächst, dass die Gerade g, die Lotgerade l zur x_1x_2-Ebene durch R und die Gerade g' in einer Ebene liegen.
Rechne dann nach, dass der Winkel α zwischen g und l gleich dem Winkel α' zwischen g' und l ist.

d) Begründe elementargeometrisch, dass allgemein die Spiegelung des Richtungsvektors des einfallenden Strahls an der reflektierenden Ebene einen Richtungsvektor des reflektierten Strahls liefert.

9 Der Farbraum*

Durch die drei Grundfarben Rot (r), Grün (g) und Blau (b) kann man fast jeden Farbeindruck erzeugen. Bezeichnet man den maximalen Rot-, Grün- und Blaureiz jeweils mit 1 = 100 %, so wird jede Farbe durch einen Farbvektor $\vec{F} = \begin{pmatrix} r \\ g \\ b \end{pmatrix}$ beschrieben, wobei die Farbanteile r, g und b jeweils zwischen 0 und 1 liegen. Tragen wir in einem kartesischen Koordinatensystem die drei Farbanteile ab, erhalten wir einen *Farbwürfel* mit der Kantenlänge 1. In diesem sind die Farbvektoren $\vec{F}$ die Ortsvektoren der Farben.

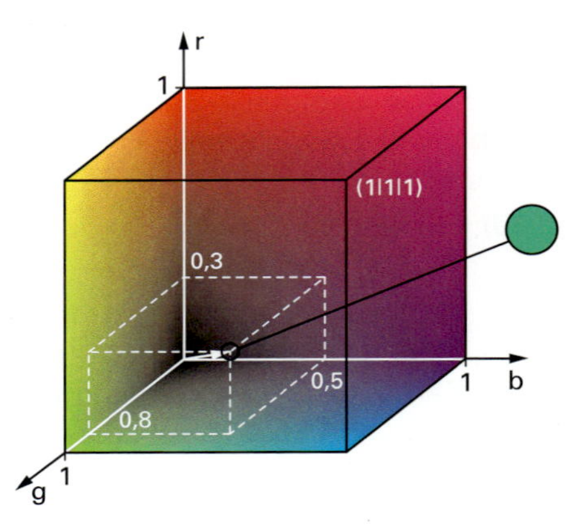

a) Welche „Farben" gehören jeweils zu den Farbvektoren
$\begin{pmatrix} 1 \\ 0 \\ 0 \end{pmatrix}$, $\begin{pmatrix} 0 \\ 1 \\ 0 \end{pmatrix}$, $\begin{pmatrix} 0 \\ 0 \\ 1 \end{pmatrix}$, $\begin{pmatrix} 0 \\ 0 \\ 0 \end{pmatrix}$, $\begin{pmatrix} 0 \\ 0 \\ 0{,}5 \end{pmatrix}$, $\begin{pmatrix} 0{,}3 \\ 0 \\ 0{,}5 \end{pmatrix}$, $\begin{pmatrix} 0{,}3 \\ 0{,}8 \\ 0{,}5 \end{pmatrix}$, $\begin{pmatrix} 1 \\ 1 \\ 1 \end{pmatrix}$, $\begin{pmatrix} 0{,}5 \\ 0{,}5 \\ 0{,}5 \end{pmatrix}$?

Sind Rot- Grün- und Blauanteil gleich, entsteht der Eindruck Grau (gr). Rechts sind zu den Intensitäten 10 %, 20 %, …, 90 % die Grautöne dargestellt.

b) Wo liegen die Grautöne im Farbwürfel? Gib die Gleichung dieser Linie an. Gib zu jedem rechts abgebildeten Grauton den zugehörigen Farbvektor an.

Bei der Wiedergabe von Farbbildern mit einem Schwarz-Weiß-Drucker oder einem Schwarz-Weiß-Monitor sind alle Farbpunkte grau. Jeder s/w-Bildpunkt hat anstatt drei Farbwerten nur einen einzigen *Grauwert* gr. Wahrnehmungsphysiologische Untersuchungen haben ergeben, dass alle Farbpunkte, die nach der Formel

$$gr = 0{,}3r + 0{,}6g + 0{,}1b = \begin{pmatrix} 0{,}3 \\ 0{,}6 \\ 0{,}1 \end{pmatrix} \circ \begin{pmatrix} r \\ g \\ b \end{pmatrix}$$

den gleichen Grauwert gr haben, den gleichen Grauton liefern.

c) Zeige: Der Grauwert gr der grauen Punkte $\begin{pmatrix} p \\ p \\ p \end{pmatrix}$ des Farbwürfels ist gleich ihrer Intensität p.

d) Welchen Grauwert haben 100 %-iges Rot, 100 %-iges Grün, 100 %-iges Blau? Bestimme zu jeder Grundfarbe maximaler Intensität den zugehörigen Grauton in der obigen Grafik.

e) Gib die Vektoren dreier Farben an, die den Grauwert 0,5 haben. Warum liegen alle Farbpunkte mit dem Grauwert gr = 0,5 in einer Ebene? Wie lautet ihre Gleichung? Verallgemeinere auf einen beliebigen Grauwert gr.

f) Ein Kreis ist in drei gleich große Sektoren eingeteilt. Kann man den ersten Sektor mit reinem Rot, den zweiten mit reinem Grün und den dritten mit reinem Blau so einfärben, dass ein s/w-Druck den Kreis in einheitlichem Grau wiedergibt?

10.2 Untersuchung von Körpern

Die Vektorrechnung im Zusammenspiel mit der elementaren Geometrie eröffnet uns Möglichkeiten, interessante Eigenschaften von Körpern aufzuspüren.

Welche regelmäßigen Vielecke können entstehen, wenn man einen Würfel mit einer Ebene schneidet?

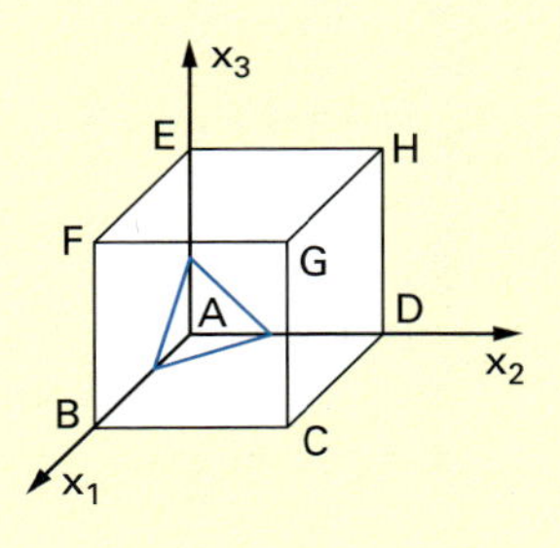

Die Seiten der Vielecke ergeben sich durch den Schnitt der Ebene mit Seitenflächen des Würfels. Da ein Würfel 6 Seitenflächen besitzt, können nur Vielecke mit höchstens 6 Seiten entstehen.

Alle Würfel sind ähnlich. Deshalb legen wir unseren Betrachtungen als Vertreter einen Würfel ABCDEFGH mit der Kantenlänge 1 cm zugrunde. Seine Ecke A befinde sich im Ursprung eines Koordinatensystems. Drei Würfelkanten liegen auf den Koordinatenachsen, die anderen sind dazu parallel.

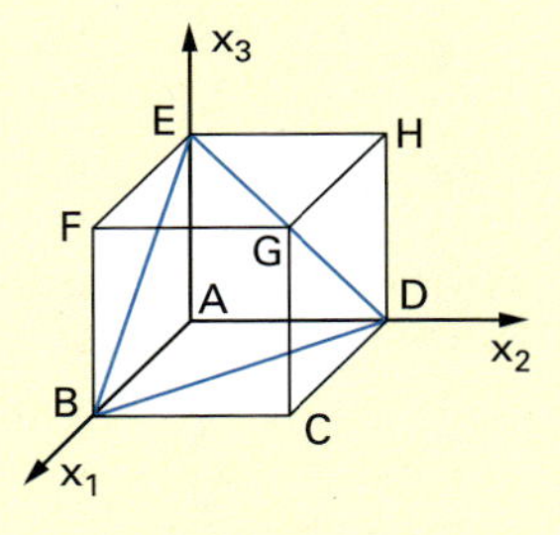

Als Schnittebenen wählen wir zunächst Ebenen der Schar E_a: $x_1 + x_2 + x_3 - a = 0$ mit $a \in \mathbb{R}_0^+$. Diese schneiden auf den drei Koordinatenachsen Abschnitte der Länge a ab.

Wir vergrößern, mit 0 beginnend, den Wert von a:

- Für $0 < a \leq 1$ werden nur die Grundfläche und die beiden in A anstoßenden Seitenflächen geschnitten. Die Schnittfläche ist ein **gleichseitiges Dreieck** mit der Seitenlänge $\sqrt{2}a$. Für $a = 1$ sind seine Eckpunkte die Eckpunkte B, D und E des Würfels.

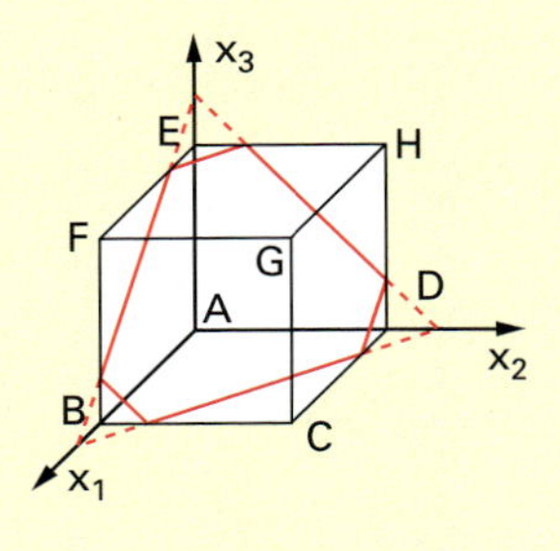

- Erhöhen wir a weiter, verlassen die drei Spurpunkte der Ebene E_a den Würfel. Dadurch werden außer den drei ursprünglichen Seitenflächen auch die drei weiteren geschnitten. Es entsteht ein Sechseck mit drei langen und drei kurzen Seiten. Mit wachsendem a nimmt die Länge der langen Seiten ab, die der kurzen zu. Für $a = \frac{3}{2}$ sind beide Längen gleich. Es liegt ein Sechseck mit sechs gleich langen Seiten vor. Seine Eckpunkte $(\frac{1}{2}|0|1)$, $(1|0|\frac{1}{2})$, $(1|\frac{1}{2}|0)$, $(\frac{1}{2}|1|0)$, $(0|1|\frac{1}{2})$, $(0|\frac{1}{2}|1)$ sind vom Mittelpunkt $M(\frac{1}{2}|\frac{1}{2}|\frac{1}{2})$ des Würfels gleich weit entfernt. Also ist das Sechseck ein **regelmäßiges Sechseck**. Seine Seitenlänge beträgt $\frac{1}{2}\sqrt{2}$.
  Vergrößern wir a weiter, nehmen die ursprünglich langen Seiten weiter ab, die anderen weiter zu. Für $1 < a < 2$ ergeben sich Sechsecke als Schnittflächen.

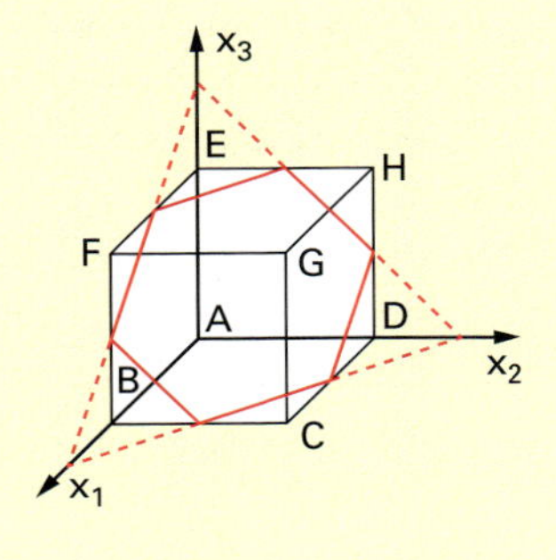

- Für $a = 2$ entsteht wieder ein gleichseitiges Dreieck mit den Eckpunkten CHF und der Seitenlänge $\sqrt{2}$.

Mit wachsendem a nimmt die Seitenlänge der gleichseitigen Dreiecke ab. E_3 enthält vom Würfel nur noch den Eckpunkt G(1|1|1). Für größere a-Werte hat E_a mit dem Würfel keine Punkte mehr gemeinsam. Für $2 \leq a < 3$ ergeben sich also dem ersten Fall entsprechende gleichseitige Dreiecke.

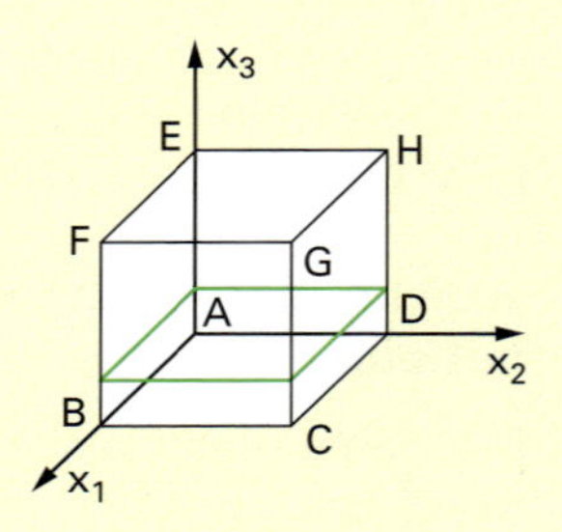

- Schneiden wir den Würfel mit einer zu einer Seitenfläche parallelen Ebene, erhalten wir ein **Quadrat** als Schnittfläche.

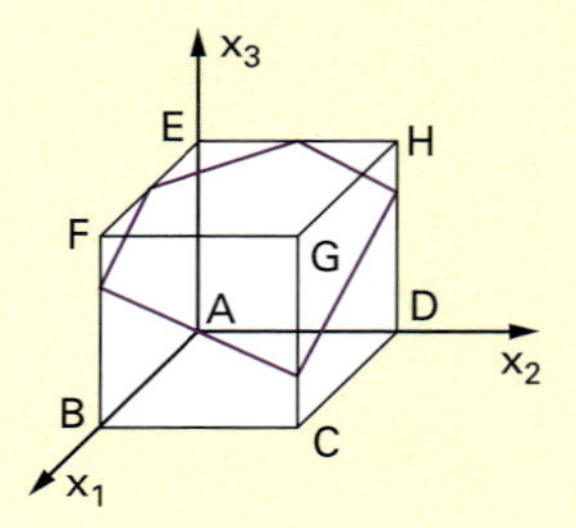

- Kann auch ein regelmäßiges Fünfeck entstehen? Legt man eine Ebene E so, dass sie fünf Seitenflächen schneidet, entsteht ein Fünfeck. Dabei werden aber stets Würfelflächen geschnitten, die einander gegenüberliegen und somit parallel sind. Also hat das Fünfeck stets parallele Seiten. Da ein regelmäßiges Fünfeck keine parallelen Seiten besitzt, kann **kein regelmäßiges Fünfeck** entstehen.

Aufgaben

1 Würfel mit einbeschriebenem Tetraeder

Rechts ist ein Würfel der Kantenlänge a = 4 cm dargestellt, dem ein Tetraeder einbeschrieben ist.

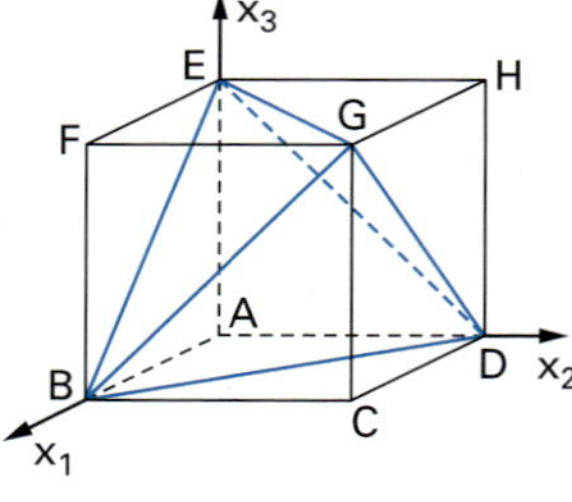

a) Wie viel Prozent des Würfelvolumens nimmt das Tetraeder ein?

b) Wie viel Prozent der Würfeloberfläche beträgt die Tetraederoberfläche?

Wir betrachten die Schar der Ebenen E_a: $x_1 + x_2 + x_3 - a = 0$ mit $a \in \mathbb{R}_0^+$.

c) Wie verlaufen die Ebenen E_a bezüglich des Tetraeders? Für welche a-Werte schneiden die Ebenen E_a das Tetraeder?

d) Zeige: Die Schnittpunkte der Ebene E_8 mit den Kanten [BG], [DG] und [EG] sind die Mittelpunkte der Kanten. E_8 schneidet vom Tetraeder BDEG ein kleines Tetraeder mit der Spitze G ab. Welcher Bruchteil des Volumens des Tetraeders BDEG ist das Volumen des kleinen Tetraeders?

Der Würfel und das Tetraeder BDEG werden nun von Ebenen der Schar F_a: $x_3 = a$ mit $0 \leq a \leq 4$ geschnitten.

e) Wie verlaufen die Ebenen F_a bezüglich des Würfels?
Zeichne für a = 0, a = 4 und einen beliebigen Zwischenwert die Schnittfigur, d. h. das Quadrat einschließlich der Schnittfigur mit dem Tetraeder. Begründe, dass die Schnittfigur mit dem Tetraeder stets ein Rechteck ist. Warum haben alle diese Rechtecke den gleichen Umfang?

f) Für welchen a-Wert erhält man das Rechteck mit dem größten Flächeninhalt? Berechne seinen Wert.

2 **Würfel mit einbeschriebener Kugel**

Eine Kugel K mit dem Radius 5 ist in einer im Koordinatensystem stehender würfelförmigen Schachtel ABCDEFGH mit den Kantenlängen 10 (siehe Abbildung) verpackt.

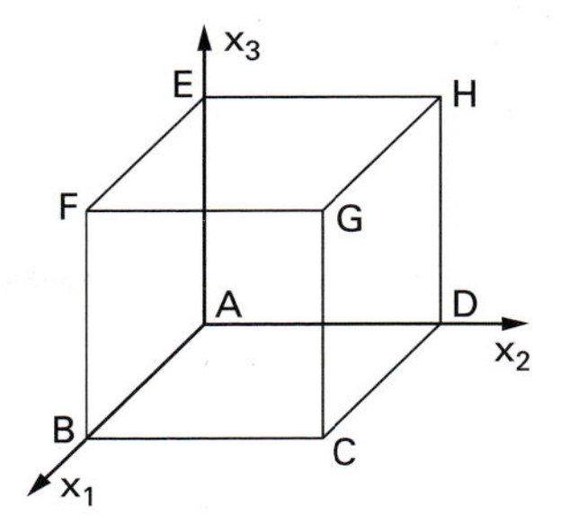

a) Wie viel Prozent des Schachtelvolumens füllt die Kugel aus?

b) Berechne die Koordinaten der Punkte Q und R, in denen die Gerade DF die Kugel schneidet.

Um diese Verpackung attraktiver zu gestalten, werden durch Ebenen, die senkrecht zu den Raumdiagonalen des Würfels verlaufen, an allen seinen Ecken kongruente dreiseitige Pyramiden abgeschnitten.

c) Um welche besonderen Dreiecke handelt es sich bei der Grundfläche (Schnittfläche) und den Seitenflächen der abgeschnittenen Pyramiden?

d) Bestimme eine Gleichung der Ebene S in Normalenform, die senkrecht zu DF liegt und durch den Punkt $P(10|0|6)$ verläuft.

e) Zeige durch Rechnung, dass die Ebene S die Kugel nicht schneidet.

f) Berechne die Volumenverkleinerung und die Oberflächenabnahme der Schachtel, wenn in gleicher Weise wie an der Ecke F an allen Würfelecken Pyramiden abgeschnitten werden.

3 **Ein Schnitt durch ein Oktaeder**

Die sechs Punkte A, B, C, D, E und F auf den Koordinatenachsen, die vom Ursprung O die Entfernung a haben, bilden ein regelmäßiges Oktaeder.

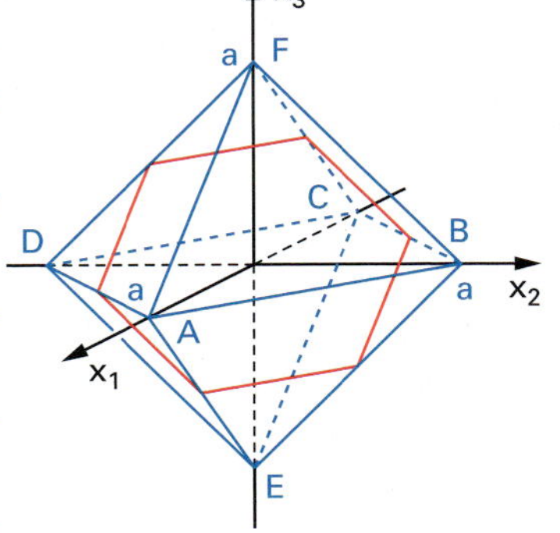

a) Welche Winkel schließen zwei Kanten miteinander ein?

b) Unter welchem Winkel ist eine Kante gegen eine Seitenfläche geneigt?

c) Welchen Winkel schließen zwei Seitenflächen miteinander ein?

d) Berechne den Inhalt der Oberfläche und das Volumen des Oktaeders in Abhängigkeit von a.

Das Oktaeder wird von der Ebene E: $x_1 + x_2 + x_3 = 0$ geschnitten.

e) Zeige: Die Schnittpunkte von E mit den Kanten des Oktaeders sind sechs Kantenmittelpunkte.

f) Warum ist das Sechseck mit diesen Eckpunkten ein regelmäßiges Sechseck? Berechne seinen Flächeninhalt in Abhängigkeit von a.
Um wie viel Prozent ist der Flächeninhalt des Sechsecks größer als der Flächeninhalt eines Dreiecks der Oberfläche?

g) Unter welchem Winkel ist das Sechseck zu einer Seitenfläche geneigt?

h) Wie lautet die Gleichung der Kugel um O, auf der die Eckpunkte des Sechsecks liegen?

10.3* Trainingsaufgaben für das Abitur

1 Ein Grundlagen-Test

Gib jeweils die richtigen Antwort**en** (!) an.

a) Das Dreieck ABC mit $A(-1|3|-2)$, $B(-1|-3|4)$ und $C(7|-5|2)$ ist
A) gleichschenklig B) rechtwinklig C) gleichseitig

b) Das Viereck ABCD mit $A(8|2|0)$, $B(8|3|2)$, $C(8|-3|2)$ und $D(8|-2|0)$ ist
A) ein Quadrat B) ein Parallelogramm C) ein Trapez

c) Die Pyramide $A(6|2|6)$ $B(6|6|2)$ $C(2|6|6)$ $S(0|0|-4)$ hat das Volumen
A) 48 B) 96 C) 288

d) Das Viereck ABCD mit $A(5|3|-4)$, $B(6|-1|4)$, $C(-1|3|8)$ und $D(-2|7|0)$ hat einen Flächeninhalt von
A) 9 B) $36\sqrt{5}$ C) $\sqrt{6480}$

e) Die Strecke [AB] mit $A(6|0|-2)$ und $B(-2|4|-2)$
A) enthält den Punkt $(-10|8|-2)$ B) hat den Mittelpunkt $M(2|2|-2)$
C) hat die Länge 12

f) Der Schnittwinkel von g: $\vec{X} = \begin{pmatrix} 5 \\ 2 \\ 2 \end{pmatrix} + \lambda \cdot \begin{pmatrix} -3 \\ 0 \\ 4 \end{pmatrix}$ und h: $\vec{X} = \begin{pmatrix} 12 \\ 2 \\ 26 \end{pmatrix} + \mu \cdot \begin{pmatrix} 7 \\ 0 \\ 24 \end{pmatrix}$ ist
A) 36,9° B) 53,1° C) 126,9°

g) Die Ebene E: $2x_1 - x_2 + 2x_3 + 2 = 0$ und die Gerade g: $\vec{X} = \begin{pmatrix} 2 \\ 0 \\ 0 \end{pmatrix} + \lambda \cdot \begin{pmatrix} 1 \\ 0 \\ 2 \end{pmatrix}$
A) sind parallel B) schneiden sich C) stehen senkrecht aufeinander

h) Gerade g: $\vec{X} = \begin{pmatrix} 1 \\ 7 \\ -20 \end{pmatrix} + \lambda \cdot \begin{pmatrix} 11 \\ 2 \\ -10 \end{pmatrix}$ und Ebene E: $\vec{X} = \begin{pmatrix} 2 \\ -6 \\ 1 \end{pmatrix} + \lambda \cdot \begin{pmatrix} 0 \\ 5 \\ 1 \end{pmatrix} + \mu \cdot \begin{pmatrix} 10 \\ 0 \\ 11 \end{pmatrix}$
A) sind parallel B) schneiden sich C) schneiden sich unter 35°

i) Die Ebenen E: $2x_1 - x_2 + 2x_3 + 2 = 0$ und F: $2x_1 + 2x_2 - x_3 - 4 = 0$
A) sind parallel B) schneiden sich C) stehen senkrecht aufeinander

k) Die Ebenen E: $2x_1 - x_2 + 2x_3 + 1 = 0$ und F: $\vec{X} = \begin{pmatrix} 1 \\ -3 \\ -3 \end{pmatrix} + \lambda \cdot \begin{pmatrix} 2 \\ 2 \\ 1 \end{pmatrix} + \mu \cdot \begin{pmatrix} 4 \\ -2 \\ 4 \end{pmatrix}$
A) sind parallel B) sind identisch C) stehen senkrecht aufeinander

l) Die Ebene E: $x_1 + x_3 = 0$
A) enthält die x_2-Achse B) ist parallel zur x_2-Achse
C) ist die x_1x_2-Ebene

m) Der Abstand des Punktes $P(5|3|-4)$ von der Ebene $E: x_1 - 4x_2 + 8x_3 - 6 = 0$ beträgt

A) 45 B) 0 C) 5

n) Die Kugel $K: (x_1 - 2)^2 + (x_2 - 2)^2 + (x_3 - 3)^2 = 3$

A) hat den Mittelpunkt $M(2|2|3)$ B) hat den Radius 3

C) enthält den Punkt $P(1|3|4)$

o) Die Ebene $2x_1 + x_2 + 2x_3 - 2 = 0$ und die Kugel $(x_1 - 6)^2 + (x_2 + 1)^2 + (x_3 - 9)^2 = 81$ schneiden sich

A) nicht B) in einem Punkt C) in einem Kreis

2 Lagebeziehungen

Berechne den Schnittpunkt bzw. die Schnittgerade von

a) $g: \vec{X} = \begin{pmatrix} -1 \\ 0 \\ 5 \end{pmatrix} + \lambda \cdot \begin{pmatrix} 1 \\ 2 \\ 2 \end{pmatrix}$ und $h: \vec{X} = \begin{pmatrix} 4 \\ 10 \\ 6 \end{pmatrix} + \mu \cdot \begin{pmatrix} 1 \\ 2 \\ -1 \end{pmatrix}$

b) $g: \vec{X} = \begin{pmatrix} -1 \\ 0 \\ 5 \end{pmatrix} + \lambda \cdot \begin{pmatrix} 1 \\ 2 \\ 2 \end{pmatrix}$ und $E: 2x_1 - x_2 + 2x_3 + 2 = 0$

c) $g: \vec{X} = \begin{pmatrix} 2 \\ 4 \\ -2 \end{pmatrix} + \lambda \cdot \begin{pmatrix} -1 \\ -2 \\ 1 \end{pmatrix}$ und $E: x_2 = -2$

d) $E_1: \vec{X} = \begin{pmatrix} -2 \\ -4 \\ 2 \end{pmatrix} + \lambda \cdot \begin{pmatrix} 1 \\ 2 \\ 2 \end{pmatrix} + \mu \cdot \begin{pmatrix} 5 \\ 3 \\ -4 \end{pmatrix}$ und $E_2: x_1 + x_2 = 0$

e) $E_1: 2x_1 - x_2 + 2x_3 + 2 = 0$ und $E_2: 2x_1 + 2x_2 - x_3 - 4 = 0$

3 „Ebenen-TÜV"

Prüfe, ob durch die folgende Angabe eine Ebene festgelegt ist. Stelle gegebenenfalls eine Gleichung auf.

a) $A(9|7|5), B(3|1|-1), C(-3|-5|-7)$

b) $P(3|2|-1), Q(3|-2|1), R(-3|2|1)$

c) $P(-6|2|-2)$; $g: \vec{X} = \lambda \cdot \begin{pmatrix} 3 \\ 1 \\ -1 \end{pmatrix}$

d) $P(1|0|0)$; $g: \vec{X} = \begin{pmatrix} 0 \\ 3 \\ 6 \end{pmatrix} + \lambda \cdot \begin{pmatrix} 0 \\ -2 \\ 4 \end{pmatrix}$

e) $g: \vec{X} = \begin{pmatrix} -2 \\ 0 \\ 0 \end{pmatrix} + \lambda \cdot \begin{pmatrix} -1 \\ 2 \\ 1 \end{pmatrix}$; $h: \vec{X} = \begin{pmatrix} 4 \\ -6 \\ 0 \end{pmatrix} + \mu \cdot \begin{pmatrix} 3 \\ -6 \\ -3 \end{pmatrix}$

f) $g: \vec{X} = \begin{pmatrix} 2 \\ 1 \\ -3 \end{pmatrix} + \lambda \cdot \begin{pmatrix} 3 \\ -2 \\ 1 \end{pmatrix}$; $h: \vec{X} = \begin{pmatrix} 3 \\ 3 \\ 3 \end{pmatrix} + \mu \cdot \begin{pmatrix} -1 \\ 2 \\ 3 \end{pmatrix}$

4 Winkelberechnungen

Berechne den Winkel zwischen

a) den beiden Vektoren $\vec{u} = \begin{pmatrix} 1 \\ 2 \\ 2 \end{pmatrix}$ und $\vec{v} = \begin{pmatrix} 3 \\ -4 \\ 0 \end{pmatrix}$

b) den beiden Geraden g: $\vec{X} = \begin{pmatrix} -1 \\ 0 \\ 5 \end{pmatrix} + \lambda \cdot \begin{pmatrix} 1 \\ 2 \\ 2 \end{pmatrix}$ und h: $\vec{X} = \begin{pmatrix} 0 \\ 2 \\ 7 \end{pmatrix} + \mu \cdot \begin{pmatrix} 3 \\ -4 \\ 0 \end{pmatrix}$

c) den beiden Ebenen E_1: $2x_1 - x_2 + 2x_3 = -2$ und E_2: $2x_1 + 2x_2 - x_3 = 4$

d) der Geraden g: $\vec{X} = \begin{pmatrix} 2 \\ 0 \\ 0 \end{pmatrix} + \lambda \cdot \begin{pmatrix} 1 \\ 0 \\ 2 \end{pmatrix}$ und der Ebene E: $2x_1 - x_2 + 2x_3 + 2 = 0$

5 Abstandsprobleme

Bestimme den Abstand des Punktes $P(6|-1|9)$ von der

a) Ebene E: $2x_1 + x_2 + 2x_3 - 2 = 0$

b) Geraden g: $\vec{X} = \begin{pmatrix} 8 \\ 2 \\ 0 \end{pmatrix} + \lambda \cdot \begin{pmatrix} 0 \\ 2 \\ -1 \end{pmatrix}$.

Bestimme den Abstand der beiden Geraden g und h.

c) g: $\vec{X} = \begin{pmatrix} 3 \\ -7 \\ 3 \end{pmatrix} + \lambda \cdot \begin{pmatrix} -2 \\ 10 \\ 6 \end{pmatrix}$, h: $\vec{X} = \begin{pmatrix} 3 \\ 0 \\ 3 \end{pmatrix} + \mu \cdot \begin{pmatrix} 1 \\ -5 \\ -3 \end{pmatrix}$

d) g: $\vec{X} = \begin{pmatrix} 1 \\ 2 \\ 6 \end{pmatrix} + \lambda \cdot \begin{pmatrix} 2 \\ -2 \\ -3 \end{pmatrix}$, h: $\vec{X} = \begin{pmatrix} 0 \\ -2 \\ 10 \end{pmatrix} + \mu \cdot \begin{pmatrix} 1 \\ 2 \\ 0 \end{pmatrix}$

6 Ein Steigflug nach dem Start

Der Fuß des 10 m hohen Towers des Sportflugplatzes von Oberhausen befindet sich im Ursprung eines Koordinatensystems mit der Einheit Meter. Die x_1-Achse zeigt nach Osten, die x_2-Achse nach Norden. Zur Zeit $t = 0$ Sekunden hebt eine Cessna von der Startbahn ab. Ihren Steigflug beschreibt

$$\vec{X} = \begin{pmatrix} 0 \\ 200 \\ 0 \end{pmatrix} + t \cdot \begin{pmatrix} 32 \\ -16 \\ 4 \end{pmatrix}.$$

a) Wo ist die Cessna 182 gestartet? Wie groß ist ihre „Steigrate“, d. h. ihr Gewinn an Höhe pro Sekunde?

b) Wie viele Meter legt sie in einer Sekunde zurück? Mit welcher Geschwindigkeit in m/s steigt sie also? Wann hat sie eine Flugstrecke von 900 m zurückgelegt? In welcher Höhe befindet sie sich dann?

c) Wie weit ist die Cessna beim Abheben von der Spitze des Towers entfernt? Wann und in welcher Höhe ist die Entfernung der Cessna von der Spitze des Towers am kleinsten? Berechne die minimale Entfernung.

7 Würfelschnitte

In einem Koordinatensystem ist ein Würfel der Kantenlänge 8 gegeben. Die Eckpunkte A(0|0|0) und G(8|8|8) legen eine Raumdiagonale fest.

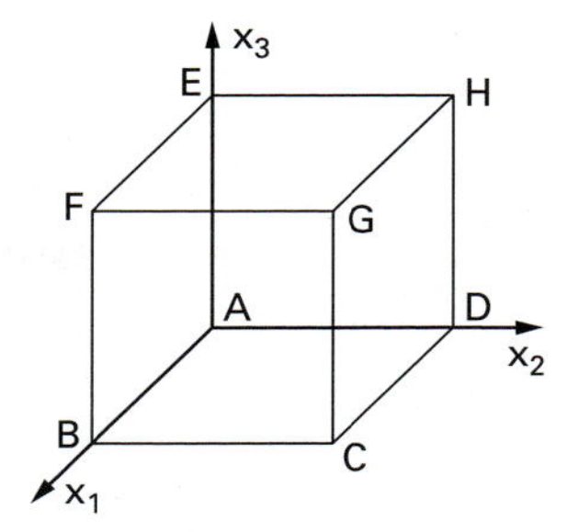

a) Die Ebene, die durch die Punkte B, E und G verläuft heißt E_1. Zeichne den Würfel in einem Koordinatensystem und trage E_1 ein.
Bestimme eine Gleichung der Ebene E_1 in Koordinatenform.

b) Berechne das Volumen der Pyramide, die E_1 vom Würfel abschneidet.
Wie viel Prozent des Würfelvolumens nimmt die Pyramide ein?

c) Berechne den Neigungswinkel der Ebene E_1 gegenüber der Grundfläche ABCD.
Gib drei Eckpunkte des Würfels an, die eine Ebene so festlegen, dass sie mit der Grundfläche einen 45°-Winkel einschließt.

d) Zeige, dass die Ebene E_2: $-x_1 + x_2 - x_3 + 4 = 0$ parallel zu E_1 ist und im Abstand $\frac{4}{3}\sqrt{3}$ verläuft.

e) Die Ebene E_2 schneidet den Würfel in einem regulären Sechseck. Bestimme die Schnittpunkte von E_2 mit der x_1- und der x_3-Achse und bestätige, dass der Mittelpunkt der Strecke [BC] auf E_2 liegt.
Zeichne alle sechs Schnittpunkte der Ebene E_2 mit Kanten des Würfels sowie den Rand der sechseckigen Schnittfigur ein.
Berechne den Flächeninhalt des Sechsecks.

f) Alle Ebenen parallel zu E_2 werden durch Gleichungen der Form

$$-x_1 + x_2 - x_3 + a = 0 \text{ mit } a \in \mathbb{R}$$

beschrieben.
Gib an, welche Arten von Figuren als Schnitt einer solchen Ebene mit dem Würfel auftreten. Gib die Menge aller Werte von a an, für die die Schnittfigur ein Sechseck ist.

8 Kugel auf der schiefen Ebene

Auf der Ebene E: $x_1 + x_2 + x_3 - 4 = 0$ wird im Punkt P(0|0|4) eine Kugel mit dem Radius 1 festgehalten. Lässt man die Kugel los, setzt sie sich in Richtung des größten Gefälles in Bewegung, rollt die Ebene hinab und bewegt sich schließlich auf der x_1x_2-Ebene weiter. Diese hat ein viereckiges Loch mit den Eckpunkten A(6|6|0), B(8|7|0), C(9|9|0) und D(7|8|0).

a) Zeichne E und das Viereck ABCD in einem Koordinatensystem.

Die rollende Kugel hinterlässt eine Spur.

b) Gib je eine Gleichung der Geraden an, auf der die Spur der Kugel auf E bzw. in der x_1x_2-Ebene verläuft.
Trage die Spur in das Koordinatensystem ein.

c) Welche Form hat das Loch? Berechne seinen Flächeninhalt.

d) Zeige: Die Kugel rollt in das Loch, fällt aber nicht hindurch.
Wie tief sinkt sie ein?

9 Decken eines Walmdachs

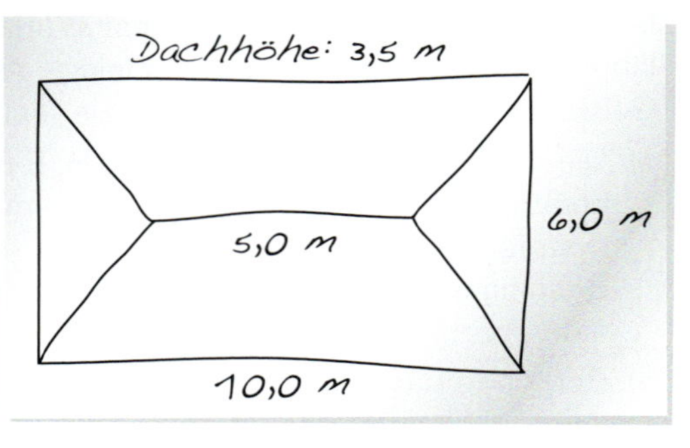

Oben ist ein mit Ziegeln gedecktes Walmdach zu sehen. Für das Decken hat ein Dachdeckermeister die angegebene grobe Skizze gezeichnet. Anhand dieser hat er das notwendige Material bestellt.

a) Nimm in einem kartesischen Koordinatensystem A(3|0|0), B(3|10|0) und C(−3|10|0) als Eckpunkte der Dachbodenfläche ABCD und stelle das Dach ABCDEF dar.

b) Ist die dreieckige Dachfläche unter dem gleichen Winkel zur Dachbodenfläche geneigt wie die trapezförmige?

c) Welchen Winkel schließen die beiden trapezförmigen Dachflächen ein? Wie groß ist der Winkel zwischen einer dreieckigen und einer trapezförmigen Dachfläche?

d) Zum Decken einer Dachfläche von 1 m^2 benötigt man 12 Dachziegel. Wie viele Dachziegel musste der Dachdecker bestellen?

e) Zum Abdecken der Kanten zwischen den Dachflächen werden für den „laufenden Meter“ 2,8 Firstziegel benötigt. Wie viele Firstziegel benötigte der Dachdecker?

f) Begründe, dass es auf dem Dachfirst EF zwei Punkte S so gibt, dass der Winkel ASB ein rechter Winkel ist. Berechne die Koordinaten dieser Punkte.

10 Würfelstumpf

Gegeben sind die Punkte A(8|0|0), B(11|6|2), D(10|−3|6) und E(2|2|3).

a) Warum lassen sich diese Punkte als Eckpunkte eines Würfels ABCDEFGH nehmen? Berechne die Koordinaten der Punkte C, F, G und H.

b) Zeichne den Würfel in ein kartesisches Koordinatensystem.

c) Berechne das Volumen des Würfels.
Durch einen ebenen Schnitt, der durch die Punkte D, B und G verläuft, wird vom Würfel eine dreiseitige Pyramide mit der Spitze C abgeschnitten.

d) Trage diese Pyramide in die Zeichnung ein.

e) Um wie viel Prozent nimmt dadurch das Würfelvolumen ab?

f) Welchen Winkel schließt die Seitenfläche DBG des Würfelstumpfes mit einer benachbarten Seitenfläche ein?

g) Beleuchtet man den Würfelstumpf von oben mit zur x_3-Achse parallelem Licht, entsteht in der x_1x_2-Ebene ein Schatten. Trage diesen in das Koordinatensystem ein.

11 **Pyramide im Quader**

Einem Quader ABCDEFGH mit den Kantenlängen $\overline{AB} = a$, $\overline{AD} = b$ und $\overline{AE} = c$ ist eine dreiseitige Pyramide BDEG einbeschrieben.

a) Zeige: Die Seitenflächen der Pyramide sind kongruente Dreiecke.

b) Wie viel Prozent des Würfelvolumens nimmt die Pyramide ein?

Es sei nun $a = 3$ cm, $b = 4$ cm und $c = 5$ cm.

c) Zeichne ein Netz der Pyramide. Was fällt daran auf? Begründe das.

d) Berechne den Flächeninhalt der Pyramidenoberfläche.

12 **Vom Oktaeder zum Oktaederstumpf**

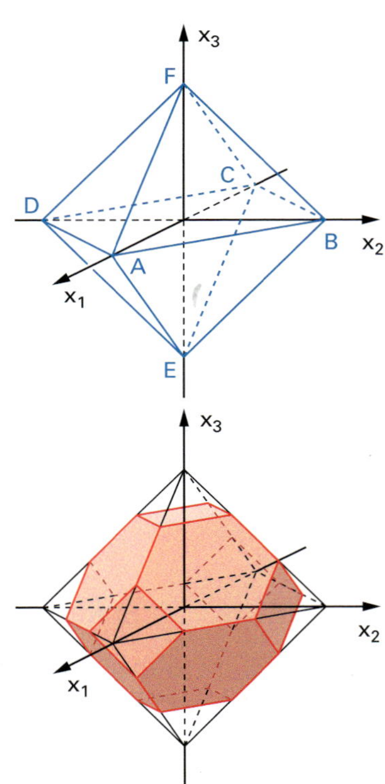

Die sechs Punkte A, B, C, D, E, und F auf den Koordinatenachsen, die vom Ursprung O die Entfernung 1 haben, bilden ein regelmäßiges Oktaeder. Wir betrachten die Ebenenschar E_a: $x_3 = a$ mit $a \in \mathbb{R}$.

a) Welche Ebenen E_a schneiden das Oktaeder?

b) Die Ebenen $E_{-\frac{2}{3}}$ und $E_{\frac{2}{3}}$ schneiden vom Oktaeder unten und oben zwei kleine Pyramiden ab, die sich zu einem kleinen Oktaeder zusammensetzen lassen. Welche Kantenlänge hat das kleine Oktaeder? Welcher Bruchteil des Volumens des großen Oktaeders ist sein Volumen?

Schneidet man analog zu Aufgabe b) auch an den vier Ecken A, B, C und D kleine Pyramiden ab, entsteht ein Oktaederstumpf, der von regelmäßigen Vielecken begrenzt wird.

c) Aus welchen Vielecken besteht seine Oberfläche? Wie viele sind es von jeder Art? Berechne den Inhalt der Oberfläche.

d) Welcher Bruchteil des Volumens des Oktaeders ist das Volumen des Oktaederstumpfes?

13 **Geometrisches Gebilde einer Menge von Punkten**

Wir betrachten die Menge aller Punkte X mit den Ortsvektoren $\vec{X} = \vec{A} + \lambda\vec{u} + \mu\vec{v}$.

a) Die Vektoren $\vec{u}$ und $\vec{v}$ seien *linear abhängig*. Welches geometrische Gebilde stellen alle Punkte X dar, wenn

A) λ und μ reelle Zahlen ($\lambda, \mu \in \mathbb{R}$) sind, B) $\lambda, \mu \in [0; 1]$ sind?

b) Die Vektoren $\vec{u}$ und $\vec{v}$ seien *linear unabhängig*. Welches geometrische Gebilde stellen alle Punkte X dar, wenn

A) λ und μ ganze Zahlen ($\lambda, \mu \in \mathbb{Z}$) sind, B) $\lambda, \mu \in [0; 1]$ sind?

c) Es sei $\lambda, \mu \in [0; 1]$. Unter welchen Bedingungen für $\vec{u}$ und $\vec{v}$ erhält man

A) eine Raute, B) ein Rechteck, C) ein Quadrat?

Ergebnisse der Aufgaben zum Grundwissen, zum Training der Grundkenntnisse und grundlegender Trainingsaufgaben für das Abitur

Kapitel 1, Seite 13

10. a) $3x^2-6x$ b) $81x^2$ c) $1+\frac{1}{x^2}$ d) $-\frac{1}{x^3}+\frac{1}{x^4}$
e) $2x$ f) $3x^2$ g) $3a^3x^2-a^3$ h) $2r\pi$
i) 2 k) $18x+12$ l) $12(4x+3)^2$ m) $-\frac{20}{(5x+4)^5}$
n) $\frac{1}{2\sqrt{x}}$ o) $\frac{1}{\sqrt{2x-1}}$ p) $-\frac{x}{\sqrt{9-x^2}}$ q) $\frac{x}{(\sqrt{a^2-x^2})^3}$
r) $\cos x$ s) $-6\sin(3x)$ t) $-\cos\left(\frac{\pi}{2}-x\right)$ u) $\sin x+x\cos x$
v) $2x\cos\sqrt{x}-\frac{1}{2}x\sqrt{x}\sin\sqrt{x}$ w) $2\sin x\cos x$ x) $\frac{3}{2}\sqrt{x}$ y) $-\frac{2(x^2-2)}{\sqrt{4-x^2}}$

11. a) $\frac{1}{4}x^4-x^3$ b) $\frac{7}{8}x^8-7x$ c) $\frac{1}{3}x^3-a^2x$ d) $\frac{4}{3}\pi r^3$ e) $-\frac{1}{x}$
f) $-\frac{1}{2x^2}+\frac{1}{3x^3}$ g) $x^2-\frac{1}{2x}$ h) $-\frac{1}{x+2}$ i) $\frac{1}{4}(x+\sqrt{2})^4$ k) $\frac{1}{10}(2x+3)^5$
l) $\frac{1}{18}(3x-4)^6$ m) $-\frac{1}{4(2x+1)^2}$ n) $\frac{2}{3}x^{\frac{3}{2}}$ o) $2\sqrt{x}$ p) $\frac{2}{3}(x-3)^{\frac{3}{2}}$
q) $\frac{1}{3}(2x-3)^{\frac{3}{2}}$ r) $-\cos x$ s) $\sin(x+2)$ t) $-\frac{1}{2}\cos 2x$ u) $-\sin(\frac{\pi}{2}-x)$

Seite 22

14. a) G b) K c) F d) L e) E f) M

15. a) A: Verschieben um 2 nach unten.
B: Verschieben um 2 nach rechts.
C: Strecken in y-Richtung mit Faktor 2.
D: Spiegeln an der x-Achse.
E: Stauchen in y-Richtung mit dem Faktor $\frac{1}{2}$ und spiegeln an der x-Achse.
F: Stauchen in x-Richtung mit dem Faktor $\frac{1}{2}$.
G: Spiegeln an der x-Achse, verschieben um 2 nach oben.
H: Verschieben um 1 nach links, spiegeln an der x-Achse, verschieben um 2 nach oben.

b) I: Spiegeln an der y-Achse.
K: Spiegeln an der y-Achse und an der x-Achse.
L: Verschieben um 1 nach unten.
M: Verschieben um 1 nach rechts.
N: Strecken mit dem Faktor 2 in y-Richtung.
O: Stauchen mit dem Faktor $\frac{1}{2}$ in x-Richtung.
P: Spiegeln an der y-Achse und der x-Achse und verschieben um 1 nach oben.

Q: Verschieben um 1 nach links, spiegeln an der y-Achse, verschieben um 1 nach oben.

c) R: Spiegeln an der x-Achse.
S: Verschieben um 2 nach links.
T: Spiegeln an der x-Achse und verschieben um 2 nach oben.
U: Verschieben um 2 nach rechts und um 1 nach oben.

16. a) $\frac{x^4-3x^2}{(x^2-1)^2}$ b) $\frac{2x^5+4x^3}{(x^2+1)^2}$ c) $\frac{2x-2a^2x}{(x^2-a)^2}$ d) $\frac{a}{(x+a)^2}+\frac{a}{(x-a)^2}$

e) e^x f) $2(1+3x)\,e^{3x}$ g) $-x\cdot e^{-\frac{1}{2}x^2}$ h) $-\frac{e^{\sqrt{x}}}{\sqrt{x}}(1-e^{\sqrt{x}})$

i) $\frac{1}{x}$ k) $-\frac{1}{x}$ l) $\frac{1}{x}$ m) $-\frac{1}{x}$

n) $1+\ln x$ o) $\frac{1-\ln x}{x^2}$ p) $\frac{2x}{x^2+1}$ q) $\frac{4}{(e^x+e^{-x})^2}$

r) $\frac{e^x-e^{-x}}{e^x+e^{-x}}$ s) $e^{-kt}(-k\sin\omega t+\omega\cos\omega t)$ t) $\frac{1}{2x\sqrt{\ln x}}-\frac{1}{2x}$

Seite 29

11. a) 3 b) 3 c) x d) x e) $\frac{1}{2}$
f) -1 g) $-\frac{1}{2}$ h) $\frac{1}{2}$ i) 3 k) 3
l) $3\ln x$ m) $\frac{1}{2}\ln x$ n) $-\ln x$ o) $-2\ln x$ p) $\ln(x^2+1)$

12. a) $\ln 64$ b) $\ln\frac{1}{2}$ c) $\ln 10$ d) $\ln 216$ e) $\ln 3$
f) $\ln\frac{3}{2}$ g) $\ln x$ h) $\ln x-1$ i) $5\ln x$ k) $\ln(e+1)$
l) 0 m) $4\ln x$ n) $\ln\frac{x-1}{x^2}$ o) $2\ln(a+b)$ p) $\ln(x+1)$

13. a) Hochpunkt $H(0|6)$, Tiefpunkt $T(6|0)$
b) $W(3|3)$ $w(x)=-\frac{3}{2}x+7{,}5$ c) $f(x)=\frac{1}{18}(x-6)^2\cdot(x+3)\Rightarrow x_1=-3;\ x_2=6$
d) $A=\frac{75}{4}$ e) $\int_0^6 f(x)\,dx=18$; 96 %

14. a) –
b) Verschieben des Graphen um 1 nach links
Die Auswahlantwort a) ist die richtige Lösung.

Kapitel 2, Seite 36

15. a) $+\infty$ b) $\frac{1}{2}$ c) -1 d) $-\infty$ e) 0 f) 0
g) $+\infty$ h) $-\infty$ i) $+\infty$ k) 0 l) 0 m) $+\infty$
n) 1 o) -1 p) 0 q) 0 r) 0 s) 0
t) 0 u) $+\infty$

Seite 40

2. a) $f'(1) = f'(3) = 0$ und $f'(2) \approx -1$
   b) $f'(-4) = f'(-1) = f'(2) = 0$ und $f'(-2{,}5) \approx 2$ und $f'(0{,}5) \approx -2$

Seite 44

11. a) Achsensymmetrie zur y-Achse; Nullstellen: $x_{1;2} = \pm 3$ und $x_{3;4} = \pm 1$
    $H(0|\frac{9}{8})$; $T(\pm\sqrt{5}|-2)$; $W(\pm\sqrt{\frac{5}{3}}|-\frac{11}{18})$ b) $A_{\text{Gesamt}} \approx 6{,}52$

12. a) $G_{0,5}$: rot, G_1: blau, G_2: grün b) $H\left(\frac{1}{\sqrt{2a}}\middle|\frac{1}{\sqrt{2ae}}\right)$; $T\left(-\frac{1}{\sqrt{2a}}\middle|-\frac{1}{\sqrt{2ae}}\right)$
    c) $W_1(0|0)$; $W_2\left(\sqrt{\frac{3}{2a}}\middle|\sqrt{\frac{3}{2ae^3}}\right)$; $W_3\left(-\sqrt{\frac{3}{2a}}\middle|-\sqrt{\frac{3}{2ae^3}}\right)$ d) – e) –

13. a) An der einfachen Nullstelle x_1 tritt ein Vorzeichenwechsel von $f''(x)$ auf $\Rightarrow$ Krümmungswechsel von G_f $\Rightarrow$ Wendepunkt an der Stelle x_1
    b) An der zweifachen Nullstelle x_1 kein Vorzeichenwechsel von $f''(x)$ $\Rightarrow$ kein Krümmungswechsel von G_f $\Rightarrow$ kein Wendepunkt

14. a) 1024 b) 4 c) $\frac{1}{25}$ d) 4 e) 4 f) 4
    g) 0,000001 h) $\frac{1}{2}$ i) 64 k) $\frac{1}{64}$ l) $2e^2$ m) $3e^4$
    n) 3 o) $3e^2 - e^{-2}$ p) 3 q) $e^{\frac{1}{2}}$ r) e
    s) e^3 t) $\frac{1}{e}$ u) e^2 v) $e^{2x} - e^{-2x}$
    w) $e^{2x} - 2 + e^{-2x}$ x) $e^x + 2 + \frac{1}{e^x}$ y) $(e^x - 1)^2$

15. a) $x = \ln 2$ b) $x = -\ln 2$ c) $x = 0$ d) $x = -\ln 2$
    e) $x = \pm\sqrt{2\ln 2}$ f) $x = 4$ g) $x = -1$ h) $x = \pm\sqrt{3}$
    i) $x = 0$ k) $x_1 = 0$, $x_2 = \ln 2$ l) $x = \ln 2$ m) $x = \ln 2$
    n) $x = e^2$ o) $x = \pm e$ p) $x = e^{\pm\sqrt{2}-1}$ q) $x = e^{-2}$
    r) $x = 1 - \frac{1}{e}$ s) $x_1 = 1$; $x_2 = e$ t) $x = e$ u) $x_1 = 1$; $x_2 = \frac{1}{e^2}$

Kapitel 3, Seite 51

16. a) $f(x) = -x^2 + 4x - 3$ b) $f(x) = -x^2 + 4x - 3$ c) $f(x) = x^2 - 3x + 4$
    d) $f(x) = -\frac{2}{3}x^3 + 4x^2 - \frac{22}{3}x + 4$ e) $f(x) = -\frac{1}{2}x^3 + \frac{3}{2}x + 1$
    f) $a = 2$; $b = \ln 3$ g) $a = 1{,}5$; $b = \ln 2$ h) $a = \frac{27}{4}\sqrt{6}$; $b = \frac{1}{2}\ln\frac{2}{3}$
    i) $a = 10$; $b = 0{,}002$ k) $a = \frac{6}{e}$; $b = 0{,}5$

17. a) E; $\int_1^3 f(x)\,dx = F(3) - F(1) = 0$ b) D; $\int_1^3 f(x)\,dx = F(3) - F(1) \approx 1{,}1$
    c) A; $\int_1^3 f(x)\,dx$ hat keinen endlichen Wert.

Seite 57

10. a) A: richtig B: falsch C: falsch
    b) Für $x < -0{,}5$ ist G_{I_0} streng monoton steigend
    für $-0{,}5 < x < 6$ ist G_{I_0} streng monoton fallend
    für $x > 6$ ist G_{I_0} streng monoton steigend.
    Für $x < 0$ Rechtskrümmung, für $x > 0$ Linkskrümmung;
    $I_0(-0{,}5) \approx 1$ und $I_0(6) \approx -6$

11. a) Spiegeln an der x-Achse; Strecken in x-Richtung mit Faktor 10;
    Spiegeln an der y-Achse; Verschieben um 1 nach oben;
    Strecken mit Faktor 10 in y-Richtung.
    b) $\lim\limits_{x \to \infty} f(x) = 10$ c) 10 kg pro Tag d) $f'(0) = 1$
    e) – f) 113,5 kg; Reduktion um ca. 43 %

12. a) falsch; $D_f = W_{f^{-1}}$ und $W_f = D_{f^{-1}}$.
    b) falsch; G_f und $G_{f^{-1}}$ verlaufen symmetrisch zur Winkelhalbierenden des I. und III. Quadranten. Sie müssen sich nicht zwangsläufig schneiden.
    c) richtig; d) falsch;
    e) $f^{-1}(x) = \sqrt{x-1} + 2$; $D_{f^{-1}} = [1; +\infty[$; $W_{f^{-1}} = [2; +\infty[$
    f) $f^{-1}(x) = \frac{1}{3}(1 - \ln x)$; $D_{f^{-1}} = \mathbb{R}^+$; $W_{f^{-1}} = \mathbb{R}$
    g) $f^{-1}(x) = \sqrt{2x+4} - 4$; $D_{f^{-1}} = [-2; +\infty[$; $W_{f^{-1}} = [-4; +\infty[$
    h) $f^{-1}(x) = \frac{1}{x-4} + 3$; $D_{f^{-1}} =]-\infty; +4[$; $W_{f^{-1}} =]-\infty; +3[$

Kapitel 4, Seite 71/72

1. a) E b) A, B, C, E, F c) C d) A, E e) B
   f) A, B, C, D g) C h) B, C, D i) A, C, D j) C

Seite 72

2. a) $\mathbb{R} \setminus \{0\}$ b) $\mathbb{R}^+ \setminus \{2\}$ c) $[e^2; +\infty[$ d) $\mathbb{R}$
   e) $x = \ln 4$ f) $x = \ln 4$ g) $x = e$ h) $x = \frac{\pi}{3} + k\pi,\ k \in \mathbb{Z}$
   i) $\frac{1}{2\sqrt{x}}\left(1 + \frac{1}{x}\right)$ k) $\frac{1}{(\cos x)^2}$ l) $\frac{1}{x}$ m) $2(x - e^{-\sqrt{x}})\left(1 + \frac{1}{2\sqrt{x}} e^{-\sqrt{x}}\right)$
   n) $\frac{1}{2} \ln \frac{5}{3}$ o) $\frac{3}{2}$ p) $\ln \frac{3}{2}$ q) $\frac{1}{2}(e - 1)$
   r) – s) – t) – u) –

3. a) $f(x) = \frac{1}{400}(x^3 - 15x^2 - 225x + 3375)$ b) 52,73 c) 25,5
   d) $x \mapsto \frac{1}{400}(x^4 - 15x^3 - 225x^2 + 3375x)$; $x_1 = 5{,}8$ e) ca. 48 %

Seite 73

4. a) –
   b) $D = \mathbb{R} \setminus \{-1\}$, Pol ohne Vorzeichenwechsel;
   $y = 1$: Annäherung für $x \to +\infty$ von unten, für $x \to -\infty$ von oben
   $x = -1$: $\lim\limits_{x \to -1 \pm 0} f(x) = +\infty$
   c) $f'(x) = \dfrac{2(x-1)}{(x+1)^3}$ und $f''(x) = \dfrac{4(2-x)}{(x+1)^4}$; Tiefpunkt $T(1|0{,}5)$;
   $f''(x) = 0 \Leftrightarrow x = 2 \Rightarrow$ höchstens ein Wendepunkt; Krümmungswechsel zwischen der Linkskrümmung in T und der Rechtskrümmung bei Annäherung an $y = 1$ für $x \to +\infty \Rightarrow$ genau ein Wendepunkt $W(2|\frac{5}{9})$
   d) $f(-3) = 2{,}5$ e) $A = 2\ln 3 - \frac{4}{3} \approx 0{,}86$

5. a) $D = \mathbb{R} \setminus \{-\frac{1}{2}\}$
   b) Verschieben um $\frac{1}{2}$ nach links, Spiegeln an der x-Achse, Verschieben um 2 nach oben. Asymptoten: $x = -\frac{1}{2}$ und $y = 2$
   c) Die Grundfunktion $x \mapsto \frac{1}{x}$ nimmt jeden Funktionswert genau einmal an. Das Verschieben und das Spiegeln an der x-Achse erhält diese Eigenschaft.
   $\Rightarrow$ f ist umkehrbar. $D_{f^{-1}} = W_f = \mathbb{R} \setminus \{2\}$; $f^{-1}(x) = \frac{x}{4-2x}$
   d) – e) $A = 3{,}75 - 4 \cdot \ln 2 \approx 0{,}98$

6. a) $D_f =]-\infty; 3]$; $S_x(3|0)$; $S_y(0|\sqrt{3})$ b) $A_1 = 2\sqrt{3}$
   c) $p = 2$; $A_\Delta = 1$; $A_\Delta : A_1 = 28{,}9\,\%$
   d) Spiegeln an der x-Achse; Verschieben um $\sqrt{3}$ nach oben e) $A_2 = \sqrt{3}$

Seite 74

7. a) $\lim\limits_{x \to \infty} f(x) = 0$, $\lim\limits_{x \to -\infty} f(x) = +\infty$; Nullstelle: $x_1 = 0$ (zweifach)
   b) $f'(x) = (2x - x^2) \cdot e^{-x}$, $f''(x) = (x^2 - 4x + 2) \cdot e^{-x}$

x	$-\infty < x < 0$	$x = 0$	$0 < x < 2$	$x = 2$	$2 < x < \infty$
G_f	fällt	Tiefpunkt $T(0\|0)$	steigt	Hochpunkt $H(2\|4e^{-2})$	fällt

   $f''(x) = 0$ hat zwei Nullstellen $\Rightarrow G_f$ hat höchstens zwei Wendepunkte; zwischen T und H muss ein Wendepunkt liegen; zwischen der Rechtskrümmung in H und der Linkskrümmung bei Annäherung an die x-Achse muss es einen weiteren Wendepunkt geben; also insgesamt genau zwei Wendepunkte: $W_1(\approx 0{,}59|\approx 0{,}19)$, $W_2(\approx 3{,}41|\approx 0{,}38)$
   c) $f(-1) = e$ d) $F(x) = (-x^2 - 2x - 2) \cdot e^{-x}$
   e) $A = 2$ f) $p = 3$; $33{,}6\,\%$ von A

8. a) $\lim\limits_{x\to\infty} f(x) = \lim\limits_{x\to\infty} g(x) = 0$; $\lim\limits_{x\to-\infty} f(x) = +\infty$; $\lim\limits_{x\to-\infty} g(x) = -\infty$

   b) G_f: $S_{fx}(-1|0)$ (zweifache Nullstelle), $S_{fy}(0|e)$
   G_g: $S_{gx}(-1|0)$ (einfache Nullstelle), $S_{gy}(0|2e)$

   c) G_f: $T_f(-1|0)$, $H_f(1|4)$; $W_f = \mathbb{R}_0^+$; G_g: $H_g(0|2e)$; $W_g =]-\infty; 2e]$

   d) Schnittpunkte: $S_{fx}(-1|0)$, $H_f(1|4)$ e) 2. Bild, G_f: rot, G_g: blau.   f) $A = 4$

Seite 75

9. a) $D_{max} = \mathbb{R}^+$; $\lim\limits_{x\to 0+0} f(x) = -\infty$; $\lim\limits_{x\to\infty} f(x) = 0$ b) $x_1 = e^{-1}$

   c) $f'(x) = -\frac{\ln x}{x^2}$; $f''(x) = \frac{2\ln x - 1}{x^3}$; $H(1|1)$
   $f''(x) = 0 \Leftrightarrow x = \sqrt{e} \Rightarrow$ höchstens ein Wendepunkt;
   Krümmungswechsel zwischen der Rechtskrümmung in H und der Linkskrümmung bei Annäherung an die x-Achse für $x \to +\infty \Rightarrow$ genau ein Wendepunkt
   $W(\sqrt{e}|\frac{3}{2\sqrt{e}})$

   d) –   e) $\int f(x)\,dx = \ln x + \frac{1}{2}(\ln x)^2 + c$ f) $A = \frac{1}{2}$

Kapitel 5, Seite 93

1. a) Durch Multiplikation der Anzahl der Möglichkeiten der einzelnen Stufen.
   b) 125   c) 125   d) 450   e) 60   f) 125

Seite 96

12. a)

	B	$\overline{B}$	
K	0,27 %	0,03 %	0,3%
$\overline{K}$	4,985 %	94,715 %	99,7 %
	5,255 %	94,745 %	100 %

   b) $\frac{0{,}27\,\%}{5{,}255\,\%} \approx 5{,}1\,\%$

   c) $\frac{0{,}03\,\%}{94{,}745\,\%} \approx 0{,}03\,\%$

13. a)

k	0	1	2	3
P(X = k)	39,3 %	47,1 %	12,9 %	0,7%

   b) 0,75

   c) P(„Genau 2“) ≈ 13,4 %

14. a) Von links nach rechts: Adenauer, de Gaulle, Churchill

   b)

k	0	1	2	3
P(X = k)	$\frac{1}{3}$	$\frac{1}{2}$	0	$\frac{1}{6}$

   c) 1   d) $\sigma^2 = \sigma = 1$

Kapitel 6, Seite 112

17. a) 2 b) $0{,}20133 \approx 20{,}1\,\%$ c) $0{,}12087 \approx 12{,}1\,\%$ d) $0{,}01342 \approx 1{,}3\,\%$
    e) $0{,}06040 \approx 6{,}0\,\%$ f) $0{,}08192 \approx 8{,}2\,\%$ g) 90 Muscheln

18. a) $n = 25$; $p = 0{,}4$ b) $0{,}45875 \approx 45{,}9\,\%$

19. a) $0{,}11109 \approx 11{,}1\,\%$ b) 29 Chips
    c) Mit 14 % Wahrscheinlichkeit ist ein Chip fehlerhaft und wird ausgesondert. $\frac{14}{15}$ der fehlerhaften Chips werden ausgesondert.

Kapitel 7, Seite 121/122

1. a) A b) C c) D, G, H d) A, D e) A, C
   f) A, C, D, E g) C h) D i) C, D, E k) C

Seite 122

2. a) –
   b) $P_N(V) = 0{,}8$: Wahrscheinlichkeit, dass eine zufällig ausgewählte Person, die Nichtraucher ist, für ein Rauchverbot stimmt.
   $P(N \cap V) = 0{,}32$: Wahrscheinlichkeit, dass eine zufällig ausgewählte Person Nichtraucher ist und für das Rauchverbot stimmt.
   c) $P(V) = 56\,\%$ d) $P_V(G) \approx 26{,}8\,\%$
   e) $P_{\overline{V}}(R) \approx 47{,}7\,\%$ f) auf 80 % ansteigen

Seite 123

3. a) $P(M \cap W) = 0{,}12$; $P(M) \cdot P(W) = 0{,}55 \cdot 0{,}25 \approx 0{,}14$; Abhängigkeit
   b) $P(\overline{W} \cap \overline{E}) = 24{,}8\,\%$

4. a) $0{,}00671 \approx 0{,}67\,\%$ b) $0{,}30199 \approx 30{,}2\,\%$ c) $0{,}06040 \approx 6{,}0\%$
   d) $0{,}01678 \approx 1{,}7\,\%$ e) $0{,}87913 \approx 87{,}9\,\%$ f) $0{,}32220 \approx 32{,}2\,\%$
   g) $0{,}61782 \approx 61{,}8\,\%$ h) mindestens 21 i) –

Kapitel 8, Seite 131

10. a) $|\vec{a}| = \sqrt{\vec{a} \circ \vec{a}}$; z. B. $\vec{a} = \begin{pmatrix} 2 \\ 2 \\ 1 \end{pmatrix}$ b) 7 c) $\cos 90° = 0$
    d) i) $\vec{a} \perp \vec{b}$ ii) $\varphi = 70{,}9°$ iii) $\vec{a} \perp \vec{b}$
    e) i) z. B. $\begin{pmatrix} 5 \\ -2 \\ 1 \end{pmatrix}$ und $\begin{pmatrix} 17 \\ 2 \\ -1 \end{pmatrix}$ ii) z. B. $\begin{pmatrix} 0 \\ 1 \\ -1 \end{pmatrix}$ und $\begin{pmatrix} 2 \\ -2 \\ 0 \end{pmatrix}$ iii) z. B. $\begin{pmatrix} 0 \\ -6 \\ 5 \end{pmatrix}$ und $\begin{pmatrix} -5 \\ 4 \\ 0 \end{pmatrix}$
    iv) z. B. $\begin{pmatrix} 0 \\ 4 \\ 3 \end{pmatrix}$ und $\begin{pmatrix} 3 \\ 2 \\ 0 \end{pmatrix}$ v) z. B. $\begin{pmatrix} 0 \\ 5 \\ 2 \end{pmatrix}$ und $\begin{pmatrix} 2 \\ 3 \\ 0 \end{pmatrix}$

Seite 132

14. a) $\alpha = \beta = 45°$; $\gamma = 90°$ Gleichschenkliges, rechtwinkliges Dreieck
    b) $M(-3|0|1)$; $A_{Umkreis} = 36\pi$; 31,8 %

Seite 137

8. a) K: $(x_1 - 2)^2 + (x_2 + 3)^2 + (x_3 - 4)^2 = 121$
   b) P auf, Q innen, R und S außen
   c) nein

9. a) K: $x_1^2 + x_2^2 + x_3^2 = 81$ A) Passante B) Tangente $B(6|3|6)$
   C) Sekante $S_1(-4|4|7)$, $S_2(8|-4|-1)$
   b) –
   c) K: $x_1{}^2 + (x_2 - 1)^2 + (x_3 + 2)^2 = 36$ A) Passante
   B) Sekante: $S_1(2|-3|-6)$; $S_2(4|3|2)$ C) Tangente: $B(4|-1|2)$

10. a) Passante
    b) Sekante: $P_1(0|2|10)$; $P_2(4|8|6)$
    c) Tangente: $B(-3|7|6)$

Kapitel 9, Seite 142

10. a) $\vec{a} \times \vec{b} = \begin{pmatrix} -3 \\ 6 \\ -3 \end{pmatrix}$ b) $\vec{a} \times \vec{b} = \begin{pmatrix} 6 \\ 3 \\ -6 \end{pmatrix}$ c) $\vec{a} \times \vec{b} = \begin{pmatrix} -3 \\ -6 \\ -3 \end{pmatrix}$ d) $\vec{a} \times \vec{b} = \begin{pmatrix} 0 \\ 0 \\ 0 \end{pmatrix}$

11. a) $D(2|7|2)$, $F(8|1|4)$, $G(10|8|6)$, $H(6|8|6)$
    b) $A_{Pllgr} = 4\sqrt{53} \approx 29{,}1$
    c) $V_{Spat} = 104$

Seite 151

9. a) –
   b) M teilt [AC] im Verhältnis 3:5 und [BD] im Verhältnis 1:1
   c) Achsensymmetrie zu AC; Drachenviereck
   d) $\measuredangle BAD = 90°$ (Thaleskreis)
   e) $A_{Viereck} = 300$
   f) E: $11x_1 + 2x_2 - 10x_3 = 0$
   g) g: $\vec{X} = \begin{pmatrix} -10 \\ 5 \\ -10 \end{pmatrix} + \lambda \cdot \begin{pmatrix} 11 \\ 2 \\ -10 \end{pmatrix}$
   h) $V_{Pyramide} = 1500$

Seite 161

12. a) $F(-1|-2|1)$ b) $\overrightarrow{P^*} = \vec{F} + \overrightarrow{PF}$; $P^*(-3|0|3)$
c) D ist der Spiegelpunkt von B an der Geraden AC

13. a) $\frac{7}{2}$ b) $\frac{13}{2}$

14. a) $V = \frac{3}{2}$ b) $h = \frac{12}{\sqrt{14}} = \frac{6}{7}\sqrt{14}$

15. a) – b) 68,2°; 60,5° c) 82,1° d) $\frac{80}{3}$

16. a) $E: -2x_1 - x_2 + 2x_3 + 4 = 0$
b) Zwei parallele Seiten, zwei gleich lange Seiten; gleichschenkliges Trapez
c) $M(0|4|0)$ d) $d = \frac{3}{2}\sqrt{2}$ e) $F = 13{,}5$

Kapitel 10, Seite 174/175

1. a) A, B b) C c) A d) B, C e) B
f) B g) B h) B i) B, C k) C
l) A, B m) C n) A, C o) B

Seite 175

2. a) $S(1|4|9)$ b) $S(-3{,}5|-5|0)$ c) $S(-1|-2|1)$
d) $\vec{X} = \begin{pmatrix} 0 \\ 0 \\ 6 \end{pmatrix} + \sigma \cdot \begin{pmatrix} 1 \\ -1 \\ -4 \end{pmatrix}$ e) $\vec{X} = \begin{pmatrix} 0 \\ 2 \\ 0 \end{pmatrix} + \lambda \cdot \begin{pmatrix} 1 \\ -2 \\ -2 \end{pmatrix}$

3. a) – b) $\vec{X} = \begin{pmatrix} 3 \\ 2 \\ -1 \end{pmatrix} + \lambda \cdot \begin{pmatrix} 0 \\ -4 \\ 2 \end{pmatrix} + \mu \cdot \begin{pmatrix} -6 \\ 0 \\ 2 \end{pmatrix}$ c) $\vec{X} = \lambda \cdot \begin{pmatrix} 3 \\ 1 \\ -1 \end{pmatrix} + \mu \cdot \begin{pmatrix} -6 \\ 2 \\ -2 \end{pmatrix}$
d) $\vec{X} = \begin{pmatrix} 0 \\ 3 \\ 6 \end{pmatrix} + \lambda \cdot \begin{pmatrix} 0 \\ -2 \\ 4 \end{pmatrix} + \mu \cdot \begin{pmatrix} 1 \\ -3 \\ -6 \end{pmatrix}$ e) $\vec{X} = \begin{pmatrix} -2 \\ 0 \\ 0 \end{pmatrix} + \sigma \cdot \begin{pmatrix} -1 \\ 2 \\ 1 \end{pmatrix} + \tau \cdot \begin{pmatrix} 6 \\ -6 \\ 0 \end{pmatrix}$ f) –

Seite 176

4. a) 109,5° b) 70,5° c) 90° d) 63,4°

5. a) $d = 9$ b) $d = 7$ c) $d = \sqrt{14}$ d) $d = 3\frac{1}{3}$

6. a) Startpunkt $(0|200|0)$, Steigrate 4 Meter pro Sekunde
b) Geschwindigkeit: $36\,\frac{m}{s}$; nach 25 s hat sie 900 m zurückgelegt und befindet sich in einer Höhe von 100 m.
c) Entfernung beim Abheben: 200,25 m
Die minimale Entfernung wird nach 2,5 s in einer Höhe von 10 m erreicht und beträgt 178,89 m.

Abschätzen des Inhalts einer Fläche zwischen Graph und x-Achse

- mit ein- und umbeschriebenen Rechtecken (*Untersumme* s_n und *Obersumme* S_n)
- mit Trapezen

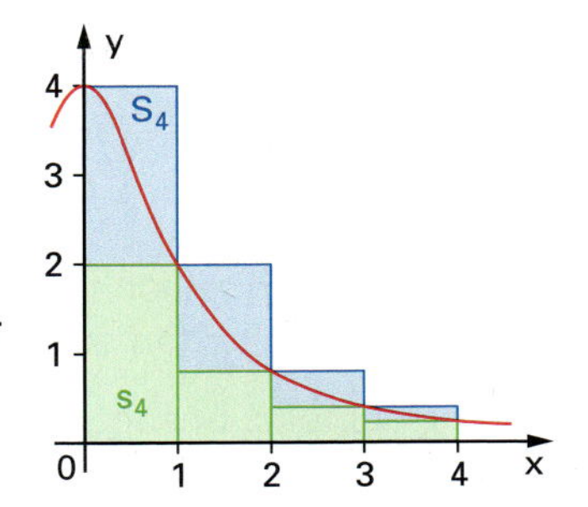

Beispiel: $f(x) = \frac{4}{x^2+1}$; $x \in \mathbb{R}$

Abschätzen des Inhalts A der Fläche unter G_f von 0 bis 4

- durch Rechtecke der Breite $\Delta x = 1$

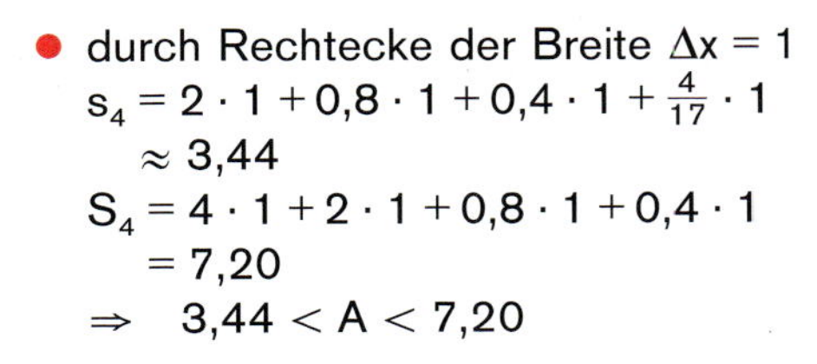

$s_4 = 2 \cdot 1 + 0{,}8 \cdot 1 + 0{,}4 \cdot 1 + \frac{4}{17} \cdot 1$

$\approx 3{,}44$

$S_4 = 4 \cdot 1 + 2 \cdot 1 + 0{,}8 \cdot 1 + 0{,}4 \cdot 1$

$= 7{,}20$

$\Rightarrow \quad 3{,}44 < A < 7{,}20$

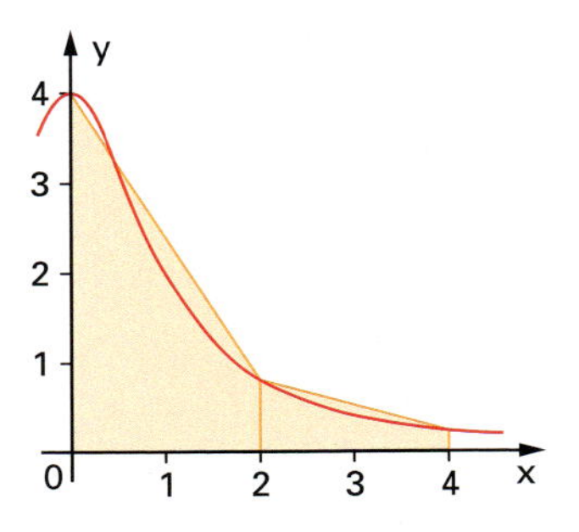

- durch zwei Trapeze der Höhe $h = 2$

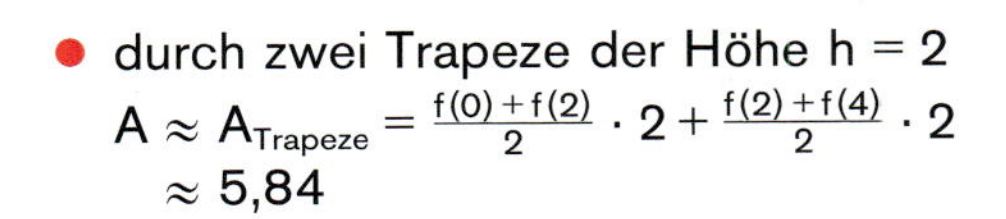

$A \approx A_{\text{Trapeze}} = \frac{f(0)+f(2)}{2} \cdot 2 + \frac{f(2)+f(4)}{2} \cdot 2$

$\approx 5{,}84$

Das bestimmte Integral

Die Funktion f sei im Intervall [a; b] definiert und abschnittsweise monoton. Dann haben Untersumme s_n und Obersumme S_n den gleichen Grenzwert. Dieser heißt **bestimmtes Integral** von a bis b von f:

$$\int_a^b f(x)\,dx = \lim_{n \to \infty} s_n = \lim_{n \to \infty} S_n$$

Das bestimmte Integral liefert die **Flächenbilanz** der Flächenstücke, die im Intervall [a; b] zwischen G_f und der x-Achse liegen: Wird in Richtung wachsender x-Werte integriert, werden die Inhalte der Flächenstücke oberhalb der x-Achse positiv gezählt, die unterhalb der x-Achse negativ.

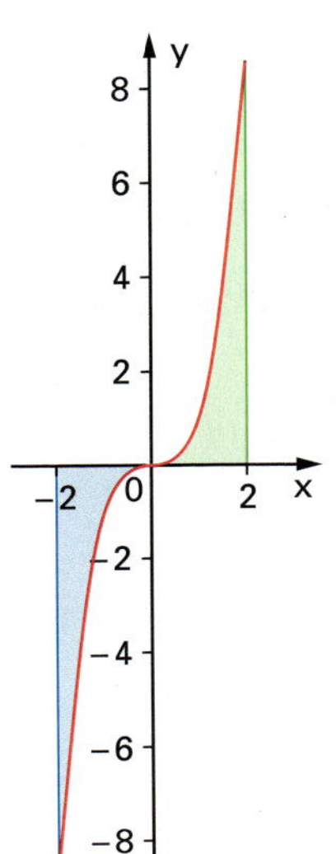

Beispiel: $f(x) = x^3$; $x \in \mathbb{R}$; G_f ist symmetrisch zu O.

Es ist $\int_0^2 x^3 dx = 4 \quad \Rightarrow \quad \int_{-2}^0 x^3 dx = -4 \quad \Rightarrow \quad \int_{-2}^2 x^3 dx = 0$

Flächeninhalt : $A = \left| \int_{-2}^0 x^3 dx \right| + \int_0^2 x^3 dx = |-4| + 4 = 8$

Hauptsatz der Differenzial- und Integralrechnung

Ist die Funktion f stetig, dann ist die Ableitung der Integralfunktion I_a gleich der Integrandenfunktion f:

$$I_a(x) = \int_a^x f(t)\,dt \quad \Rightarrow \quad I_a'(x) = f(x)$$

Eine Funktion F ist eine **Stammfunktion** der Funktion f, wenn die Ableitung von F gleich der Funktion f ist: $F'(x) = f(x)$. Zwei Stammfunktionen F_1 und F_2 einer Funktion f unterscheiden sich nur um eine Konstante: $F_2(x) = F_1(x) + c$

Der Hauptsatz besagt, dass *jede Integralfunktion* I_a eine *Stammfunktion* der Integrandenfunktion f ist.

Jede Integralfunktion I_a hat an ihrer unteren Grenze a eine Nullstelle. Deshalb ist eine *Stammfunktion* nur dann eine *Integralfunktion*, wenn sie eine *Nullstelle* hat.

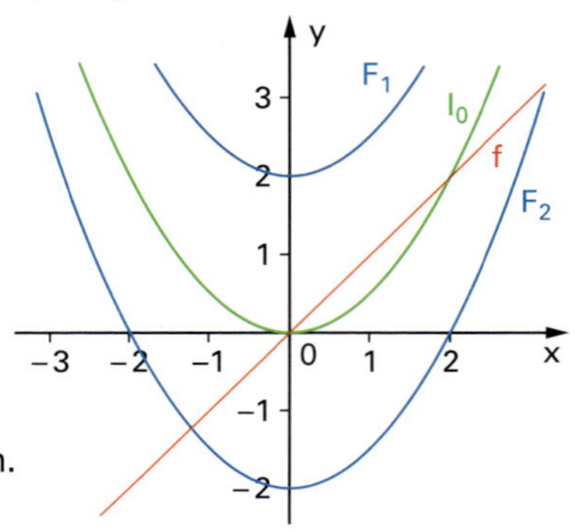

Beispiel: $f(x) = x \quad \Rightarrow \quad I_0(x) = \int_0^x t\,dt = \frac{1}{2}x^2$

$F_1(x) = \frac{1}{2}x^2 + 2$ ist keine Integralfunktion.
$F_2(x) = \frac{1}{2}x^2 - 2$ ist eine Integralfunktion (mit der unteren Grenze $a = 2$ oder $a = -2$).

Die *Menge aller Stammfunktionen* von f heißt **unbestimmtes Integral** $\int f(x)\,dx$.

Grundintegrale

$\int x^r dx = \frac{1}{r+1}x^{r+1} + c \quad (r \neq -1)$

$\int \sin x\,dx = -\cos x + c$

$\int e^x dx = e^x + c$

$\int \frac{1}{x}\,dx = \ln|x| + c$

$\int \cos x\,dx = \sin x + c$

$\int \ln x\,dx = x \cdot \ln x - x + c$

Integrationsregeln

- *Faktorregel:* Einen konstanten Faktor darf man vor das Integral ziehen.
  $\int k \cdot f(x)\,dx = k \cdot \int f(x)\,dx$
- *Summenregel:* Eine Summe darf man gliedweise integrieren.
  $\int (f(x) + g(x))\,dx = \int f(x)\,dx + \int g(x)\,dx$

Beispiele:

a) $\int \ln x^5 dx = \int 5 \cdot \ln x\,dx = 5 \cdot \int \ln x\,dx = 5 \cdot (x \cdot \ln x - x) + c$

b) $\int \frac{x+1}{x}\,dx = \int (1 + \frac{1}{x})\,dx = \int dx + \int \frac{1}{x}\,dx = x + \ln|x| + c$

c) $\int \frac{2x+3}{x^2}\,dx = 2 \cdot \int \frac{1}{x}\,dx + 3 \cdot \int x^{-2} dx = 2 \cdot \ln|x| - \frac{3}{x} + c$

Von der „Kettenregel rückwärts“ zu Integrationsformeln

- Da beim Nachdifferenzieren von $F(ax+b)$ der lineare Term $ax+b$ den Faktor a liefert, gilt: $\int f(ax+b)\,dx = \frac{1}{a}F(ax+b)+c$
- Logarithmische Integration: $\int \frac{f'(x)}{f(x)}\,dx = \ln|f(x)|+c$
- Ableitung des Exponenten gesucht: $\int f'(x)\cdot e^{f(x)}dx = e^{f(x)}+c$

Beispiele:

a) $\int (2x+3)^4\,dx = \frac{1}{2}\cdot\frac{1}{5}\cdot(2x+3)^5+c = \frac{1}{10}(2x+3)^5+c$

b) $\int e^{-x}dx = -e^{-x}+c$

c) $\int \sqrt{3-2x}\,dx = \int (3-2x)^{\frac{1}{2}}dx = (-\frac{1}{2})\cdot\frac{2}{3}\cdot(3-2x)^{\frac{3}{2}}+c$
$= -\frac{1}{3}\cdot(3-2x)^{\frac{3}{2}}+c$

d) $\int \sin\left(\frac{\pi}{12}(x-3)\right)dx = -\frac{12}{\pi}\cos\left(\frac{\pi}{12}(x-3)\right)+c$

e) $\int \frac{x}{x^2-1}\,dx = \frac{1}{2}\int\frac{2x}{x^2-1}\,dx = \frac{1}{2}\ln|x^2-1|+c$

f) $\int x\cdot e^{1-2x^2}dx = -\frac{1}{4}\int(-4x)\cdot e^{1-2x^2}dx = -\frac{1}{4}e^{1-2x^2}+c$

Flächenberechnung mithilfe irgendeiner Stammfunktion

Ist F irgendeine Stammfunktion der Funktion f, dann ist das bestimmte Integral von a bis b gleich der Änderung $F(b)-F(a)$ von F im Intervall $[a;b]$:

$$\int_a^b f(x)\,dx = [F(x)]_a^b = F(b)-F(a)$$

Beispiel: Inhalt der bis ins Unendliche reichenden Fläche, die der Graph der Funktion $x \mapsto xe^{-x^2}$ im I. Quadranten mit der x-Achse einschließt

$$A = \lim_{b\to\infty}\int_0^b xe^{-x^2}dx = \lim_{b\to\infty}(-\tfrac{1}{2})\int_0^b(-2x)\cdot e^{-x^2}dx$$
$$= \lim_{b\to\infty}(-\tfrac{1}{2})[e^{-x^2}]_0^b = (-\tfrac{1}{2})(\underbrace{\lim_{b\to\infty}e^{-b^2}}_{=0}-e^0) = \tfrac{1}{2}$$

Fläche zwischen den Graphen zweier Funktionen

Verläuft im Intervall $[a;b]$ G_f oberhalb von G_g, so gilt für den Inhalt A der Fläche zwischen G_f und G_g: $A = \int_a^b (f(x)-g(x))\,dx$

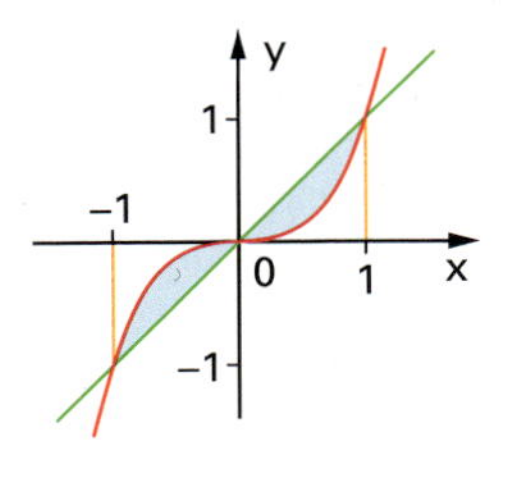

Beispiel: $f(x) = x^3$; $g(x) = x$

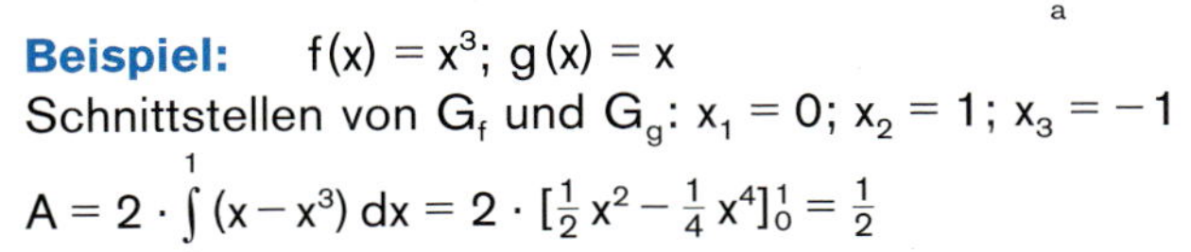
Schnittstellen von G_f und G_g: $x_1 = 0$; $x_2 = 1$; $x_3 = -1$

$$A = 2\cdot\int_0^1 (x-x^3)\,dx = 2\cdot[\tfrac{1}{2}x^2-\tfrac{1}{4}x^4]_0^1 = \tfrac{1}{2}$$

Zufallsgrößen

Bei einem Zufallsversuch sind wir oft an einer durch das Ergebnis bestimmten Zahl, z. B. bei einem Gewinnspiel am Gewinn interessiert. Eine Funktion, die jedem Ergebnis ω_k eine Zahl x_i zuordnet, heißt **Zufallsgröße** X.
Jeder Wert x_i der Zufallsgröße X tritt mit einer bestimmten Wahrscheinlichkeit $P(X = x_i)$ ein. Die **Wahrscheinlichkeitsverteilung** von X, d. h. die Werte $x_1, x_2, \ldots, x_n$ und die zugeordneten Wahrscheinlichkeiten $P(X = x_1), P(X = x_2), \ldots, P(X = x_n)$, wird häufig in Form einer Tabelle angegeben.

Beispiel: A und B werfen je eine ideale Münze. Fällt zweimal Wappen (W), erhält A von B 2 €. Fällt einmal W muss A an B 1 € bezahlen. Fällt zweimal Zahl (Z), bezahlt keiner der Spieler. X sei der Gewinn des A in Euro.

Wahrscheinlichkeitsverteilung

ω	ZZ	ZW WZ	WW
x	0	−1	2
P(X = x)	$\frac{1}{4}$	$\frac{1}{2}$	$\frac{1}{4}$

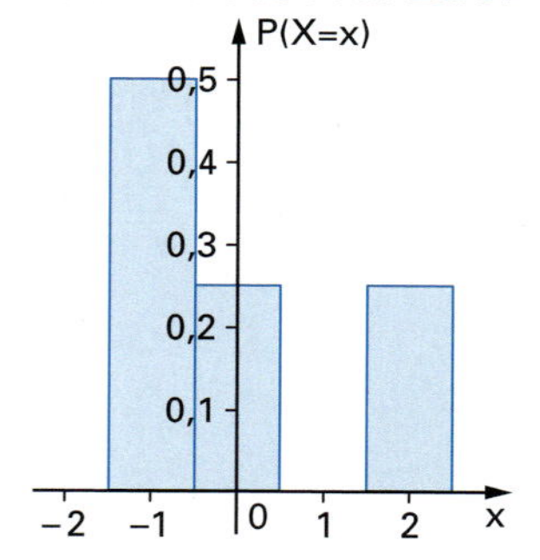

Erwartungswert und Varianz

Der **Erwartungswert** E(X) einer Zufallsgröße X ist der zu erwartende Mittelwert

$$E(X) = x_1 \cdot P(X = x_1) + \ldots + x_n \cdot P(X = x_n) = \mu.$$

Die **Varianz** ist die mittlere quadratische Abweichung vom Erwartungswert μ

$$Var(X) = (x_1 - \mu)^2 \cdot P(X = x_1) + \ldots + (x_n - \mu)^2 \cdot P(X = x_n)$$

und die **Standardabweichung** σ die Wurzel aus der Varianz $\sigma = \sqrt{Var(X)}$.

Beispiel: Wir greifen das Gewinnspiel des Beispiels zu den Zufallsgrößen auf:

$$E(X) = 0 \cdot \tfrac{1}{4} + (-1) \cdot \tfrac{1}{2} + 2 \cdot \tfrac{1}{4} = 0$$

Es ist zu erwarten, dass in einer langen Serie von Spielen keiner gewinnt. Das *Spiel ist fair*.

$$Var(X) = (0-0)^2 \cdot \tfrac{1}{4} + (-1-0)^2 \cdot \tfrac{1}{2} + (2-0)^2 \cdot \tfrac{1}{4} = \tfrac{3}{2}$$

$$\sigma = \sqrt{1{,}5} \approx 1{,}2$$

Permutationen und Kombinationen

Eine Anordnung von n verschiedenen Objekten nennt man **Permutation**. Es gibt

$$n! = n \cdot (n-1) \cdot (n-2) \cdot \ldots \cdot 3 \cdot 2 \cdot 1$$ gelesen: n Fakutät

Permutationen von n Objekten. Es sei $0! = 1$ und $1! = 1$.

Eine Auswahl von k Objekten – ohne Beachtung der Reihenfolge – aus n verschiedenen Objekten nennt man **Kombination**. Dafür gibt es

$$\binom{n}{k} = \frac{n \cdot (n-1) \cdot (n-2) \cdot \ldots \cdot (n-k+1)}{1 \cdot 2 \cdot 3 \cdot \ldots \cdot k} = \frac{n!}{k! \cdot (n-k)!}$$ gesprochen: „k aus n“

Möglichkeiten. $\binom{n}{k}$ heißt **Binomialkoeffizient**.

Beispiel: Ein Zugabteil hat 6 Plätze. In diesem können

- 6 Personen auf $6! = 6 \cdot 5 \cdot 4 \cdot 3 \cdot 2 \cdot 1 = 720$ Arten Platz nehmen.
- 3 Plätze auf $\binom{6}{3} = \frac{6 \cdot 5 \cdot 4}{1 \cdot 2 \cdot 3} = 20$ Arten reserviert werden.

Ziehen ohne Zurücklegen (Hypergeometrische Verteilung)

Aus einer Urne mit N Kugeln, von denen S schwarz sind, werden n Kugeln **ohne Zurücklegen** gezogen. Die Zufallsgröße X sei die Anzahl der gezogenen schwarzen Kugeln. Dann gilt für die zugehörige Wahrscheinlichkeitsverteilung:

$$P(X = k) = \frac{\binom{S}{k} \cdot \binom{N-S}{n-k}}{\binom{N}{n}}$$

Beispiel: Aus 8 Schülern, von denen 3 wöchentlich in einem Leichtathletikverein trainieren, werden zwei Staffeln zu je 4 Läufern ausgelost. X sei die Anzahl der trainierten Läufer in der ersten Staffel.

$$P(X = 0) = \frac{\binom{3}{0} \cdot \binom{5}{4}}{\binom{8}{4}} = \frac{5}{70}$$

$$P(X = 1) = \frac{\binom{3}{1} \cdot \binom{5}{3}}{70} = \frac{30}{70} = \frac{\binom{3}{2} \cdot \binom{5}{2}}{70} = P(X = 2)$$

$$P(X = 3) = \frac{\binom{3}{3} \cdot \binom{5}{1}}{70} = \frac{5}{70}$$

$\Rightarrow \quad E(X) = 1{,}5$

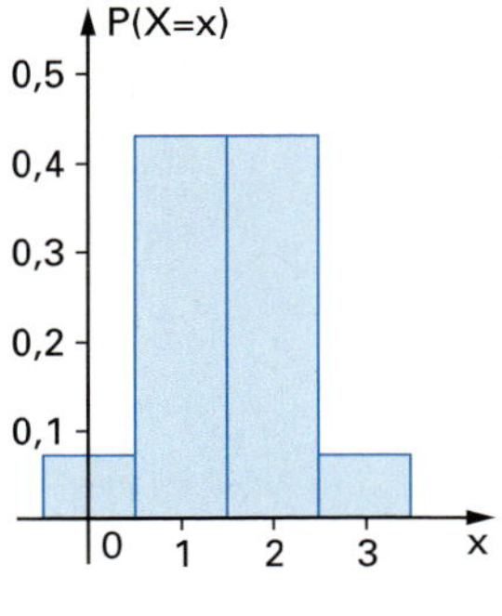

P(X=x)
0,5
0,4
0,3
0,2
0,1
0 1 2 3 x

Die Bernoulli-Kette

Ein Zufallsexperiment mit nur zwei möglichen Ergebnissen heißt **Bernoulli-Experiment**. Die beiden Ergebnisse nennt man **Treffer „1"** und **Niete „0"**.
Die **Trefferwahrscheinlichkeit** bezeichnet man mit p, die Nietenwahrscheinlichkeit $1-p$ auch mit q. Die n-malige *unabhängige* Durchführung eines Bernoulli-Experiments heißt **Bernoulli-Kette** der Länge n.
Treten in einer Bernoulli-Kette genau k Treffer auf, dann gibt es noch $n-k$ Nieten.

Beispiel: 43 % der Deutschen haben Blutgruppe A. Fünf Personen werden zufällig ausgewählt und auf ihre Blutgruppe untersucht.
X sei die Anzahl der Untersuchten mit Blutgruppe A. 1 bedeutet „Blutgruppe A", 0 „nicht Blutgruppe A". Es ist $p = 0{,}43$ und $q = 0{,}57$.

- Alle haben Blutgruppe A: $P^5_{0,43}(X = 5) = 0{,}43^5 \approx 1{,}5\,\%$
- Genau der Erste und der Letzte haben A: $P^5_{0,43}(10001) = 0{,}43^2 \cdot 0{,}57^3 \approx 3{,}4\,\%$
- Genau zwei aufeinanderfolgende haben A: $P^5_{0,43}(E) = 4 \cdot 0{,}43^2 \cdot 0{,}57^3 \approx 13{,}7\,\%$
- Genau zwei haben A: $P^5_{0,43}(X = 2) = \binom{5}{2} \cdot 0{,}43^2 \cdot 0{,}57^3 \approx 34{,}2\,\%$
- Mindestens einer hat A: $P^5_{0,43}(X \geq 1) = 1 - P^5_{0,43}(X = 0) = 1 - 0{,}57^5 \approx 94{,}0\,\%$

Die Binomialverteilung

X sei die Anzahl der Treffer einer Bernoulli-Kette der Länge n. Die Wahrscheinlichkeitsverteilung von X heißt **Binomialverteilung**: Die Wahrscheinlichkeit für k Treffer berechnet sich mit der **Bernoulli'schen Formel**:

$$P^n_p(X = k) = \binom{n}{k} \cdot p^k \cdot q^{n-k},\ k \in \{0, 1, \ldots, n\}$$

Der **Erwartungswert** von X ist $\mu = E(X) = np$, die Varianz $Var(X) = npq$ und die **Standardabweichung** $\sigma = \sqrt{npq}$.

Beispiel: Binomialverteilung zu $n = 4$, $p = 0{,}4$

$P^4_{0,4}(X = 0) = 0{,}6^4 \approx 13{,}0\,\%$

$P^4_{0,4}(X = 1) = \binom{4}{1} \cdot 0{,}4 \cdot 0{,}6^3 \approx 34{,}6\,\%$

$P^4_{0,4}(X = 2) = \binom{4}{2} \cdot 0{,}4^2 \cdot 0{,}6^2 \approx 34{,}6\,\%$

$P^4_{0,4}(X = 3) = \binom{4}{3} \cdot 0{,}4^3 \cdot 0{,}6 \approx 15{,}4\,\%$

$P^4_{0,4}(X = 4) = 0{,}4^4 \approx 2{,}6\,\%$

Erwartungswert $\mu = np = 4 \cdot 0{,}4 = 1{,}6$

$Var(X) = npq = 0{,}96$; $\sigma = \sqrt{npq} \approx 0{,}98$

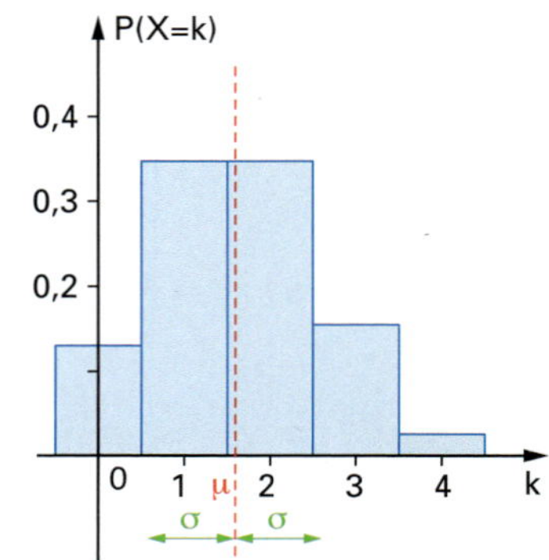

Der Signifikanztest

Durch eine Stichprobe soll entschieden werden, ob eine Vermutung, **Nullhypothese** H_0 genannt, abgelehnt oder beibehalten wird. Vor der Durchführung werden die möglichen Werte der Stichprobe in einen **Annahmebereich** A und einen **Ablehnungsbereich** $\overline{A}$ von H_0 aufgeteilt. Beim Test können zwei Fehler auftreten: Beim **Fehler 1. Art** wird die *wahre Hypothese* H_0 irrtümlich *abgelehnt*. Der Höchstwert α, den seine Wahrscheinlichkeit nicht überschreiten darf, heißt **Signifikanzniveau**. Beim **Fehler 2. Art** wird die *falsche Hypothese* irrtümlich *beibehalten*.

Beispiel: Ein Käufer von Saatkartoffeln befürchtet, dass mindestens 20 % der Kartoffeln von Viren befallen sind. Er lässt seine Vermutung durch die Untersuchung von 100 Kartoffeln auf dem Signifikanzniveau $\alpha = 5\,\%$ testen.

Nullhypothese H_0: $p \geq 0{,}20$; X sei die Anzahl der befallenen Kartoffen in der Stichprobe. Bei wenig befallenen Kartoffeln wird abgelehnt, bei vielen angenommen. Der größte Wert im Ablehnungsbereich sei k: $\overline{A} = \{0;\ldots;k\}$, $A = \{k+1;\ldots;100\}$
Fehler 1. Art: $P^{100}_{0,2}(X \leq k) \leq 0{,}05 \quad \Rightarrow \quad k = 13$ (Tafelwerk)
Entscheidungsregel: $\overline{A} = \{0;\ldots;13\}$, $A = \{14;\ldots;100\}$
Bei $p = 20\,\%$ sind in der Stichprobe 20 befallene Kartoffeln zu erwarten. Der Käufer akzeptiert aufgrund des Tests aber erst dann $p < 20\,\%$, wenn höchstens 13 befallen sind.

Parameterdarstellung von Geraden

Die Gerade g durch den Punkt A in Richtung des Vektors $\vec{u}$ beschreibt

$$\vec{X} = \vec{A} + \lambda \cdot \vec{u} \quad \text{mit} \quad \lambda \in \mathbb{R}.$$

Zu jedem reellen Parameterwert λ gibt es einen Punkt X der Geraden. Wir nennen A auch Stützpunkt von g.

Sind von einer Geraden zwei Punkte A und B bekannt, so wählt man einen der beiden Punkte als Stützpunkt. Als **Richtungsvektor** $\vec{u}$ nimmt man den **Verbindungsvektor** $\overrightarrow{AB}$ oder einen dazu parallelen Vektor.

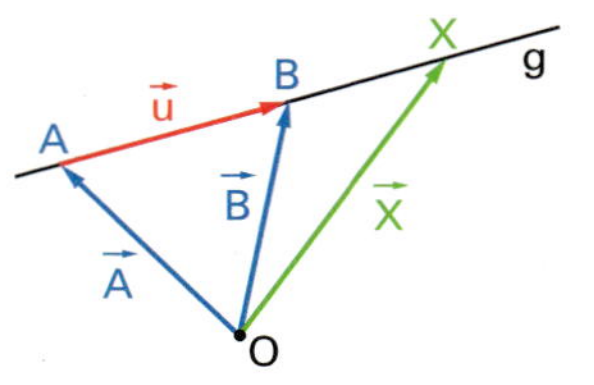

Beispiel: Gerade durch $A(1|2|-3)$ und $B(3|-2|1)$

Richtungsvektor: $\vec{u} = \overrightarrow{AB} = \vec{B} - \vec{A} = \begin{pmatrix} 3-1 \\ -2-2 \\ 1+3 \end{pmatrix} = \begin{pmatrix} 2 \\ -4 \\ 4 \end{pmatrix}$

$\Rightarrow$ Gerade AB: $\vec{X} = \begin{pmatrix} 1 \\ 2 \\ -3 \end{pmatrix} + \lambda \begin{pmatrix} 2 \\ -4 \\ 4 \end{pmatrix}$

Ebenengleichungen

- *Parameterform*
  Anstatt „$\vec{u}$ ist kein Vielfaches von $\vec{v}$“ sagt man auch „$\vec{u}$ und $\vec{v}$ sind *linear unabhängig*“. Damit die Gleichung
  $$\vec{X} = \vec{A} + \lambda \cdot \vec{u} + \mu \cdot \vec{v} \quad \text{mit } \lambda, \mu \in \mathbb{R}$$
  eine Ebene beschreibt, müssen die Richtungsvektoren $\vec{u}$ und $\vec{v}$ *linear unabhängig* sein.

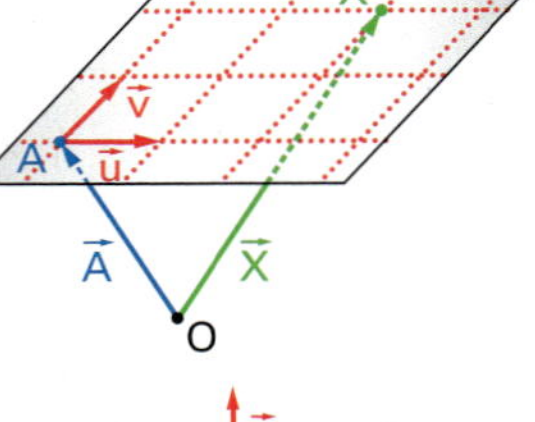

- *Normalenform*
  A ist ein Punkt und $\vec{n}$ ein Normalenvektor der Ebene E:
  $$\vec{n} \circ (\vec{X} - \vec{A}) = 0$$
  Die ausmultiplizierte Form $n_1x_1 + n_2x_2 + n_3x_3 - c = 0$ heißt auch *Koordinatenform*.

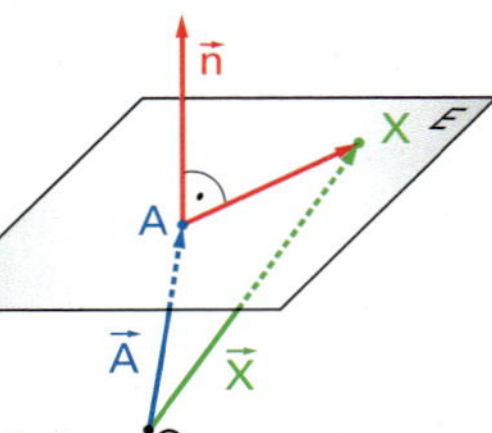

Beispiel: Ebene E durch A(1|2|3), B(3|1|2) und C(2|0|2)

- Parameterform

$$\vec{u} = \overrightarrow{AB} = \begin{pmatrix} 2 \\ -1 \\ -1 \end{pmatrix}; \quad \vec{v} = \overrightarrow{AC} = \begin{pmatrix} 1 \\ -2 \\ -1 \end{pmatrix}$$

$$\vec{X} = \begin{pmatrix} 1 \\ 2 \\ 3 \end{pmatrix} + \lambda \cdot \begin{pmatrix} 2 \\ -1 \\ -1 \end{pmatrix} + \mu \cdot \begin{pmatrix} 1 \\ -2 \\ -1 \end{pmatrix}$$

- Koordinatenform

$$\vec{n} = \overrightarrow{AB} \times \overrightarrow{AC} = \begin{pmatrix} 2 \\ -1 \\ -1 \end{pmatrix} \times \begin{pmatrix} 1 \\ -2 \\ -1 \end{pmatrix} = \begin{pmatrix} -1 \\ 1 \\ -3 \end{pmatrix}$$

$\Rightarrow \quad -x_1 + x_2 - 3x_3 - c = 0$

A einsetzen: $-1 + 2 - 9 - c = 0 \Rightarrow c = -8$

$\Rightarrow \quad -x_1 + x_2 - 3x_3 + 8 = 0$

Umrechnen der Formen einer Ebengleichung ineinander

- *Von einer Parameterform zu einer Koordinatenform*

Beispiel: $\vec{X} = \begin{pmatrix} 2 \\ 1 \\ 0 \end{pmatrix} + \lambda \cdot \begin{pmatrix} 3 \\ 2 \\ 1 \end{pmatrix} + \mu \cdot \begin{pmatrix} 1 \\ -2 \\ 0 \end{pmatrix}; \quad \vec{n} = \vec{u} \times \vec{v} = \begin{pmatrix} 3 \\ 2 \\ 1 \end{pmatrix} \times \begin{pmatrix} 1 \\ -2 \\ 0 \end{pmatrix} = \begin{pmatrix} 2 \\ 1 \\ -8 \end{pmatrix}$

$\Rightarrow \quad 2x_1 + x_2 - 8x_3 - c = 0$

A(2|1|0) einsetzen: $4 + 1 - 0 - c = 0 \quad \Rightarrow \quad c = 5$

$\Rightarrow \quad$ E: $2x_1 + x_2 - 8x_3 - 5 = 0$

- *Von einer Koordinatenform zu einer Parameterform*
  Setzen wir jeweils eine Koordinate von $\vec{n}$ gleich 0, vertauschen die beiden anderen Koordinaten und wechseln dabei ein Vorzeichen, erhalten wir $\vec{u}$ und $\vec{v}$:

Beispiel: $3x_1 + 2x_2 + x_3 - 7 = 0$

$$\vec{n} = \begin{pmatrix} 3 \\ 2 \\ 1 \end{pmatrix} \quad \Rightarrow \quad \vec{u} = \begin{pmatrix} 0 \\ 1 \\ -2 \end{pmatrix}; \vec{v} = \begin{pmatrix} 1 \\ 0 \\ -3 \end{pmatrix}$$

Mit $x_1 = 0$; $x_2 = 0$ ergibt sich der Punkt A(0|0|7) der Ebene.

$$\text{E: } \vec{X} = \begin{pmatrix} 0 \\ 0 \\ 7 \end{pmatrix} + \lambda \cdot \begin{pmatrix} 0 \\ 1 \\ -2 \end{pmatrix} + \mu \cdot \begin{pmatrix} 1 \\ 0 \\ -3 \end{pmatrix}$$

Abstände

- *Abstand eines Punktes P von einer Ebene E*
  Dividieren wir die Koordinatenform durch den Betrag des Normalenvektors, erhalten wir die **Hesse'sche Normalenform** (HNF) der Ebene E:
  $$\frac{1}{|\vec{n}|}(n_1x_1 + n_2x_2 + n_3x_3 - c) = 0$$

Setzen wir in die linke Seite der HNF die Koordinaten eines Punktes P ein, bekommen wir bis auf das Vorzeichen seinen Abstand d(P, E) von der Ebene E.

Beispiel: E: $2x_1 - 3x_2 + 6x_3 - 7 = 0$; $P(1|2|3)$
HNF: $\frac{1}{7}(2x_1 - 3x_2 + 6x_3 - 7) = 0 \Rightarrow d(P, E) = |\frac{1}{7}(2 - 6 + 18 - 7)| = 1$

- *Abstand eines Punktes P von einer Geraden g*
  Der Fußpunkt F des Lots von P auf g ist der Punkt X, für den $\overrightarrow{PX}$ auf g senkrecht steht.

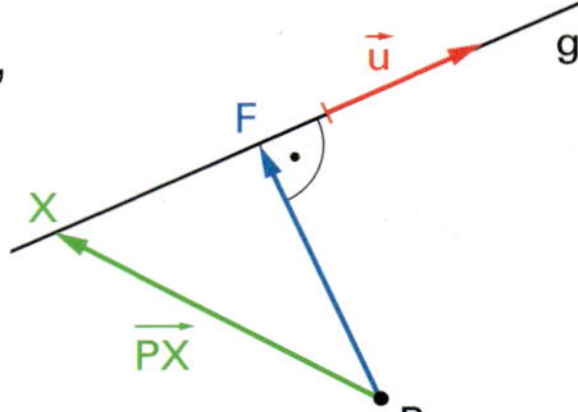

Beispiel:

$P(1|0|-3)$; g: $\vec{X} = \begin{pmatrix} 0 \\ 1 \\ 2 \end{pmatrix} + \lambda \cdot \begin{pmatrix} 1 \\ 0 \\ -1 \end{pmatrix} \Rightarrow \overrightarrow{PX} = \begin{pmatrix} \lambda - 1 \\ 1 \\ 5 - \lambda \end{pmatrix}$

$\overrightarrow{PX} \circ \vec{u} = 0 \Leftrightarrow \lambda - 1 - 5 + \lambda = 0 \Leftrightarrow \lambda = 3$

$\Rightarrow$ Lotfußpunkt $F(3|1|-1) \Rightarrow d(P, g) = |\overrightarrow{PF}| = 3$

Winkel

Als Schnittwinkel bezeichnet man stets nicht stumpfe Winkel. Deshalb verwenden wir bei ihrer Berechnung stets den Betrag des Skalarpodukts.

- *Schnittwinkel zwischen Gerade g und Ebene E*
  Diesen liefert der Winkel $90° - \varphi$ zwischen $\vec{n}$ und $\vec{u}$.

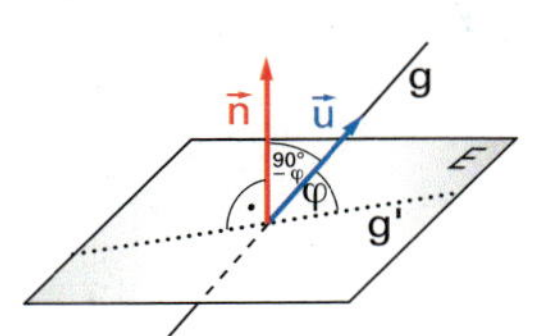

Beispiel:
E: $2x_1 - 2x_2 + x_3 - 3 = 0$; g: $\vec{X} = \begin{pmatrix} 1 \\ 2 \\ 3 \end{pmatrix} + \lambda \cdot \begin{pmatrix} 0 \\ 3 \\ 4 \end{pmatrix}$

$$\cos(90° - \varphi) = \left|\frac{\vec{n} \circ \vec{u}}{|\vec{n}| \cdot |\vec{u}|}\right| = \left|\frac{0 - 6 + 4}{3 \cdot 5}\right| = \frac{2}{15} \Rightarrow 90° - \varphi = 82{,}3° \Rightarrow \varphi = 7{,}7°$$

- *Schnittwinkel zwischen zwei Ebenen E_1 und E_2*
  Da die Normalenvektoren auf den Ebenen senkrecht stehen, schließen diese auch den Schnittwinkel ψ der Ebenen ein.

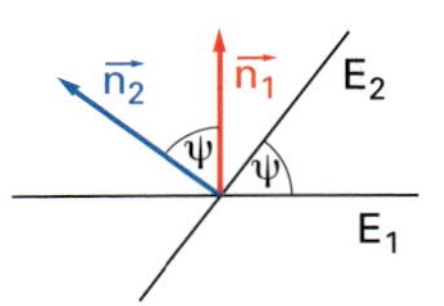

Beispiel:
E_1: $2x_1 - 2x_2 + x_3 - 3 = 0$; E_2: $3x_2 + 4x_3 - 12 = 0$

$$\cos\psi = \left|\frac{\vec{n_1} \circ \vec{n_2}}{|\vec{n_1}| \cdot |\vec{n_2}|}\right| = \left|\frac{0 - 6 + 4}{3 \cdot 5}\right| = \frac{2}{15} \Rightarrow \psi = 82{,}3°$$

Abklingprozess 65
Ablehnungsbereich 113, 115, 195
Abstand 156f., 197
– eines Punktes von einer Geraden 156, 197
– eines Punktes von einer Ebene 156, 197
Änderungsrate, lokale 52, 65
Annahmebereich 113, 115, 195
Äquatorialuhr 163

Bernoulli'sche Formel 99, 194
Bernoulli-Experiment 97, 194
Bernoulli-Kette 97ff., 194
BERNOULLI, J. 97
Bestandsberechnung 52
Binomialkoeffizient 91, 193
Binomialverteilung 104, 194
–, Erwartungswert der 106, 194
–, Urnenmodell der 106
–, Varianz der 106, 194

Differenzierbarkeit 30

Ebenengleichung
–, Koordinatenform der 143f., 196
–, Hesse'sche Normalenform der 157, 197
–, Normalenform der 143, 196
–, Parameterform der 138, 144, 196
Eliminieren einer Variablen 59
Entscheidungsregel 113, 115
Erwartungswert 83, 192
Extremwert der lokalen Änderungsrate 31
Extremwertprobleme 58f.

Faktorregel 24, 190
Fehler 1. Art 114f., 195
– 2. Art 114f., 195
Fläche, die ins Unendliche reicht 37f.
Flächen zwischen Graphen 46, 191
Flächenberechnung 6ff., 17, 191
Flächenbilanz 9, 37, 189

GALTON, F. 109
Galton-Brett 109

Gerade durch zwei Punkte 129
Grundintegrale 23f., 190

Halbwertszeit 65
Hauptsatz der Differenzial- und Integralrechnung 16, 190
Hesse'sche Normalenform 157
Histogramm 81, 107f.
Hochpunkt 30f.
hypergeometrische Verteilung 92f., 193
Hypothese 113

Integral, bestimmtes 6ff., 9, 189
–, unbestimmtes 23ff., 190
Integralfunktion 6ff., 14ff., 37
Integralfunktion, Graph der 38
Integrand 9
Integrationsgrenzen 9
Integrationsregeln 10, 190
Intervallschachtelung 7

Kettenregel 25, 191
Kombination 90f., 193
Koordinatenform der Ebenengleichung 143
Körper 171f.
Krümmung 30

Lage
– von Gerade und Ebene 147f.
– zweier Ebenen 152f.
– zweier Geraden 133
LEIBNIZ, G. F. 9
lineare Abhängigkeit 139
Linearkombination 138

Modellieren 58f., 65, 162ff.
Monotonie 30

Nebenbedingung 59
Niete 97, 194
Normalenform der Ebenengleichung 143
Nullhypothese 113, 115f.

Obersumme 6, 8, 189
Optimieren 58f.
Ortslinien besonderer Punkte 36

Parameterform der Ebenengleichung 138, 144, 196
– der Geradengleichung 128, 195
Permutation 89, 193
Richtungsvektor 128, 195

Schnittgerade zweier Ebenen 152
Schnittpunkt
– von Gerde und Ebene 147
– zweier Geraden 133
Schnittwinkel
– von Ebene und Gerade 148, 197
– zweier Ebenen 153, 197
– zweier Geraden 134
Signifikanz 113
Signifikanzniveau 116, 195
Signifikanztest 115, 117, 195
Sonnenuhr 163
Spiel, faires 83
Spurgerade 144
Spurpunkt 144
Stammfunktion 15f., 18, 37, 190
Standardabweichung 85, 192
Stetigkeit 16, 19, 30
Stichprobe 115f.
Streifenmethode 6ff.
Stützpunkt 128
Summenregel 24, 190
Summenzeichen 11

Tiefpunkt 30f.
Transformation, lineare 25
Treffer 97, 194
Trefferwahrscheinlichkeit 97, 99, 194

Untersumme 6, 8, 189
Urnenmodell 106

Varianz 85, 192
Verbindungsvektor 129, 195
Verdoppelungszeit 65
Verteilung, hypergeometrische 92f., 193

Wachstum, beschränktes 68
–, exponentielles 65
–, -lineares 65
– logistisches 69f.
Wachstumsprozesse 65
Wahrscheinlichkeitsverteilung 81, 192
Wendepunkt 31
windschief 133

Ziehen mit Zurücklegen 89, 106
– ohne Zurücklegen 93, 193
Zufallsgrößen 80ff., 192

Bildquellenverzeichnis

Umschlagfoto: Anton Schedlbauer, München.
Seite 5: Florian Schütz. Seite 6: Frahm/arturimages. Seite 34: Brigitte Diestel. Seite 45: Hector Mandel/istockphoto. Seite 50: Michael Rogosch. Seite 54: Christophe Schmid/fotolia. Seite 55: Andreas Schmid/photoplexus. Seite 56: Deutsches Museum, München. Seite 58: svo/mediacolors. Seite 62: blickwinkel/McPhoto. Seite 63: Philip Koschel/Westend 61. Seite 64: Ottifant Productions GmbH. Seite 67: (2) Aleksas Kvedoras/fotolia. Seite 68: © Hundertwasser Archiv, Wien. Seite 69: BilderBox. Seite 70: Reinhard H./Arco Images. Seite 76: Rudolf Friederich/fotolia. Seite 78: Philip Eppard/fotolia. Seite 79: Andreas Buck. Seite 80: Jan Rasch/fotolia. Seite 82, 84, 87: Brigitte Diestel. Seite 88: Thomas Mayer/Das Fotoarchiv. Seite 89: C. Quigley/fotolia. Seite 90: by-studio/fotolia. Seite 92: Brigitte Diestel. Seite 95: (1) vario images; (2) Brigitte Diestel. Seite 96: (1) akg-images; (2) corbis; (3) corbis/collection bettman. Seite 97: Caro Riedmiller. Seite 100: Deutscher Verkehrssicherheitsrat. Seite 101: Imago/ Rene Schulz. Seite 103: © Fallz Verlag, Ostfildern. Seite 109: Cornelia Feuerlein. Seite 113: Jörg Koch/dfd. Seite 125: mauritius images/age. Seite 127: A1Pix/PCH. Seite 128: gerenme/istockphoto. Seite 132: (1) istockphoto; (2) Caro/Ulrich. Seite 133: Tanja Luther/Westend 61. Seite 138: Alain Ernoult/ernoult.com/images.de. Seite 143: H. & D. Zielske/Look-foto. Seite 150: (1) Gudrun Gramsiepe; (2) Wolfgang Cibura/fotolia. Seite 151: Bernd Kröger/fotolia. Seite 155: Manfred Vollmer/Das Fotoarchiv. Seite 158: blickwinkel/fotototo. Seite 162: Siegfried Steinach/Voller Ernst. Seite 165: (1) Hans Untch/istockphoto; (2) picture-alliance/dpa. Seite 166: Peter Schmelzle/wikipedia. Seite 178: Jacobi Tonwerke GmbH.

Umschlag: Lutz Siebert-Wendt
Mathematische Zeichnungen: Detlef Seidensticker, München
Herstellung und Layout: Heiko Jegodtka
Bildredaktion: Susanne Reinhardt
Lektorat: Michael Link, Marlen Dietz (Assistenz)
Technische Umsetzung: Tutte Druckerei GmbH, Salzweg

www.oldenbourg.de

1. Auflage, 4. Druck 2017

Alle Drucke dieser Auflage sind inhaltlich unverändert und können im Unterricht nebeneinander verwendet werden.

Druck: Grafisches Centrum Cuno GmbH & Co.KG, Calbe

ISBN 978-3-7627-0169-9